工业设计基础

熊志勇 编著

U0178320

电子工业出版社

Publishing House of Electronics Industry

北京·BEIJING

内 容 简 介

"工业设计基础"是设计类技术人员和管理人员必修的专业技术基础课程。本书从工业设计简史、工业设计造型基础、工业设计理论和方法、工业设计表现技法、工业设计的程序和评价、工业设计常用的材料和加工工艺6个方面介绍工业设计基础知识体系。本书内容全面、丰富,案例生动、新颖,既包括经典的概念和原理,又包括理论联系实际的设计实践,每章最后还提供课后习题,方便读者对所学内容进行回顾和复习。本书既可作为各类院校工业设计、艺术设计类专业,以及其他设计与制造类专业的教材,也可作为从事工业设计、艺术设计的技术人员和管理人员的培训、参考用书。

图书在版编目(CIP)数据

工业设计基础 / 熊志勇编著. —北京:电子工业出版社,2024.4

ISBN 978-7-121-47631-0

Ⅰ.①工… Ⅱ.①熊… Ⅲ.①工业设计—教材 Ⅳ.① TB47

中国国家版本馆 CIP 数据核字(2024)第 068525 号

责任编辑:高　鹏
印　　刷:天津善印科技有限公司
装　　订:天津善印科技有限公司
出版发行:电子工业出版社
　　　　　北京市海淀区万寿路173信箱　　　　邮编　100036
开　　本:787×1092　　1/16　　印张:17.25　　字数:441.6千字
版　　次:2024 年 4 月第 1 版
印　　次:2024 年 4 月第 1 次印刷
定　　价:99.00元

前言

新一轮科技革命和产业变革正在重构全球创新版图、重塑全球经济结构，谁能够更大程度地释放创新动能，谁就能更快地促进新质生产力的形成。党的二十大报告提出，高质量发展是全面建设社会主义现代化国家的首要任务。工业设计是创新驱动引擎和商业成功的助推器，不仅为人类创造了更美好的生活，还被誉为引领工业走向高质量发展和实现价值创造的"神奇魔方"。设计师需要深入了解消费者需求、市场趋势、技术发展情况，研究科技、艺术、商业与消费者之间的紧密联系，为消费者提供可在商业上实现的新产品、新系统、优良服务或高品质体验的创造性解决方案，赋能产业市场竞争优势和高附加商业价值。因此，设计师和相关技术人员、管理人员必须熟练掌握工业设计基础知识体系。从普及教育的角度来看，市面上鲜有既能满足各类院校开设"工业设计基础"课程需要的教材，又适合相关技术人员和管理人员的培训、参考用书。基于此，我们在总结十多年教学经验的基础上编写了本书。本书的主要内容包括 6 个方面，分别为工业设计简史、工业设计造型基础、工业设计理论和方法、工业设计表现技法、工业设计的程序和评价、工业设计常用的材料和加工工艺。

本书具有以下 3 个特点：

（1）本书采用图文并茂的形式，详细介绍了工业设计的简史、基本概念、理论和方法、设计技巧、材料和加工工艺等方面的内容，方便读者快速掌握工业设计基础知识体系。

（2）本书以"重基础、低重心、广知识、少学时、精内容、宽适应"为指导思想。为便于教学，我们在编写本书时力求内容深入浅出、文字准确简洁，让读者"看得懂、学得会、用得上"，并尽快掌握工业设计中的诀窍。

（3）本书融入了编著者在实际教学和工作中积累的经验，有助于读者了解实际工作案例，掌握基本的工作流程。

本书得到了电子工业出版社的大力支持，感谢高鹏、焦航等老师的细致审稿与精心编辑。正是他们的专业与用心，使得本书内容更加完善，为读者呈现了一本高质量的教材。在统稿和编写本书的过程中，我们得到了梁荣进教授、郭南初教授、温龙环女士（针对本书第二章的内容）、董潇扬女士、陈露女士等专家的大力支持和帮助，在此向他们表示诚挚的感谢！本书的部分图片选自工业设计行业资深专家、教授和学生的优秀作品，因篇幅所限，未能一一列举，在此一并表示衷心的感谢！由于时间、人力、编写水平和其他条件所限，书中难免存在疏漏和不足之处，敬请各位专家和读者批评指正。读者若有任何意见和建议，可向 583786716@qq.com 发送电子邮件，我们将尽快回复。本书提供配套教学资源与课后习题答案，读者既可以在华信教育资源网（www.hxedu.com.cn）下载，也可以关注"有艺"公众号，通过公众号中的"有艺学堂"/"资源下载"获取本书配套教学资源与课后习题答案。

编著者

2024 年 4 月

目录

第六章 工业设计常用的材料和加工工艺 / 199

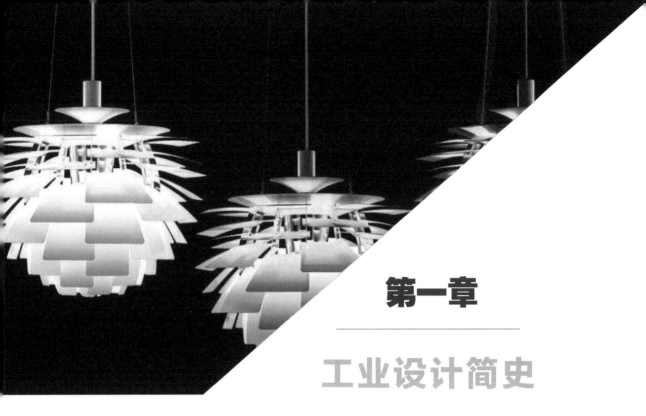

第一章

工业设计简史

1.1 设计的定义

设计最基本的含义是"计划",即为实现某个目标而构思的方案。包豪斯设计学院的创始人、第一任校长瓦尔特·格罗皮乌斯对设计的定义是这样的:"一般来说,'设计'这个词包括了我们周围的所有物品,或者说包括了人的双手创造出来的所有物品(从简单的日常用具到整个城市的全部设施)的整个轨迹。"

格罗皮乌斯对设计的定义是广义的,它几乎涵盖了人类有史以来的一切文明创造活动与其中蕴含的构思和创造性行为过程。设计像空气一样存在于我们周围,包括我们生活的室内环境和室外环境,我们使用的家具、家电和办公用品,我们喜欢的服饰、妆容和美食,我们乘坐的交通工具,我们接受的各种资讯、服务,甚至包括我们约会或旅游的过程……如图 1-1 所示,从广义的角度来理解,所有通过人类有意识、有目的的创造性活动所产生的物品、服务、体验、系统和过程,都可以称为设计的产物。

图 1-1　广义的设计

从狭义的角度来理解，设计主要是体现实用美的造型设计、包装装潢设计等，如图 1-2 所示。随着科学技术的发展和经济的繁荣，设计的中心不再局限于装饰、图案、形态，而是逐步倾向于统一产品的功能、材质、结构和美的形式，是对工业化大批量生产的产品进行规划的技术。

图 1-2　狭义的设计

设计涵盖的内容非常广泛，它是人类对自然科学、社会科学的认知和实践的总和。不同的人站在不同的角度，对设计的认识和理解有所不同，但就设计的本质而言，仍有相同的内涵。设计诞生于一种综合性的大背景下，其中包括经济、政治、技术、文化、社会、心理、伦理和全球生态系统等的各种力量，它们与设计一起构成了现代生活。可以说，设计是现代文明的重要支柱，设计的水平和能力是一个国家或地区的创新能力、竞争能力的决定性因素。总的来看，对于"设计"一词，更好理解的定义是李斯威克于1965年在《工程设计中心简介》一书中所描述的："设计是一种创造性活动——创造前所未有的、新颖而有益的东西。"

1.1.1 设计的起源

原研哉是日本现代国际级平面设计大师，他在《设计中的设计》一书中把时间的指针拨回了猿人生活的时代，探究了设计的起源，并形象地说明了"设计"这个概念。人们通常认为，当猿人开始直立行走时，其双手便得到了解放，猿人拾起棍棒，用它击打东西或作为武器，如图1-3所示。自这一刻起，他们开始运用智力改变周围的一切。如果设计的定义是在理解的基础上造物，用工具改变世界，并形成周围的环境，那么棍棒所代表的"工具"这个概念的诞生便可以被看作设计的起源。原研哉认为，工具还有另一个起源。我们的祖先在直立行走并解放双手后，除了可以用手拿起工具，还可以把两只手放在一起形成一个空间，即形成一个"容器"，这个用来容纳东西的容器是工具的另一个起源。

● 图 1-3　猿人使用棍棒

在此基础上，我们对设计的理解可以更加灵活一些，也可以将设计的起源作为设计的分类标准。一种是"棍棒类设计"，通过放大体力，将设计变为改变世界的工具。从棍棒、石斧，到剑、矛和弓箭，再到电力出现后诞生的挖掘机、坦克、吊车等，它们让人类的力量不断地改变周围的环境。此外，"棍棒类设计"还包括纳米技术等微观工程设计，它们是人类身体功能的延伸。另一种是"容器类设计"，从盒子、箱子、柜子、瓶瓶罐罐，到我们生活的室内环境和室外环境，再到承载文字和思想的书籍，乃至存放数据的硬盘、网络等媒介载体，都是"容器类设计"。原研哉认为，人类对文明的构建是一个处理"存放"与"制造和改变"的对立关系的问题。在设计的演变过程中，"棍棒类设计"和"容器类设计"有时候会结合在一起，如宇宙飞船、计算机等。

　　人类是一种高级动物，虽然拥有和动物一样的生物性本能，但是人类与动物的本质区别在于人类能够创造工具。人类祖先的生存环境非常恶劣，常常受到各种威胁。他们既没有像羚羊一样出众的奔跑速度，也没有狮虎般凶猛的撕咬能力，只能在可怕、荒蛮的环境中赤手空拳地生存。不完美的生理能力成为人类创造工具的内在驱动力，这也是设计的起源。人类自诞生之日起就开始不断地创造工具（图 1-4 所示为猿人使用的工具），创造工具的历史和人类的历史不可分割，如图 1-5 所示。

◉ 图 1-4　猿人使用的工具

◉ 图 1-5　人类与工具的进化

　　设计是人类有意识的活动。设计将科学技术与艺术相结合，为人们的生活和工作创造出所需要的物，它的最终目的是人。人既是生物意义上的人，又是社会意义上的人，因此人的需求包括生理需求和心理需求两个方面。为人设计指的是以设计为手段，满足人多层次的、复杂的、动态的需求。设计创造的物体现了人认识自然、改造自然的过程和生活更新变化的过程。人是设计的核心，设计要以人、物、环境的和谐为目的，为人创造更加安全、理想的生活环境和工作环境，为人创造更美好的明天。这既是设计的最终目的，也是设计师的职责。

1.1.3 设计的本质

首先，设计是人的一种有目的、有预见性的行为。在人想做出某种行为之前，其思想中已经有了明确的目的。蜜蜂用蜂蜡制造蜂房，这令许多建筑师感到惭愧。但是，即使是最拙劣的建筑师，也比最灵巧的蜜蜂更高明，因为建筑师在着手制造蜂房之前已经在头脑中把蜂房想象好了。蜜蜂的工作来自遗传的本能，建筑师的工作是设计，这就是人与动物的本质区别。马克思在《1844年经济学哲学手稿》一书中写道："动物只是按照它所属的那个种的尺度和需要来建造，而人却懂得按照任何尺度来进行生产，并且懂得怎样处处都把内在的尺度运用到对象上去。因此，人是按照美的规律来建造的。"由此可见，设计是人类的一种有意识的创造性活动，是"人的本质力量的对象化"。

其次，设计是人在认识和把握客观规律的基础上从事的高度自觉的活动。人确定设计目标和实现该目标的一切活动，都必须自觉地服从客观世界和人体的规律。

再次，设计对实践具有指向性和指导性。设计是设想和计划，它预设的结果会对人的行为产生特定的指引和指挥作用。"设计—实践—再设计—再实践"的循环构成了人有目的地改造客观世界的复杂过程。

最后，设计是生产力。生产力是人类征服自然和改造自然的能力，从这种意义上说，设计不但是生产力的要素之一，而且是最积极、最活跃的要素。劳动者、劳动资料、劳动对象是生产力的3个要素，其中劳动资料和劳动对象属于"物"的范畴，它们只有通过"人"的要素才能变成创造价值和财富的生产力。美国麻省理工斯隆管理学院前院长莱斯特·卢梭在《知识经济时代》一书中指出，21世纪，企业成功的元素已经由土地、黄金、石油转变为除文化和数码之外的另一个极其重要的元素——设计。

总的来看，我们可以把设计看作人类改变原有事物和解决问题的过程，它包括人类的一切有目的、有创造性的活动。

工业设计是以工业化大批量生产为条件发展起来的，不过许多工业设计的准则在工业社会之前就已经形成了。作为一种文化现象，工业设计与历史文化有着千丝万缕的联系。在工业革命前漫长的人类文明发展进程中，历代的匠师、手工艺人创造了种类繁多、技艺精湛的设计文化遗产。随着科技的发展，人类社会虽然从个体手工劳作时代跨入了机器大生产时代，但是这并不意味着割断历史、抛弃遗产。在强调产品设计的文化特征的今天，学习和借鉴古代的手工艺设计，领会其中深刻的文化内涵，仍然是十分有必要的。

根据历史年代，工业设计史可以分为4个阶段：第一个阶段是工业革命前，包括设计的萌芽阶段和手工艺设计阶段；第二个阶段是工业革命至第一次世界大战爆发期间，传统的手工艺设计向工业设计过渡；第三个阶段是第一次世界大战至第二次世界大战之间，包括工业设计的形成、发展及其走向成熟的过程；第四个阶段是第二次世界大战之后，包括工业设计繁荣发展并趋向多元化的过程，以及信息时代的工业设计。

1.2 工业设计的萌芽

从某种意义上说，现代工业设计是人类设计文明的延续与发展。为了系统地了解工业设计形成和发展的脉络，我们必须了解工业革命前的设计。工业革命前的设计大致可以分为两个阶段：一是设计的萌芽阶段，二是手工艺设计阶段。

1.2.1 设计的萌芽阶段

设计是人类为了实现某种特定的目标而进行的创造性活动，是人类得以生存和发展的基本活动，它存在于一切人造物品的形成过程之中。从这种意义上说，从人类开始有意识地创造并使用原始的工具和装饰品时起，人类设计文明就萌芽了。设计的萌芽阶段从旧石器时代延续到新石器时代，其特征是用石、木、骨等天然材料加工制作各种工具。由于当时的生产力水平极其低下，加之受到材料的限制，因此人类的设计意识和技能是十分原始的。

1.2.2 设计概念的产生

在设计概念的产生过程中，劳动起着决定性的作用。劳动创造了人类，人类为了生存，必须与自然界做斗争。最初，人类只会把天然的石块或棍棒作为工具，后来渐渐学会了挑选石块、打制石器，将其作为敲、砸、刮、割的工具，这种石器是人类最早的产品。人类能够进行有意识、有目的的劳动，这形成了石器生产的目的性，这种目的性是设计的重要特征。

早期人类使用的石器一般是打制而成的，比较粗糙。我们通常把打制石器时代称为旧石器时代。通过观察世界各地的遗址中出土的石器，我们可以了解设计概念的产生和演化过程。如图1-6所示，世界上最早的打制石器之一是在非洲的坦桑尼亚发现的，距今约180万年，已经体现了一定程度的标准化，这既是为了满足使用要求，也是为了适应当时的技术和材料所限定的条件。与后来的石器相比，打制石器比较粗

♀ 图1-6 世界上最早的打制石器之一

糙，但已表明早期人类对石的材料特点和打制方法有了一定的认识。打制石器的种类很少，主要是手斧、削刮器和杵等，每种打制石器都适用于特定的工作。

随着历史的发展，人类在劳动中改进了石器，把经过挑选的石头打制成了石斧、石刀、石锛、石铲、石凿等各种工具，然后加以打磨，使其光滑、锋利，并钻孔用以装柄或穿绳，以提高其实用价值。磨制石器时代被称为新石器时代。经过磨制的精致石器显示了卓越的美感和制作者对形体的控制能力。不过，这些精致的片状石器不是仅仅因为悦目而被生产出来的，而是因为它们在使用过程中被证明是有效的。例如，用作武器的石器的基本形状大致相同，但有不同的尺寸，小的被用作箭头，较大的被用作矛头（图1-7所示为在澳大利亚西北部发现的新石器时代的石质矛头），这些武器是根据不同猎物设计出来的。在制作石器时，原始社会的早期人类十分注意石料的硬度、形状、纹理，以便使制作出来的石器满足不同的加工要求和使用要求，如石刀呈片状，所以多选用片页岩，以便进行剥离。在制作石器时，早期人类大多遵循对称法则。图1-8所示为湖北出土的新石器时代的钻孔石铲，蓝灰色的石料上布满了浅灰色的天然纹理，弧形的铲口与圆形的钻孔十分协调，这种曲线又与石铲两侧的直线形成对比，显得格外悦目。

图 1-7　新石器时代的石质矛头　　　　图 1-8　新石器时代的钻孔石铲

从遗存的大量石器造型来看，早期人类已经能有意识、有选择地寻找或塑造一定的形体，使之满足某种生产或生活的需要。这些形体是意识的物化形态，体现了功能性与形式感的统一。在原始时代，形式感中的对称、曲直、比例、尺度等因素虽然处于幼稚阶段，但是对后来的设计产生了巨大的影响，尤其是新石器时代的一些磨制石器的造型设计，已经体现出了相当成熟的形式美。需要指出的是，在人类对工具符合规律的形体的感受和人类对美的自觉追求之间，不但有漫长的时间距离，而且在性质上是完全不同的。对工具符合规律的形体的要求（如光滑、均匀、有节律等）和感受是物质生产的产物，对美的自觉追求是精神生产和意识形态的产物。一开始，人们对形体的审美并不是自觉的，而是在物质生产的基础上，经过漫长的历史阶段的升华，逐渐成为自觉的追求，这是人类设计文明的飞跃。

 1.2.3　生存设计

在原始时代，人类的生存环境是极为严酷的，人类不仅受到洪水、严寒等自然灾害的

威胁，还常常遭到野兽的袭击。因此，人类最早的设计是在受威胁的情况下，为了保护生命安全而开始的，早期人类设计的猎具、衣物、掩体、武器等都是为了抵御自然灾害和野兽的袭击。在这种背景下，设计成为生死攸关的问题。按照达尔文的适者生存理论，人类是自然物种之一，人类能否生存取决于其适应自然环境的能力，这种适应能力必须包括设计、制造有用的工具来保护自己的能力。在危急时刻，求生欲会催生生存设计，其质量决定了设计者能否生存，因而这种设计常常是很成功的设计。如果设计失败，那么后果将是致命的，因而失败的设计会马上得到纠正。经过无数次的修改，早期人类的设计在当时的物质条件下达到了很高的水平，无论是澳大利亚土著居民使用的飞镖，还是格陵兰人使用的兽皮筏（见图1-9），都是如此。这些设计虽然在技术上比较简单，但是在实际使用时非常有效。人类的设计就是在满足基本生存需求的工具的基础上发展起来的。

图1-9　格陵兰人使用的兽皮筏

一旦基本生存需求得到了满足，其他的需求就会不断出现。同时，原有的需求也会以比原来的方式更先进的方式得到满足。随着温饱问题的解决和危险的消失，让生活更舒适的需求自然而然地出现了。人类是有感情的，人类的需求要有感情上的内涵。这样，设计的职能便由保障生存发展为让生活更舒适、更有意义。随着生产力的发展，人类社会从设计的萌芽阶段走向了手工艺设计阶段。

1.3　手工艺设计阶段

在距今七八千年前，人类社会出现了第一次社会分工，从采集、渔猎生活过渡为以农业为基础的经济生活，并出现了产品交换。在这个时期，人类发明了制陶和炼铜的方法，这是人类最早通过化学变化、利用人工方法将一种物质改变成另一种物质的创造性活动。随着新材料的出现，各种日用品和工具被不断创造出来，用来满足社会发展的需要，它们为人类的设计开辟了广阔的新领域。此后，人类的设计活动日益丰富，并逐步走向手工艺设计的新阶段。

手工艺设计阶段开始于原始社会后期，从奴隶社会、封建社会延续到工业革命前。在数千年的发展历程中，人类创造了光辉灿烂的手工艺设计文明，各地区、各民族形成了具有鲜明特色的设计传统，在各个领域（如建筑、金属制品、陶瓷、家具、装饰、交通工具等）留下了无数杰作。丰富多彩的手工艺设计文明是现代工业设计的重要源泉。

手工艺设计阶段有两个重要特点。一是由于生活方式和生产力水平的局限，这个阶段的产品大都是功能比较简单的日用品（如陶瓷制品、家具和各种工具等），其生产方式主要依靠手工劳动，一般以个人或封闭式小作坊为生产单位，生产者和设计者往往是同一个人，生产者有自由发挥的余地，因而生产出来的产品具有丰富的个性和特征，装饰成为体现设计风格和提高产品价值的重要手段。二是由于设计、生产、销售一体化，设计者与消费者彼此非常了解，双方之间建立了信任关系。这增强了设计者对产品和消费者的责任心，设计者努力满足不同消费者的不同需要，因而产生了许多优秀的设计。

1.3.1　中国的手工艺设计

在距今 5000 多年前的陕西半坡遗址中有各种不同功能的陶器，如水器、饮食器、储盛器、炊器等。这些陶器的造型已初步标准化，其中卷唇圜底盆最为典型。这种陶盆的造型简洁优美，而且非常实用，与现代的盆器很相似。卷唇的边缘既可以提高强度，又方便使用；隆起的圆底使陶盆能在土坑中平稳放置。这种陶盆通常饰有鱼形花纹，这是半坡彩陶最有代表性的装饰纹样。一开始，这种装饰纹样是用写实手法绘制的，后

◎ 图 1-10　人面鱼纹彩陶盆

来逐渐演变为鱼体的分割组合，越来越抽象化、几何化、程式化，形成了由横式的直边三角和线纹组成的装饰图案。图 1-10 所示为陕西半坡遗址出土的卷唇圜底盆——人面鱼纹彩陶盆。

◎ 图 1-11　长信宫灯

战国时期，素器开始流行。到了汉代，铜器向日用器皿的方向发展，并取得了较高的成就。战国时期已有铜灯，到了汉代，铜灯制作达到鼎盛，其中虹管灯的设计水平极高。它用虹管将灯烟吸入盛水的灯座，使灯烟溶于水中，以免室内空气被污染。这说明 2000 年前的人们在设计时就有了科学的环保意识。另外，通过调整遮光板的位置，使用者还可以调整照明的方向和亮度。汉代铜灯的造型丰富多彩，灯体优美，既实用，又符合科学原理；既可用作灯具，又可用作室内陈设，体现了卓越的设计艺术构思。图 1-11 所示为河北满城汉墓出土的长信宫灯。

汉代的漆器在技艺上达到了顶峰。图 1-12 所示为长沙马王堆汉墓出土的云纹漆鼎，它以木胎为底，表面层为黑漆朱纹。汉代漆器体现了卓越的设计思想，从实用性出发，实现了使用方便、容积大、图案多样化的统一，富于装饰性。汉代漆器的设计已经有了系列

化的概念，如很多食器、酒器都是成套设计的。
此外，汉代漆器的包装设计也颇具匠心，如多子
盒（又被称为多件盒，往往有 9 子、11 子之多）
在一个大圆盒中容纳多个不同形状的小盒，既节
省空间，又美观协调。

陶瓷艺术与书画艺术、园林艺术一样，深受
我国传统文化的影响，在设计上崇尚自然。宋代
陶瓷在具备实用功能的前提下，在造型和装饰上
多采用自然题材，如海棠花盆采用海棠花造型，

😊 图 1-12　云纹漆鼎

形态优美，色泽可爱，体现了设计与实用的和谐统一。
图 1-13 所示为安徽宿松出土的宋代影青执壶，壶体上
有细长的壶嘴和把手，壶盖呈覆杯状，其上雕刻蹲兽作
为盖钮。胎质洁白精细，釉色明澈青翠。这种师承自然
的设计思想与欧洲 19 世纪末至 20 世纪初流行的新艺术
运动的设计思想颇有相似之处。此外，陶瓷的画花工艺
还将陶瓷艺术与国画艺术结合起来，为后世的绘瓷开创
了新纪元，不但对明清时期的陶瓷装饰艺术产生了深远
的影响，而且对欧洲的陶瓷艺术产生了一定的影响。宋
代陶瓷将釉在烧制过程中"窑变"产生的不规则色彩和
裂纹作为瓷器的自然装饰，不附加其他装饰，朴素大方，
颇具特色。

😊 图 1-13　宋代影青执壶

虽然我国家具工艺的历史悠久，但是家具种类不太多。在唐代以前，人们大多席地而
坐，宋代开始使用桌椅。生活方式的改变促进了家具工艺的发展，其在明代达到鼎盛。

明代家具大致分为以下五大类：一是椅凳类，如官帽椅、灯挂椅、圈椅、方凳等；二
是几案类；三是床榻类；四是台架类；五是屏座类。明代家具的主要特色如下：①注意材
料质地，多用硬质树种，所以又被称为硬木家具；②充分体现木材的自然纹理与色泽，不
刷油漆；③注意家具造型，采用木构架结构，与我国传统建筑的木构架结构相似。明代家
具十分讲究节点的设计，多用榫，少用或不用钉和胶。明代家具的攒边技法颇具特色，指
的是把家具的四边用 45°格角榫攒起来，中心板出榫装入四边通槽。这种技法既可以使
木板结构更加稳定，又有伸缩的余地，还可以使木板不露截板纹，更加美观。明代家具达
到了很高的设计水平，其造型具有合理的比例、尺度和素雅、质朴的美，是我国古代家具
的典范，对后世甚至海外的家具设计产生了重大的影响。图 1-14 所示为明代晚期家具黄
花梨圈椅。

🏺 图 1-14　明代晚期家具黄花梨圈椅

1.3.2　国外的手工艺设计

现代工业设计是从国外发展起来的，要想探究工业设计的源流，我们需要了解国外（特别是欧洲）手工艺设计发展的脉络。设计必须适应它所依附的材料、结构、技术等条件，以及实际的功能和环境。然而，在手工艺设计阶段，设计作为一门艺术，不仅具有很强的独立性，还能敏锐地反映不同时代的思想和文化潮流。

埃及是世界文明古国之一。法老时代的埃及从公元前 3000 年的王国初期第一代国王的美尼斯王朝开始，到公元前 1310 年的第十八王朝结束，延续了近 1700 年。法老时代的埃及形成了中央集权的国王专制制度，发达的宗教为政权服务，在建筑艺术上追求震撼人心的力量，建造了气度恢宏的金字塔和阿蒙神庙。

我们可以从埃及的壁画和雕刻中看到关于手工艺制品场面的大量描写，埃及壁画中的家具工场如图 1-15 所示。在壁画中，制作家具的主要材料是埃及本地的刺槐、无花果树、河柳等，以及从叙利亚进口的西洋杉、杜松和从南方国家进口的黑檀。当时的木工工具有斧、凿子、木槌、拉锯、刀等。由于没有刨子，因此给家具抛光用的是砂石制成的磨光器。当时盛行的工艺是镶板工艺，即用木钉将小木片联合成较大的平板来制作家具，最薄的镶板只有 6 毫米，从吐坦哈蒙墓中出土的一个柜子由大约 3.3 万个小木片镶制而成。当时的家具结构中已经出现了复杂的榫结合技术、辅以皮带条的绷制技术和辅以兽皮的蒙面技术。当时不仅出现了油漆类涂料，还出现了在石膏表面将填泊拉（一种用蛋黄混合油漆的涂料）作为装饰的画法，这种画法经常用来绘制有关帝王征战和宫廷生活的大型场面。表面装饰中

🏺 图 1-15　埃及壁画中的家具工场

比较常见的是雕刻和镶嵌。雕刻的形象除狮首和兽足之外，还有太阳神、鹰神、河马神的形象，这反映出埃及社会中存在多神崇拜和人神同形的社会意识。

埃及家具的范例当属第十八王朝的国王吐坦哈蒙的随葬家具，这些距今3000多年的家具的精湛制作技艺令人叹为观止。其中最著名的家具是金碧辉煌的法老王座，如图1-16所示。王座靠背上的贴金浮雕表现出墓主人生前的生活场景：王后给坐在王座上的国王涂抹圣油，天空中的太阳神光芒四射。人物的服饰是用彩色陶片和翠石镶嵌而成的，结构严整，其制作技艺具有很强的精密性。

◎ 图1-16　吐坦哈蒙的法老王座

埃及家具为后世家具的发展奠定了坚实的基础。几千年以来，家具设计的基本形式未能完全超越古埃及设计师的想象力。无论是在数量上还是在质量上，埃及家具都堪称古代家具的优秀楷模，并为后人研究埃及艺术史提供了丰富的材料。在实现现代化生产的今天，我们仍然可以从埃及家具中得到许多有益的启示。

古希腊陶器多为轮制。到了古罗马时代，青铜翻模技术日趋成熟，人们开始用这种生产方法大量生产优质的仿金属陶器。这些陶器在不同的生产中心被生产出来，并被输送到许多地区。每件陶器都是翻模制成的，而不是在转盘上拉制成型的，具有完全相同的特征。这种生产方法已经体现了工业化生产的特点，产品的设计与生产被分离开。当时出现了专门的设计师，这大大推动了设计的发展。古罗马翻模陶器的设计与后来的手工艺设计家用制品强调设计师个性的浪漫思想形成了对照，前者显然更接近现代工业设计的概念。

◎ 图1-17　三脚凳

古罗马家具的基本造型和结构是由古希腊家具直接发展而来的，同时具有一些独一无二的特点，比较突出的特点是青铜家具大量涌现。古罗马人喜欢壮丽的场面，所以古罗马的建筑往往比古希腊的建筑更加雄伟壮观，如巨大的角斗场和万神庙等。这种爱好也反映在家具设计中，从庞贝遗址中出土的铜质家具就是杰出代表。从形式的角度来看，它们基本上没有摆脱古希腊家具的影响，尤其是三脚鼎和三脚凳（见图1-17）

保持着明显的古希腊风格，但在装饰纹样上显示出潜在的威严之感。古罗马家具的铸造工艺已经达到了令人惊叹的地步，许多家具的弯腿部分的背面被铸成空心的，这不但减轻了家具的重量，而且提高了家具的强度。

虽然中世纪遗留下来的手工艺制品不多，但是中世纪对待设计的态度依然体现在 17—18 世纪的手工工场中。图 1-18 所示为 18 世纪的铁制烛台。今天的人们看到烛台，往往会将其误认为工艺品，因为蜡烛早已被电灯取代。不过，如果我们仔细观察，就会发现烛台的设计很实用，它能以一种安全、稳定的形态支撑浸在烛脂中的灯芯。现代设计师即使遇到相同的问题，也难以找到更好的解决方案。

⚬ 图 1-18　18 世纪的铁制烛台

文艺复兴时期一反中世纪刻板的设计风格，追求有人情味的曲线和优美的层次，并把目光重新投向古代艺术，试图从古希腊和古罗马的古典艺术中汲取营养。文艺复兴早期家具的主要技艺和结构大多因袭意大利文艺复兴时期的靠椅（见图 1-19）式样，同时显示出更高的自由度，广泛使用曲线，起伏层次更加明显，具有亲近感。文艺复兴时期的科学技术有了较大的发展，一些工程机械的设计相当发达。设计师勤苦研究运输方法、军用机械和水力工具等，以提高生产效率。文艺复兴的巨匠达·芬奇甚至设计了飞行器，并绘制了飞行器的结构原理图，但因为条件所限，未能制造出来。建造巨大建筑的需要催生了各种用途的建筑机械，它们的设计很精巧。建筑师桑加洛在 1465 年的笔记里绘制了 12 种建筑用的起重机械，它们都使用了复杂的齿轮、齿条、丝杠和杠杆等。1488 年，米兰人拉美里在巴黎出版了《论各种巧妙的机器》一书，书中列举了当时设计的各种巧妙的机器。

⚬ 图 1-19　意大利文艺复兴时期的靠椅

巴洛克式设计追求反常出奇、标新立异的形式。其建筑设计经常采用断裂山花或套叠山花，有意使一些建筑局部不完整；在构图上经常采用不规则的跳跃节奏，爱用双柱，甚至以 3 根柱子为一组，开间的变化也很大。在装饰上，巴洛克式设计喜欢运用大量的壁画和雕刻，璀璨缤纷、富丽堂皇，富有生命力和动感。当代西方流行的后现代主义设计常常把巴洛克式设计风格作为模仿的对象。

如图 1-20 所示，早期巴洛克式家具的主要特征是用扭曲的柱腿代替方木或旋木的柱腿。这种形式打破了古代家具的稳定感，令人产生家具的各个部分处于运动之中的错觉。这种富有运动感的家具很适合宫廷显贵的口味，很快成为风靡一时的潮流。后期巴洛克式家具上出现了宏大的涡形装饰，其视觉效果比扭曲的柱腿更强烈，在运动感中展现出热情奔放、充满活力的激情。此外，巴洛克式家具还强调家具的整体性和流动性，追求大而和谐的效果，舒适性较强。但是，巴洛克式设计浮华、非理性的风格一直受到非议。

"洛可可"原指岩石和贝壳，后特指盛行于 18 世纪法国路易十五时代的一种艺术风格，主要体现在室内装饰和家具设计等领域。如图 1-21 所示，洛可可式家具的基本特征是具有纤细、轻巧的造型

● 图 1-20　早期巴洛克式家具

和华丽、复杂的装饰，在构图上有意强调不对称。其装饰题材表现出自然主义的倾向，喜欢用舒卷着、纠缠着的草叶，以及蚌壳、蔷薇和棕榈。洛可可式家具的色彩十分娇艳，如嫩绿、粉红、猩红等，线脚多用金色。

● 图 1-21　洛可可式家具

1.4 工业设计的发展成熟

工业革命又被称为产业革命，指资本主义工业化的早期历程，即资本主义生产完成从工场手工业向机器大工业过渡的阶段，是一场以机器生产逐步取代手工劳动、以大规模工厂化生产取代个体工场手工生产的生产与科技革命，后来又扩大到其他行业。

工业革命在 1750 年左右开始。1765 年，如图 1-22 所示的珍妮纺纱机的出现标志着工业革命在英国乃至全世界爆发。18 世纪中叶，在英国人瓦特改良蒸汽机之后，一系列技术革命实现了从手工劳动向动力机器生产转变的重大飞跃，这种现象随后扩展到整个英国和欧洲大陆，并在 19 世纪扩展到北美地区和世界各国。工业设计是以工业化大批量生产为前提条件发展起来的，它是工业时代的产物。工业革命确立了机械化、大批量的生产方式，促使产品的设计与生产过程相分离，设计成为一个独立的部分。

● 图 1-22　珍妮纺纱机

工业革命的根源是社会对更多、更好的产品的渴求，而原有的劳动组织形式和生产技术已无法满足这种渴求。事实上，新的工业方法是在消费工业（如染织业、陶瓷业）中率先产生的。随着机械化和劳动分工的出现，产品日益丰富。刺激消费和增强市场竞争力成为生产者面临的巨大挑战。作为商业竞争的有效手段，设计成为产品生产过程中一个非常重要的部分，这也促进了设计的发展。

18 世纪开始于英国的商业化是工业设计发展的起点。在商业化条件下，市场迅速扩大，设计开始具有它在今天所具有的重要性，成为资本主义经济体系的必要条件，以及在工业社会中进行美学交流和社会交流的载体。根据市场调整设计就像根据市场调整价格一样，成为生产者掌握市场竞争主动权的重要手段。在消费品生产领域中，新颖的设计成为主要的市场促销方式。为了刺激消费，生产者需要不断翻新花样，推出新产品。在这方面，设计师成为引领潮流的主要角色。在生产方式发生变革的情况下，设计师的作用逐渐与生产过程相分离。

在 18 世纪，许多建筑师充当了设计师的角色。他们进入了手工艺人的传统领地，引领着设计的发展，决定着各类产品的外观，并为过去不曾对设计感兴趣的社会集团设计产品。随着模仿或改进已有设计越来越普遍，许多手工艺人加入设计师的行列，为人们提供越来越多的时尚物品。

切普代尔出身木匠世家，他于1753年在伦敦开设了自己的产品展厅，就此开创了自己的事业。1754年，他出版了样本图集《绅士与家具指南》，将其作为自家公司的广告宣传。这本图集中的家具插图包括古典式、洛可可式、中国式、哥特式等风格，展示了他的公司吸引潜在消费者的花样与技巧，为新兴的富商阶层提供了炫耀自身财富和品位的饰品。切普代尔最有名的风格之一是所谓"中国式"风格，这种风格是随着东方贸易的开展而发展起来的，在1750—1760年成为闺房中极为时髦的式样。切普代尔的家具有其一贯手法，图1-23所示为切普代尔于18世纪生产的椅子，椅腿遵循前腿直而后腿略向外弯曲的基本形式，从中可以看出明确的结构逻辑意识。

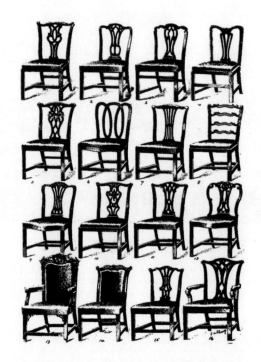

● 图1-23　切普代尔于18世纪生产的椅子

1.4.1　早期工业社会的设计

自1750年至第一次世界大战爆发期间，是现代工业设计的酝酿和探索阶段。在这个阶段，现代工业设计的基础逐步建立，并完成了从传统的手工艺设计向工业设计的过渡。

1. 水晶宫国际工业博览会

1851年，英国在伦敦海德公园举行了世界上第一次国际工业博览会——水晶宫国际工业博览会。国际工业博览会的场馆水晶宫（见图1-24）由英国建筑师约瑟夫·帕克斯顿设计，他大胆地把温室结构用于建筑设计中，展览大厅全部采用钢材和玻璃结构，就像一个放大了的温室。这次博览会在工业设计史上具有重要意义，它一方面比较全面地展示了欧洲和美国工业发展的成就，另一方面也暴露了工业设计中的各种问题，刺激了工业设计的改革。这次博览会既是为了展示英国工业革命的成就，也试图改善公众的审美情趣，以期遏制对过时风格的盲目模仿。

图 1-24　水晶宫

水晶宫内挂满万国彩旗，参观者摩肩接踵，各种工艺品、艺术雕塑琳琅满目。参观者惊奇地观看来自不同国家的发明、珍品和各类产品，其中最令他们感兴趣的是机器发明。参观者目瞪口呆地看着各种机器工作，如开槽机、钻孔机、拉线机、纺纱机、造币机、抽水机等。这些机器由特别建造的锅炉房产生的蒸汽来驱动，让人领悟到工业革命给世界带来的变化。博览会参展场景、博览会纪念币分别如图1-25、图1-26所示。

图 1-25　博览会参展场景

● 图 1-26　博览会纪念币

令许多欧洲人大吃一惊的是美国在博览会上显示的实力，这个原英国领地有 5048 位企业家携带 500 多件产品漂洋过海参加了博览会，其中麦考密克收割机等农场设备获得了广泛好评。马克思在博览会闭幕前写给恩格斯的一封信中提到了美国人的成功："英国人承认美国人在工业博览会上得奖，在一切方面胜过他们。一、橡胶，有新的材料和新的生产工艺；二、武器，有连发手枪；三、机械，有割草机、播种机和缝纫机；四、银版照相第一次大量应用；五、航海中的快艇。最后，美国人为了表示自己能提供奢侈品，特陈列加利福尼亚金矿的一块巨大金块和一套纯金餐具。"

水晶宫是 20 世纪现代建筑的先声，是指向未来的一个标志，是世界上第一座用金属和玻璃建造的大型建筑，并且采用了可重复生产的标准预制单元构件。与 19 世纪的其他工程杰作一样，水晶宫在现代工业设计的发展进程中占据重要地位。然而，水晶宫中展览的产品与该建筑形成了鲜明的对比。各国的展品大多是机制产品，其中不少展品是为参展特制的。展品中有各种历史式样，普遍反映出一种为装饰而装饰的热情，漠视基本的设计原则，刻意地对一些细枝末节大加渲染，其滥用装饰的程度甚至超过了为市场生产的产品。厂家试图通过这次隆重的博览会，向公众展示其用"艺术"提高产品价值的"妙方"，这显然与博览会组织者的原意相去甚远。

当然，在这次博览会中也有一些设计简朴的机械产品，如美国参展的农业机械和军用机械等。这些产品朴实无华，真实地反映了机器生产的特点和功能。

水晶宫国际工业博览会是工业设计发展史上的一个重要里程碑，它把工业设计定义为真正的工业设计，也就是现代国际上的定义。它加速了工业设计的发展步伐，特别是在推动产品大批量生产和满足大众需求方面。此后，工业设计逐渐走向了一个崭新的方向，即更加多元化、创新、实用的方向。

2. 工艺美术运动

在工业革命后的一段时间内，包括英国在内的许多国家的机械制品不够美观，设计低劣。与此同时，过分装饰、矫揉造作的维多利亚风格在设计中日渐蔓延，使传统的装饰艺术失去了造型基础，成了为装饰而装饰的画蛇添足的存在。这种情况日趋严重，最终导致工业革命的发源地英国诞生了工艺美术运动，并影响了美国等其他国家。

工艺美术运动的理论指导是约翰·拉斯金（见图 1-27），主要人物是威廉·莫里斯（见图 1-28）。

🍎 图 1-27　约翰·拉斯金

🍎 图 1-28　威廉·莫里斯

工业美术运动的特点如下：①强调手工艺，明确反对机械化生产；②在装饰上反对矫揉造作的维多利亚风格和其他古典、传统的复兴风格；③提倡哥特式风格和其他中世纪风格，讲究简单、朴实、功能良好；④主张诚实的设计，反对华而不实的设计趋向；⑤推崇自然主义、东方装饰和东方艺术。

拉斯金是工艺美术运动的思想奠基人，他提出了"具有审美价值的产品"的概念，倡导艺术与工业相结合的设计思想。

莫里斯的设计思想如下：①为大众设计的民主社会主义思想，"假如我们选择人民的艺术，我们就必须斩钉截铁地与奢侈断绝关系。"；②提倡手工业生产工艺的精美，反对大工业机器生产的粗糙，亲自组织商行，身体力行，在实践中进行现代设计改革；③确立"忠实于材料""形式服从功能""忠实于自然"的现代设计理念；④重视团队协作，认为设计工作是集体的活动，而不是个体劳动。莫里斯设计的"红房子"、图案分别如图 1-29、图 1-30 所示。

图 1-29　莫里斯设计的"红房子"

图 1-30　莫里斯设计的图案

工艺美术运动的根源是当时的艺术家无法解决工业化带来的问题，企图逃避现实，退隐到被他们理想化了的中世纪、哥特时期。工业美术运动否定大工业机器生产，反对机器美学，这导致它不可能成为引领潮流的主流风格。从意识形态的角度来看，这场运动是消极的。不过，这场运动为后世的设计师提供了设计风格的参考，并且对新艺术运动具有深远的影响。

工艺美术运动的缺点：对工业化、机械化、大批量生产的否定使其不可能成为引领潮流的主流风格；过于强调装饰，增加了产品的费用，导致产品难以被低收入的平民百姓使用，带有"象牙塔"色彩。

工艺美术运动的贡献：为现代设计改革做出了重要的贡献，提出了"美与技术结合"的原则，主张美术家从事设计工作，反对"纯艺术"；强调设计要师承自然、忠实于材料、适应使用目的，创造了一些朴素、实用的设计。

工艺美术运动的局限：把手工艺推向了工业化的对立面，这无疑是违背历史发展潮流的，使英国设计走了弯路。英国是最早实现工业化和最早意识到设计的重要性的国家，却未能最先建立现代工业设计体系，原因之一正在于此。

莫里斯的理论与实践在英国产生了很大的影响，一些年轻的艺术家和建筑师纷纷效仿，进行设计的革新，进而在1880—1910年形成了一个设计革命的高潮，即工艺美术运动。这场运动以英国为中心，波及了不少欧美国家，并对后世的现代设计运动产生了深远的影响。工艺美术运动产生于"良心危机"，艺术家对粗制滥造的产品和自然环境被破坏感到痛心疾首，力图为产品和生产者建立或恢复标准。

1.4.2　工业社会成熟期的设计

两次世界大战之间是现代工业设计在经历了漫长的酝酿阶段后走向成熟的阶段。在这个阶段，设计流派纷纭，杰出人物辈出，推动了现代工业设计的形成与发展，并为第二次世界大战后工业设计的繁荣奠定了基础。

在整个19世纪，机械化一直是人们讨论设计理论与实践问题的焦点。人们一方面为机制产品寻求一种合适的美感，另一方面也在思考机器给社会各方面带来的深远影响。

机器与工业产品设计之间的关系极为复杂。随着各种专门机器的不断出现和生产中劳动分工的不断深化，设计与制造过程不可避免地分离开了。手工艺人的作用逐渐减弱，设计成为复杂的生产链中的一个环节。随着生产规模的进一步扩大，厂家为了追求更广泛的市场覆盖，开始减少对设计师专业技能的依赖，转而根据图集或通过模仿其他厂家来生产产品。这些产品是依靠低廉的价格和购买的便利性取胜的。在这种情况下，产品的设计在很大程度上由技术决定，有时甚至被看作一项附加的、后期的工作，而不是一项前置的、需要精心策划的工作。由于标准化和可互换性零件在美国发展起来，设计从此与生产完全分开。

机械化对设计的影响似乎更多地体现在工程方面，19世纪的技术（而不是19世纪的艺术）为工厂生产了高效的发动机，为铁路生产了性能优良的机车。这些机器朴实无华，它们对美的唯一追求是科学地应用各种材料，以达到最高的效率。这种全新的美学观念正是在这些机器中萌发的。

1. 美国的福特汽车

汽车是典型的消费工业品，能够非常清楚地反映工业设计的特点。汽车的发展充满了功能性与象征性设计之间的相互作用。汽车设计中不存在唯一的满意答案，设计成功与否既取决于设计师的天分，也取决于设计师必须考虑的社会因素和技术因素。汽车是一种复杂的机器，要想设计必需的零部件，并以严格一致的方式把这些零部件装配到每一辆汽车上，需要一定程度的组织化，这是先前从未需要过，甚至从未想象过的概念。

汽车工业的真正革命是从福特的T型车（见图1-31）和流水装配线作业开始的。1908年，福特推出了T型车，一经推出就大受欢迎，因为这种汽车结构简单、结实、便于修理，并且去掉了一切不必要的修饰。福特和同事决定尽可能地降低成本，以使他们的产品能被更多人购买。1914年，福特集近代生产体系于一体，大量生产具有可互换性的部件，并采用流水装配线作业。排列在福特工厂中的一排排相同的T型车标志着设计思想的重大变化，福特在美学上和实际上把标准化的理想转变成了消费品的生产，这对后现代主义的设计产生了很大的影响。流水线生产方式在提高产量和降低成本方面极为成功，1910年生产的2万辆T型车，每辆车的成本是850美元；1915年，在采用新的生产方式之后，T型车的产量达60万辆，每辆车的成本下降到360美元。福特的成功建立在美国工业在机械和组织方面的众多革新的基础上，这标志着一代新的高技术工业和产品的出现。

图 1-31 福特的 T 型车

2. 工业设计的专业化

19世纪下半叶，由于工艺美术运动的影响，不少设计师投身于反对工业化的活动，专注于手工艺品。同时，也有一些设计师为工业进行设计，他们绘制设计图纸，是第一批有意识地扮演工业设计师角色的人。其中非常著名的是英国设计师德莱赛，他于1847—1854年在伦敦的政府设计学院学习，是该设计学院极少数的优秀毕业生之一。

德莱赛在林托浦艺术陶瓷公司工作时，把重点放在造型上，而不是放在精细的表面装饰上。德莱赛从各种历史的源泉中寻找灵感，从不同文化中吸取养料，他的设计反映了中南美洲、希腊、埃及、伊斯兰、中国、日本等国家和地区的不同风格。由于他的设计常常具有"杂而不纯"的因素，因此有人将他视为后现代主义的先驱。德莱赛是率先以合理的方式分析形式与功能之间关系的设计师之一，在《装饰设计原理》一书中，他用图表示了支配各种容器的把与壶口的有效功能的法则。德莱赛设计的茶壶形态常常极为独特，强调倾斜的把手。图1-32所示为德莱赛设计的电镀茶壶，在该设计中，他将人机学和隐喻这两个方面熟练地结合了起来。

🥣 图 1-32　德莱赛设计的电镀茶壶

3. 新艺术运动

新艺术是一种流行于 19 世纪末至 20 世纪初的建筑、美术和实用艺术的风格。和哥特式、巴洛克式、洛可可式一样，新艺术在欧洲大陆风靡一时。这既显示了欧洲文化的统一性，也表明了各种设计思潮的不断演化与相互融合。新艺术运动发生于新旧世纪交替之际，是设计发展史上标志着由古典传统走向现代运动的一个必不可少的转折与过渡，影响十分深远。

新艺术运动的先驱强调自然中不存在直线和完全的平面，在装饰上突出表现曲线和有机形态，他们装饰的灵感基本上来源于自然形态。艺术家在师法自然的过程中寻找一种抽象，赋予自然形态有机的象征情调，将具有运动感的线条作为形式美的基础。

新艺术的典型纹样是从自然草木中抽象出来的，大多是流动的形态和蜿蜒交织的线条，充满了内在活力，体现了隐藏在自然生命表面形式之下无穷无尽的创造过程。这些纹样被用在建筑和设计的各个方面，成为自然生命的象征和隐喻。

新艺术十分强调整体艺术环境，认为人类视觉环境中的任何人为因素都应精心设计，以获得和谐一致的总体艺术效果。新艺术反对任何艺术、设计领域内的划分和等级差别，认为既不存在大艺术与小艺术之分，也不存在实用艺术与纯艺术之分。艺术家不应只致力于创造单件的"艺术品"，而应创造为社会生活提供适当环境的综合艺术。在如何对待工业的问题上，新艺术的态度有些模棱两可。从根本上来说，新艺术不反对工业化。新艺术的理想是为尽可能广泛的公众创造一种充满现代感的优雅，因此工业化是不可避免的。新艺术运动的中心人物萨穆尔·宾认为"机器在大众趣味的发展中将起重要作用"。但是，新艺术不喜欢过分简洁，主张保留某种具有生命活力的装饰性因素，大批量生产通常难以做到这一点。新艺术产品具有实验性和复杂性，不适合机器生产，只能手工制作，因而价格昂贵，只有少数富有的消费者才能享用。

新艺术风格把重点放在动植物的生命形态上，无论是一幢建筑还是一个产品，都应该是和谐、完整的杰作。如果设计师抛弃结构原则，那么结果常常是表面上的装饰，流于肤浅的"为艺术而艺术"。虽然新艺术运动在本质上是一场装饰运动，但是它用抽象的自然花纹和曲线脱掉了守旧、折中的外衣，是现代工业设计简化和净化过程中的重要步骤之一。

新艺术运动的发源地是比利时，它是欧洲大陆最早实现工业化的国家之一，工业产品的艺术质量问题比较尖锐。自19世纪初以来，比利时的首都布鲁塞尔成为欧洲的文化和艺术中心之一，并产生了一些典型的新艺术作品。

在德国，得名于《青春》杂志，新艺术被称为青春风格。青春风格组织的活动中心设在慕尼黑，这是新艺术转向功能主义的重要步骤。正当新艺术在比利时、法国、西班牙以应用抽象的自然形态为特色，向着富于装饰性的自由曲线发展时，在青春风格艺术家和设计师的作品中，蜿蜒的曲线因素受到了节制，并逐步转变成几何因素的形式构图。雷迈斯

● 图1-33　贝伦斯设计的餐盘

克米德是青春风格的重要人物，他于1900年设计的餐具标志着对传统形式的突破，以及对餐具及其使用方式的重新思考，至今仍是非常优秀的设计。在德国设计由古典走向现代的进程中，达姆施塔特艺术家村起到了极其重要的作用。达姆施塔特艺术家村中有著名的奥地利建筑师奥布里奇和德国设计师贝伦斯，他们都从事产品设计工作。达姆施塔特艺术家村很快成为德国乃至欧洲新艺术运动的中心，其宗旨是创造全新的整体艺术形式，使生活中所有的方面（如建筑、艺术、工艺、室内设计、园林等）形成一个统一的整体。贝伦斯是青春风格的代表人物，受日本水印木刻的影响，他早期的平面设计喜欢用荷花、蝴蝶等象征美的自然形象，后来逐渐趋于抽象的几何形式，这标志着德国的新艺术开始走向理性。如图1-33所示，贝伦斯设计的餐盘完全采用几何形式的构图。

在两次世界大战之间，工业与设计的关系在某些领域是以大批量生产和机械化为中心的；在另一些领域，手工技艺依然根深蒂固。一些依托高水平的科研和技术的新兴工业（如汽车工业、家用电器工业等）大量使用机器，以前所未有的效率生产各种新产品。在家具、陶瓷、玻璃、染织等比较传统的工业中，机械化的程度有限，并且大多依赖于已有的技术。在不同的国家和地区，由于生产规模和市场特点不同，机械化的比例在这两种类型的工业中有所不同。

产品生产的原则是大批量生产，而不是供给以满足个性要求为基础的产品。这意味着必须建立一种高效率的市场营销体系，以保证所有产品都能卖出去，而不至于过剩。20世纪20年代，市场的时尚意识逐渐兴起，这令竭力主张"实用型汽车"的福特开始关注微妙的车型变化，以满足市场更加多样化的需求。不过，福特的车型变化很小，直到20世纪20年代末，福特意识到了其他企业在汽车外形设计上的竞争，才下决心抛弃生产了近20年的T型车，转产全新的A型车。1932年，福特推出了V8型车。时隔一年，V8型车

被新型号的 V8 型车（见图 1-34）取代，该车车体更大、整体性更强，给人一种更安全的感觉；强调了挡泥板的线条，并使其与踏板相连，车头和挡风玻璃的倾角在车门和散热片的线条中得到了呼应。1936 年，福特子公司推出的"和风"型车（见图 1-35）采用了典型的流线型设计，完全抛弃了平直的线条，甚至保险杠也是弯曲的。

◉ 图 1-34　福特的新型号 V8 型车

◉ 图 1-35　福特子公司的"和风"型车

4. 包豪斯设计学院的创建

格罗皮乌斯是 20 世纪最有影响的现代建筑师、设计师之一，他在 1919 年创建的包豪斯设计学院奠定了现代工业设计教学体系的基础。虽然包豪斯设计学院的工业设计产品不多，在当时并未对大批量生产和市场产生太大的影响，但是它在理论层面的卓越贡献对现代主义的发展起到了巨大的推动作用。包豪斯设计学院是现代设计思潮的集大成者，它总结和发扬了自工艺美术运动以来的各种设计改革运动的精髓，继承了德意志制造联盟的传统。值得一提的是，许多现代艺术流派的代表人物都曾在包豪斯设计学院任教或讲学，这极大地促进了现代主义的融汇与发展，并推动其达到新的高峰。

"包豪斯"一词是格罗皮乌斯创造出来的，它由德语的"建造"和"房屋"两个词的词根构成。包豪斯设计学院的宗旨是培养新型设计人才。在格罗皮乌斯的指导下，包豪斯设计学院在设计教学中贯彻了一套新的方针、方法，逐渐形成了以下特点。

（1）在设计中提倡自由创造，反对模仿因袭、墨守成规。

（2）将手工艺与机器生产结合起来，提倡在掌握手工艺的同时，了解现代工业设计的特点，用手工艺的技巧设计高质量的产品，并供给工厂大批量生产。

图 1-36 所示为包豪斯设计学院设计的灯具，它的第一个样品被当作校长格罗皮乌斯的生日礼物。该灯具成为 20 世纪设计的"圣像"，也是包豪斯设计学院重在培训用严格的几何形式组合成产品的主旨的有力体现。

（3）强调基础训练，由现代抽象绘画和雕

◉ 图 1-36　包豪斯设计学院设计的灯具

塑发展而来的平面构成、色彩构成、立体构成等基础课程是包豪斯设计学院对现代工业设计做出的最大贡献之一。

（4）实际动手能力和理论素养并重。

（5）把学校教育与社会生产实践结合起来。

这些做法使包豪斯设计学院的设计教育卓有成效。在设计理论上，包豪斯设计学院提出了3个基本观点：艺术与技术的新统一；设计的目的是满足人的需求，而不是产品本身；设计必须遵循自然与客观的法则，确保设计的合理性和可持续性。这些观点对现代工业设计的发展起到了积极的作用，使现代工业设计逐步由理想主义走向现实主义，即用理性、科学的思想代替艺术上的自我表现和浪漫主义。

包豪斯设计学院对现代工业设计的贡献是巨大的，特别是对设计教育具有深远的影响，其教学方式成为后世许多学校艺术教育的基础，其培养的杰出建筑师、设计师把现代建筑、现代设计推向了新的高度。相比之下，包豪斯设计学院设计的工业产品无论是在范围上还是在数量上，影响都不显著，在世界主要工业化国家之一德国的设计发展进程中，包豪斯设计学院的产品并未起到举足轻重的作用。包豪斯设计学院的影响不局限于其设计成就，更重要的是它所代表的设计教育精神和理念。包豪斯设计学院的思想在一段时间内被奉为现代主义的经典。后来，包豪斯设计学院的局限逐渐被人们认识到，它对现代工业设计造成的不良影响也受到了批评。例如，为了追求新的、工业时代的表现形式，包豪斯设计学院在设计中过分强调抽象的几何图形，认为"立方体就是上帝"，任何产品、任何材料都采用几何造型，走上了形式主义的道路，有时甚至损害了产品的使用功能。这说明包豪斯设计学院对"标准"和"经济"的定义主要是美学意义上的，它强调的"功能"是高度抽象的。同时，严格的几何造型和对工业材料的追求使产品具有一种冷漠感，缺少应有的人情味（图 1-37 所示为包豪斯设计学院设计的冰箱）。虽然包豪斯设计学院积极倡导为普通大众设计，但是由于它的设计美学抽象而深奥，因此曲高和寡，只能供少数知识分子和富有阶层欣赏。

图 1-37　包豪斯设计学院设计的冰箱

5. 乌尔姆学院及其影响

包豪斯设计学院的设计和教学实践活动对德国设计的深远影响，以及德意志民族长于思辨的理性主义设计性格，不仅使德国在战后快速恢复设计活动，还形成了独特的设计风格，出现了对"有机形态"和"天然材料"设计风格的探索，以及极力主张技术美学的设计理论。最终将理性设计、技术美学理论变成现实并形成体系的是乌尔姆学院及其与布劳恩公司的合作，这是德国现代设计史上的重要里程碑。

1949年，平面设计师奥托·艾舍提出了建立战后德国的新设计教育中心的建议，得到了社会的广泛支持。1953年，奥托·艾舍创建了乌尔姆学院，开始进行设计艺术教学。1955年，瑞士知名雕塑家、建筑师、平面设计大师马克思·比尔（包豪斯设计学院毕业生）担任乌尔姆学院的院长。在教学思想上，他主张通过设计，在个人创造性、美学价值与现代工业之间达成某种平衡。在比尔的观念中，艺术与设计都基于理性的原则，逻辑思维和艺术家式的工作是他所代表的理论支柱。在这种教学思想的影响下，乌尔姆学院实质上成为包豪斯设计学院的延续，它在教学中注重探讨产品的形式与功能、技术之间的和谐关系；在设计中强调形式服从功能，要求产品设计具有真实性，在提倡功能的同时，提倡产品设计形式的简约化。与包豪斯设计学院相比，乌尔姆学院在艺术与设计的结合方面前进了一大步。乌尔姆学院将工业设计完全建立在科学技术的基础上，这是工业设计发展史上一个很大的观念上的转折，开创了对现代工业设计的理性、科学研究，推动了设计的系统化、模数化、多学科交叉化发展，对以德国为代表的设计理性化风格的形成起到了积极的推动作用。乌尔姆学院在教学改革中发展起来的包括字体、图形、色彩计划、图表、电子显示终端等在内的全新视觉系统，成为世界各国效仿的对象。

图1-38所示为布劳恩公司设计的台扇和打火机，这些设计贯彻了乌尔姆学院的设计精神，强调人体工学原则，将高度的理性化、次序化原则作为设计准则，形成了"乌尔姆-布劳恩"体系。布劳恩公司的迪特·兰姆斯是这种设计精神的代表人物，他倡导"让生活更轻松、更便捷、更舒心"的设计理念。

🍎 图1-38　布劳恩公司设计的台扇和打火机

在同一时期，商业主义设计盛行的美国将"有计划废止制"设计原则奉为圭臬。由于外形和色彩方面的机械化特征，德国的产品设计在造型奇异的美国产品面前逐渐失去市场竞争力。德国的一些新兴设计公司和私人的小型设计公司开始进行形式主义原则下的设计探索，青蛙设计公司就是其中的代表。

青蛙设计公司的创始人哈特穆特·艾斯林格于 1982 年为维佳公司设计了一种亮绿色的电视机，将其命名为"青蛙"。该设计获得了很大的成功，于是艾斯林格将"青蛙"作为自家设计公司的标志和名称（图 1-39 所示为青蛙设计公司的官方网站）。青蛙设计公司的设计既保持了乌尔姆学院和布劳恩公司的严谨、简练，又带有后现代主义的新奇、怪诞、艳丽，甚至嬉戏般的特色，在设计界独树一帜，在很大程度上改变了 20 世纪末的设计潮流。青蛙设计公司的业务遍布世界各地，涉及 AEG、苹果、柯达、索尼、奥林巴斯等跨国企业。青蛙设计公司的设计范围非常广泛，包括家具、家用电器、交通工具、玩具、展览、广告等。自 20 世纪 90 年代以来，青蛙设计公司最重要的领域是计算机和相关的电子产品，该公司在这些领域取得了极大的成功，特别是该公司的美国事务所成为美国高技术产品设计最有影响力的设计机构之一。

图 1-39　青蛙设计公司的官方网站

6. 各类风格的兴起

1）艺术装饰风格

艺术装饰风格是 20 世纪 20—30 年代主要的流行风格，它生动地体现了这个时期的巴黎的豪华与奢侈。艺术装饰风格以富丽和新奇的现代感著称，它不是一种单一的风格，而是两次世界大战之间装饰艺术潮流的总称，包括装饰艺术的各个领域（如家具、珠宝、绘画、图案、书籍装帧、玻璃、陶瓷等），并对工业设计产生了广泛的影响。

2）流线型风格

"流线型"原本是空气动力学名词，用来描述表面光滑、线条流畅的物体的形状，这种形状能减少物体在高速运动时受到的阻力。后来在工业设计中，流线型风格成为一种象征速度和时代精神的造型语言，并广为流传，不但发展成一种时尚的汽车美学，而且渗透到家用产品领域，影响了电熨斗、烤面包机、电冰箱等家用产品的外观设计，成为 20 世纪 30—40 年代非常流行的产品风格。

　　流线型风格实质上是一种外在的样式设计，它反映了两次世界大战之间美国人对待设计的态度，即把产品的外观造型作为促进销售的重要手段。流线型风格的魅力在于它是一种走向未来的标志，这给处于 20 世纪 30 年代大萧条中的人们带来了希望。因此，流线型风格在感情上的价值超过了它在功能上的价值。在艺术上，流线型风格与未来主义、象征主义一脉相传，它用象征性的表现手法赞颂了"速度"等体现工业时代精神的概念。在这个意义上，流线型风格是一种不折不扣的现代风格。当然，它的流行也有技术和材料方面的原因。

　　20 世纪 30 年代，塑料和金属模压成型方法得到了广泛应用。由于较大的曲率半径有利于脱模或成型，因此无论是冰箱还是汽车的设计，都受到了流线型风格的影响。工业设计师多仁曾在《设计》杂志上发表了一篇题为《流线型：时尚还是功能》的文章，论述了冰箱外形与制造技术发展的关系，用一系列图示说明了尽量减少冰箱外壳构件的趋势。1939 年，威斯汀豪斯公司推出了以单块钢板冲压整体式外壳的生产技术，消除了对结构框架的需要，光滑的外形是这种生产技术的结果。流线型冰箱如图 1-40 所示。

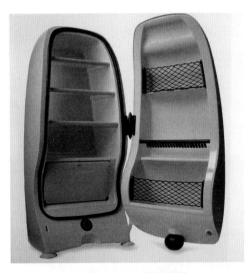

🌐 图 1-40　流线型冰箱

　　流线型风格与艺术装饰风格不同，它的起源不是艺术运动，而是空气动力学试验。有些流线型设计（如汽车、飞机、轮船等交通工具）有一定的科学基础，流线型火车如图 1-41 所示。但在富于想象力的美国设计师手中，不少流线型设计完全基于它们的象征意义，没有功能上的含义。赫勒尔设计的流线型订书机（见图 1-42）是一个典型的例子，它号称"世界上最美的订书机"。该产品采用纯形式和纯手法主义的设计，完全没有反映其机械功能。其外形颇似一块蚌壳，光滑的壳体罩住了整个机械部分，只能通过按键来操作。在该产品中，表示速度的形式被用到了静止的物体上，体现了流线型设计作为现代化符号的强大象征作用。在很多情况下，流线型设计即使不表现产品的功能，也不一定会损害产品的功能。

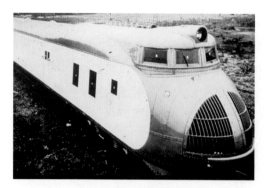

● 图 1-41   流线型火车

● 图 1-42   流线型订书机

3）波普文化和波普艺术运动

在工艺美术运动之后，英国设计一直处于落后状态，比其他国家发展现代设计晚了数十年。为了避开现代主义阶段，追赶设计潮流，英国设计只能走捷径，开辟新的设计道路。

波普文化不等于大众文化，它是知识分子的文化，只不过借用了大众文化的某些形式。新一代的消费者用代表个人喜好的消费观念、文化认同立场、自我表现的新时代风格，以及强烈的色彩、突破性的造型，反对单调、冷漠、缺乏人情味的现代主义，与国际主义风格分庭抗礼，自立门户，寻找新的发展途径和未来。

波普艺术运动是 20 世纪五六十年代兴起的一场具有波普色彩的艺术运动，通过艺术创作探索当时社会的消费主义和大众文化现象。理查德·汉密尔顿是波普艺术运动的重要代表之一，他的作品《摇摆伦敦 67 号》（见图 1-43）的创作灵感来自发生在伦敦的艺术家克里斯托弗·鲍德温被捕的事件。

● 图 1-43   《摇摆伦敦 67 号》

4）斯堪的纳维亚设计

1925 年，丹麦工业设计师保罗·汉宁森设计的灯具在巴黎国际博览会上获得了金牌。这种灯具后来发展成极为成功的 PH 系列灯具（见图 1-44），至今盛销不衰。这种灯具的美学质量极高，其设计遵循了科学的照明原理，而不只是附加一些装饰，使用效果非常好，充分体现了斯堪的纳维亚设计的特色。

图 1-44　PH 系列灯具

PH 灯具的重要特征如下：

（1）所有的光线都必须经过一次反射才能到达工作面，以形成柔和、均匀的照明效果，并避免清晰的阴影。

（2）无论从哪一个角度看，都不能看到光源，以免眩光刺激眼睛。

（3）对白炽灯光谱进行补偿，以形成适宜的光色。

（4）减弱灯罩边沿的亮度，并允许部分光线溢出，以免灯具与深色背景形成过大的反差，造成眼睛不适。

 1.4.3　后工业社会的设计

1. 意大利的现代设计

在第二次世界大战后，意大利设计的发展被称为"现代文艺复兴"，对国际设计界产生了深远的影响。意大利设计以其独特的一致性、融合性脱颖而出，它不仅贯穿于服装、汽车、办公用品、家具等诸多设计领域，还根植于意大利悠久而丰富多彩的艺术传统之中，这种设计文化反映了意大利民族热情奔放的性格特征。总的来看，意大利设计的特点是由于形式上的创新而产生的特有的风格和个性，不抄袭他人，专心发展自己的设计体系，强调民族特征和个人表现；设计范围广泛，包括大众文化层次和高级文化层次；为出口服务，主要市场是欧洲各国；设计具有明星效果；设计师大多出身于民营化的设计学院，他们不仅具有较高的文化素养和艺术品位，还通过展览、比赛、出版物等方式，以理论为指导，推动设计的发展。

1951—1957 年，意大利设计风格已初具雏形。1953 年，意大利《工业设计》杂志创刊，为设计师提供了一个展示和交流的平台。同年，一家全国性的大型联号商店成功举办了"产品的美学"大型展览。该商店于 1954 年设立了"金圆规奖"，奖励优秀的工业设计作品。尼佐里的"拉特拉22"型打字机获得了第一届"金圆规奖"。与此同时，米兰3年一度的国际工业设计展览也大获成功。1956年，意大利工业设计师协会成立，为设计师提供了一个更加专业、系统的交流平台，进一步推动了意大利设计的发展和创新。

20世纪50年代，意大利设计的视觉特征是当代"有机"雕塑，这种视觉特征与新的金属生产技术、塑料生产技术相结合，创造了一种独特的美学，代表了丰裕的都市化风格。意大利在商业性家具生产中采用新材料和新工艺方面的成功得益于小规模的工业。20世纪60年代，意大利进入消费社会阶段，经济的高速发展创造了新现代主义消费美学。高技术和手工艺传统同步发展，设计上出现了资产阶级化倾向，设计语言大多表现在塑料家具、灯具中，如图1-45所示的扶手椅和如图1-46所示的台灯都是这个时期诞生的作品。

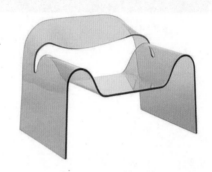

图1-45 扶手椅

图1-46 台灯

2. 日本的现代设计

一提到"日本设计"，人们常常联想到两类截然不同的设计：一类是传统的手工艺品，如木质家具、漆器、瓷器等，这类手工艺品朴素、清雅、自然，具有浓厚的东方情调；另一类是大批量生产的高技术产品，如收音机、照相机、摩托车、汽车、计算机等（图1-47所示为索尼设计的收音机和放音机）。高技术与传统文化的平衡是日本现代设计的特色之一。日本设计开始于20世纪50年代初，到了20世纪80年代，日本成为世界上非常重要的设计大国，其设计发展过程受到了中国、韩国、意大利、德国、美国的影响。日本是学习外国先进经验的好学生，而且能把外国的先进经验与本国的国情结合起来，建立独特的设计体系。

🔵 图 1-47　索尼设计的收音机和放音机

1951 年，受日本政府邀请，美国政府派遣著名设计师罗维到日本讲授工业设计，并且为日本设计师示范工业设计的程序与方法。罗维的讲学对日本工业设计具有重大的促进作用。1952 年，日本工业设计协会成立，并举行了战后日本的第一次工业设计展览——新日本工业设计展。这两个事件是日本现代工业设计发展史上的里程碑。

3. 后现代主义时期的产品设计

在后现代主义时期，产品设计形成了多种风格，如高科技风格、改良高科技风格、减少主义风格、建筑风格、微建筑风格、微电子风格、意大利"工作室 65"风格等。这些风格各具特点，为设计界注入了新的活力。

后现代主义运动在设计界颇有影响的设计组织是意大利的"孟菲斯"设计师集团。"孟菲斯"成立于 1980 年，由著名设计师索扎斯和 7 名年轻设计师组成。"孟菲斯"反对一切固有观念，反对将生活铸成固定模式。"孟菲斯"开创了无视一切模式和打破所有清规戒律的开放性设计思想，刺激了丰富多彩的意大利新潮设计。"孟菲斯"认为产品不仅要有使用价值，还要表达特定的文化内涵，使设计成为某个文化系统的隐喻或符号。"孟菲斯"的设计致力于表现各种富有个性的文化意义，表达了天真、滑稽、怪诞、离奇等不同的情趣，派生了关于材料、装饰、色彩等方面的一系列新观念。

"孟菲斯"的不少设计是家具，其材料大多是纤维、塑料等廉价材料，抽象的图案布满产品的整个表面。在配色上，"孟菲斯"的设计常常故意打破常规，使用明快、风趣、饱和度高的明亮色调，特别是粉红、粉绿等艳俗的色彩。"孟菲斯"设计运动具有创新和独特的设计风格，通过大胆的色彩和几何形状，为传统的家具设计注入了活力。索扎斯设计的卡尔顿书架如图 1-48 所示。

🍎 图 1-48　索扎斯设计的卡尔顿书架

1.4.4　工业设计定义的变化

工业设计是由英文"Industrial Design"翻译而来的，它由美国艺术家约瑟夫·西奈尔于 1919 年首次提出，如今已成为国际上的通用语。工业设计涉及的内容越来越广泛，通过工业化的生产方式，人类可以得到能够满足大部分需求的物品。广义的工业设计是针对某个特定目的进行构思，制定合理可行的实施方案，并用明确的手段表示出来的一系列行为，包括一切使用现代化手段进行生产和服务的设计过程。狭义的工业设计单指产品设计，是从人的需要出发，以工业产品为主要对象的设计活动。

1. 世界设计组织对工业设计的定义

世界设计组织成立于 1957 年，其总部位于加拿大的蒙特利尔。截至 2023 年，已有 200 多个成员组织及其代表的工业设计师加入该组织，共同致力于推广工业设计的理论和实践。世界设计组织以优秀的设计形象来提高商业竞争力，并通过各国的设计交流和合作，促进社会发展和人类生活状况的改善。随着科学技术和经济的发展，工业设计的内涵和外延，以及人们对工业设计的认知不断地发生变化，世界设计组织曾多次修改其对工业设计的定义。

1980 年，世界设计组织对工业设计的定义如下："就批量生产的工业产品而言，凭借训练、技术知识、经验、视觉感受，赋予材料、结构、构造、形态、色彩、表面加工、装饰以新的品质和规格，叫作工业设计。根据当时的具体情况，工业设计师应当在上述工业产品的全部方面或其中几个方面进行工作。此外，当需要工业设计师对包装、宣传、展示、市场开发等问题的解决运用自己的技术知识、经验、视觉感受时，这也属于工业设计的范畴。"

2001 年，世界设计组织第 22 届大会在韩国汉城（后改名为首尔）举行，大会发表了《2001 汉城工业设计家宣言》。该宣言从起草到完成历经 10 个月，集合了来自 53 个国家的专业人士的经验与智慧，对现代工业设计的对象、范畴、使命等做出了比较详尽、完满的回答，部分内容如下。

（1）我们现在所处之地：工业设计将不再只依赖工业上的制造方法；工业设计将不再只对物体的外观感兴趣；工业设计将不再只热衷于追求材料的完善；工业设计将不再受"新"这个观念的迷惑；工业设计不会将舒适的状态和缺乏运动觉模拟的状态相混淆；工业设计不会将我们身处的环境视为和我们自身隔离；工业设计不能成为满足无止境的需求的工具或手段。

（2）我们希望前进之处：工业设计评价"为什么"的问题更甚于"如何做"的问题；工业设计利用技术的进步创造较好的人类生活状态；工业设计恢复社会中业已失去的完善意涵；工业设计促进多种文化之间的对话；工业设计推动一门滋养人类潜能和尊严的"存在科学"；工业设计追寻身体与心灵的完全和谐；工业设计同时将天然环境和人造环境视为欢乐生活的伙伴。

（3）我们希望成为何种角色：工业设计家是介于不同生活力量之间的平衡使者；工业设计家鼓励使用者以独特的方式与所设计的对象进行互动；工业设计家开启使用者创造经验的大门；工业设计家需要重新接受发现日常生活意义的教育；工业设计家追寻可持续发展的方法；工业设计家在注意到企业、资本之前先注意到人性和自然；工业设计家是选择未来文明发展方向的创造团队成员之一。

《2001 汉城工业设计家宣言》不但在工业设计的对象、意义、价值等方面比较全面、准确地回答了世界工业设计发展的相关问题，而且对工业设计家应该承担的责任与义务提出了全面、深刻、具体的要求。该宣言既为现代工业设计师指明了应该努力的具体方向，也为中国工业设计和中国工业设计教育的发展提供了一份深刻的、极有研究价值的文本。

2006 年，世界设计组织发布的《设计的定义》涵盖了设计的所有学科，从目的和任务两个方面对"设计"概念的内涵和外延重新进行了界定，为组织成员的发展战略、发展目标奠定了统一的基础。

设计是一种创造性的活动，其目的是为物品、过程、服务和它们在整个生命周期内构成的系统赋予多方面的品质。设计既是创新技术人性化的重要因素，也是经济文化交流的关键因素。

设计的任务是致力于发现和评估与下列项目在结构、组织、功能、表现、经济上的关系：增强全球可持续性发展意识和环境保护意识（全球道德规范）；给社会、个人、集体带来利益和自由；最终用户、制造者和市场经营者（社会道德规范）；在全球化的背景下支持文化的多样性（文化道德规范）；赋予产品、服务和系统以表现性的形式（语义学），并与它们的内涵相协调（美学）。

设计关注由工业化（而不只是生产时用的几种工艺）衍生的工具、组织、逻辑创造出来的产品、服务和系统。限定"设计"的形容词"工业的"必然与"工业"一词有关，也与其在生产部门所具有的含义或其古老的含义"勤奋工作"有关。也就是说，设计是一种包含了广泛专业的活动，产品、服务、平面、室内和建筑都在其中。设计活动应该和其他相关专业协调配合，进一步提高生命的价值。

从世界设计组织对工业设计定义的发展变化中可以看出，工业设计的定义并非僵化的、一成不变的，而是随着社会的发展不断演进的：从大工业生产条件下的产品装饰到人机工程学的加入，再到在功能与形式之间的徘徊，工业设计由纯形式的审美设计发展为生存方式设计和文化设计。我们可以将这个过程描述为由产品的表征设计发展为人的生存方式设计，由对产品形式的研究发展为对特定社会形态中人的生存方式和需求的研究，由关注产品的外在表现形式发展为关注人的生存方式、价值和生命意义。

2. 美国工业设计师协会对工业设计的定义

美国工业设计师协会（Industrial Designers Society of America，IDSA）是美国工业设计师的专业组织，由 3 个与工业设计相关的美国组织于 1965 年合并而成。该协会发行月刊《创新杂志》和《设计视角》，其担任评审的 IDSA 奖是全球工业设计界的重要奖项之一。

美国工业设计师协会对工业设计的定义如下：工业设计是一项专门的服务性工作，为使用者和生产者双方的利益而对产品和产品系列的外形、功能、使用价值进行优选。这种服务性工作是在与开发组织的其他成员的协作下进行的。典型的开发组织包括经营管理、销售、技术工程、制造等专业机构。工业设计师特别注重人的特征、需求和兴趣，对视觉、触觉、安全、使用标准等各方面有详细的了解。工业设计师要把对这些方面的考虑与生产过程中的技术要求（包括销售、运输和维修等）有机地结合起来。工业设计师是在保护公众的安全与利益、尊重现实环境、遵守职业道德的前提下和责任感的指导下工作的。除了阐明工业设计的性质，美国工业设计师协会对工业设计的定义还提到了工业设计与其他专业的联系，以及工业设计师在进行工业设计时必须考虑的问题。

3. 加拿大魁北克工业设计师协会对工业设计的定义

加拿大魁北克工业设计师协会对工业设计的定义如下：工业设计包括提出问题和解决问题两个过程。既然工业设计是为了给特定的功能寻求最佳形式，形式又受功能的制约，那么形式和功能相互作用的辩证关系就是工业设计。

工业设计既不需要产生只属于个人的艺术作品和天才，也不受时间、空间和人的目的的控制，而是为了满足设计师和他们所属社会的人们某种物质上或精神上的需要而进行的人类活动。这种活动是在特定的时间、特定的社会环境中进行的，必然受到生存环境内起作用的各种物质力量的冲击，以及各种有形的、无形的影响和压力。工业设计采取的形式要影响心理和精神、物质和自然环境。这个定义指出工业设计是一个提出问题并找到解决方案的过程，其实质是解决产品的形式和功能的辩证关系问题。

综合上文的各个定义，我们可以认为工业设计不只是设计、制造产品，并让人们购买、使用它们，其内涵在于主动探索、解决人类在生产生活中的各种问题，目的是为人类创造更合理的生存方式和生活形态，使"人、物（产品）、环境"成为一个更和谐的系统。

1.4.5 职业设计师的出现

在两次世界大战之间，工业设计作为一种正式的职业出现并得到了社会的承认。虽然第一代职业设计师拥有不同的教育背景和社会阅历，但是他们都是在激烈的商业竞争中跻身设计界的。他们的工作使工业设计真正与大工业生产结合起来，同时大大推动了设计的实际发展。设计不再是理想主义者的空谈，而是商业竞争的手段，这一点在美国体现得尤为明显。

20 世纪 40—50 年代，美国和欧洲的设计主流是在包豪斯理论基础上发展起来的现代主义。其核心是功能主义，强调实用物品的美应该由其实用性和对材料、结构的真实体现来确定。与战前空想的现代主义不同，战后的现代主义深入广泛的工业生产领域，体现在许多工业产品上。随着经济的复兴，西方在 20 世纪 50 年代进入消费时代，现代主义开始脱离战前刻板、几何化的模式，并与战后的新技术、新材料相结合，形成了成熟的工业设计美学，由现代主义走向当代主义。现代主义在战后的发展集中体现在美国和英国。这两个国家的设计机构通过各种形式扩大了现代主义在本国设计界和公众中的影响，并为现代主义设计冠以"优良设计"之类的名称加以推广，取得了很大的成效。

以现代艺术博物馆为依托，促进现代主义设计发展的代表人物是查尔斯·伊姆斯和埃罗·沙里宁。伊姆斯和沙里宁由于在纽约现代艺术博物馆举办的"有机家具"设计竞赛中合作获奖而崭露头角。1946 年，伊姆斯与妻子在洛杉矶成立了工作室，成功进行了一系列新结构和新材料的试验。伊姆斯多年研究胶合板的成型技术，试图生产出整体成型的椅子，但他最终还是使用了分开的部件，以便进行生产。之后，伊姆斯将注意力放在铸铝、玻璃纤维增强塑料、钢条、钢管等材料上，创造了许多既富有个性，又适合大批量生产的设计。图 1-49 所示为伊姆斯为赫曼·米勒公司设计的第一件作品——餐椅，这是他早年研究

● 图 1-49 伊姆斯设计的餐椅

胶合板的成果。该餐椅的坐垫和靠背被模压成微妙的曲面，给人以舒适的支撑；镀铬的钢管结构十分简单，而且使用了橡胶减震节点；所有构件和连接处的处理都非常精致，这使该餐椅稳定、结实、美观。

沙里宁既是一位高产的建筑师，也是一位颇具才华的工业设计师。他的家具设计常常

体现出有机的自由形态，而不是刻板、冰冷的几何形态。这标志着现代主义的发展已经突破了正统的包豪斯风格，开始走向"软化"。这种"软化"趋势是与斯堪的纳维亚设计联系在一起的，被称为有机现代主义。与伊姆斯一样，沙里宁也对探索新材料和新技术非常感兴趣。他的著名设计有"胎椅"（见图1-50）和"郁金香椅"（见图1-51）。"胎椅"设计于1946年，采用玻璃纤维增强塑料模压成型，覆以软性织物。"郁金香椅"设计于1957年，采用塑料和铝两种材料，由于是圆足，因此不会压坏地面。这两个设计被视为20世纪50—60年代有机设计的典范，它们的形式是设计师认真考虑生产技术和人体姿势后想到的，是功能的产物，并与某种新材料、新技术联系在一起。正如沙里宁所说的那样，如果大批量生产的家具要忠于工业时代的精神，它们就"决不能追求离奇"。

◎图1-50　沙里宁的著名设计"胎椅"　　　◎图1-51　沙里宁的著名设计"郁金香椅"

　　在美国影响最大的设计师之一雷蒙德·罗维是法国人，他出生于巴黎，后移居美国，是美国早期重要的设计大师、美国工业设计的重要奠基人之一、20世纪最著名的工业设计师之一，是使工业设计师成为受尊重的职业的主要人物。

　　1929年，罗维在纽约第十二大街开设了设计事务所——雷蒙德·罗维事务所。罗维遵循实用主义的设计原则，讲究简约、典雅、美观，主张通过产品形状表达使用功能，认为产品应该方便使用、易于维修和保养、经济耐用。

◎图1-52　可口可乐的零售机

　　1935年，罗维设计的"可德斯波特"电冰箱确定了冰箱的基本标准和使用方式，这个设计使该冰箱的年销量从1.5万台猛增到27.5万台。罗维设计了许多流线型风格的交通工具，如"休普莫拜尔"小汽车。许多著名企业采用了罗维的设计，如可口可乐的零售机（见图1-52）、壳牌石油公司的标志和字体、"好彩"香烟的包装等。20世纪 60 年代，由于杰出的成就和极高的社会知名度，罗维被美国前总统肯尼迪邀为座上客，为其设计"空军一号"总统座机的内饰和外观色彩等。作为一名工业设计师，罗维成功地推销了自己的独创性和他精心设计的现代生活方式，创造了"美国梦"的一部分，具有很大的社会影响。

1967—1973 年，罗维被美国国家航空航天局聘为常驻顾问，参与运载火箭"土星 5 号"和"阿波罗号"飞船的设计，如图 1-53 所示。

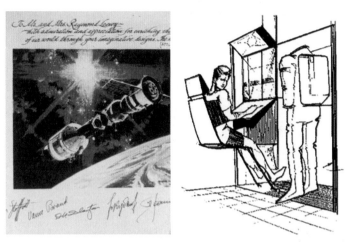

🌐 图 1-53　运载火箭"土星 5 号"和"阿波罗号"飞船的设计

1.5　工业设计的分支

1.5.1　人机工程学的发展

在第二次世界大战之前，一些设计师开始对人体各部位的尺寸、动作范围和功能进行研究，使日常使用的物品尺寸与人的生理尺寸相协调，从而设计出更宜人、更有效率的产品。这就是人机工程学，丹麦设计师凯尔·柯林特和美国设计师亨利·德雷夫斯是这方面工作的先驱。人机工程学的研究引入了实验心理学和生理学的研究成果，根据人的手、眼、脑的特点来设计控制系统，以提高工作效率和改善工作条件。到了 20 世纪 50 年代，人机工程学原理已经被许多工业设计师采用，以改善产品的人机关系。例如，瑞典设计师鲁内·曾纳尔针对阿特拉斯·科普柯公司生产的电钻手握不便和噪声大的缺点，利用人机模型和"8 小时执握"试验，于 1955 年设计出阿特拉斯 LBB33 型手持电钻，如图 1-54 所示。改型后的电钻执握舒适、操作方便、噪声小，由此可见人机工程学原理在工具设计中的重要性。

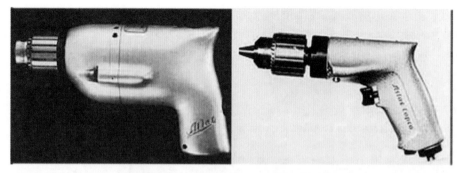

图 1-54　改型前的电钻和改型后的电钻

在第二次世界大战后,科学技术飞速发展,出现了大量的新技术、新材料,这对工业设计的发展产生了重大的影响。1947 年,晶体管的发明标志着电子技术的革命。大规模集成电路的出现引发了 20 世纪 60—70 年代的小型化浪潮,许多产品以更小的尺寸实现原来的功能,产品外形有了更大的变化余地。由于电子产品的功能是看不见的,没有天赋的形式,人们无法仅从外形上判断电子产品的功能,因此"形式追随功能"的信条在电子时代没有太大的意义。这些变化给工业设计提出了新课题。

图 1-55　贝里尼为雅马哈公司设计的录音机

意大利设计师马里奥·贝里尼是最早意识到这些变化的设计师之一。他认为,随着机械部件基本上被电子线路取代,产品外形只能由传统、美学和人机工程学的综合来决定。这要求设计师更多地考虑文化、心理和人际关系等方面的因素,即为简单的产品外形赋予有价值的内涵。贝里尼为雅马哈公司设计的录音机(见图 1-55)体现了这种思想,其楔形的造型是由人机关系决定的,各种控制键十分简单明了,录音键和红色的电平指示键起到了画龙点睛的作用。

1.5.2　新技术、新材料与设计

在第二次世界大战后,材料和工艺的革新改变了人们熟悉的概念。新型塑料多样化的鲜明色彩、灵活的成型工艺使许多产品呈现出新颖的颜色和形式,与过去标准化的金属表面处理和工业化形式形成了强烈的对比。从 20 世纪 60 年代起,塑料开始被广泛应用于各种产品中,如电话机、吹风机、办公用品、机器零件和各种包装容器。塑料成为工业设计中最热门的材料,因此 20 世纪 60 年代曾被称为"塑料的时代"。

新材料不但大大丰富了设计语言,而且对传统的设计观念造成了极大的冲击。丹麦设计师维纳尔·潘顿在探索新材料的设计潜力的过程中创造了许多富有表现力的作品,颇有影响。潘顿既是第三代家具设计大师中的领军人物,也是丹麦现代家具设计中最著名的设计师之一，其一生都在致力于新材料、新技术的创新与应用。

从 20 世纪 50 年代末起，潘顿开始了对玻璃纤维增强塑料、化学纤维等新材料的试验和研究。和许多丹麦设计师一样，潘顿对设计椅子特别感兴趣。20 世纪 60 年代，他与赫曼·米勒公司合作进行整体成型玻璃纤维增强塑料椅的研制工作。经过反复试验和改进，这种椅子于 1968 年定型，如图 1-56 所示。这种椅子一次性模压成型，不加修整即可投放市场。其造型直接反映了生产工艺和结构的特点，非常别致，具有强烈的雕塑感，色彩也十分艳丽。这种椅子至今仍享有盛誉，被世界各地的许多博物馆收藏。

● 图 1-56　潘顿设计的整体成型玻璃纤维增强塑料椅

除了设计椅子，潘顿还长于用新材料设计灯具。潘顿与许多丹麦厂家建立了密切的合作关系，他于 1970 年设计的潘特拉灯具是双方的合作成果之一。潘特拉灯具既可作为台灯，也可作为落地灯，简约、明快的造型使其适用于不同的环境。1975 年，潘顿用有机玻璃设计了 VP 球形吊灯，如图 1-57 所示。该吊灯既达到了灯具在防眩光、补偿光色等方面的要求，又造型别致，获得了很大的成功。

1988 年，快速原型技术开始在工业设计中应用。这种技术可以将计算机生成的三维数字图像转换为三维实体模型，以便让设计师在大批量生产产品之

● 图 1-57　潘顿用有机玻璃设计的 VP 球形吊灯

前很方便地验证设计的造型、结构、功能和人机关系，从而保证设计的成功。除此以外，快速原型技术还可以实现一些受传统的生产技术、工艺的局限而难以成型的独特结构和造型。设计师可以利用快速原型技术的这个特点来实现先前无法实现的设计，丰富工业设计的表现形式和实现方式。图 1-58 所示为荷兰自由创新公司应用快速原型技术设计、制作的树形椭圆桌。自 2000 年以来，该公司致力于将最先进的制造技术与最前卫的设计相结合，创造了一系列极富个性的产品，包括灯具、服装、包装和居家用品等，开创了工业设计的新领域。

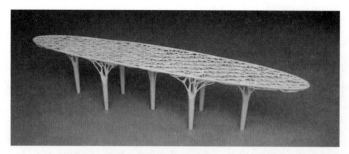

● 图 1-58　荷兰自由创新公司应用快速原型技术设计、制作的树形椭圆桌

1.5.3　绿色设计与可持续设计

进入 20 世纪 90 年代，风格上的花样翻新似乎已经走到了尽头，后现代主义已成明日黄花，解构主义依旧曲高和寡，工业设计需要理论上的突破。于是，不少设计师转而从深层次上探索工业设计与人类永续发展的关系，力图通过设计活动在人、社会、环境之间建立协调发展的机制，这标志着工业设计发展的一次重大转变。绿色设计的概念应运而生，成为当今工业设计发展的主要趋势之一。绿色设计源于人们对现代技术引起的生态环境破坏的反思，体现了设计师的职业道德和社会责任心的回归。在很长一段时间内，工业设计在为人类创造现代生活方式和生活环境的同时，也加速了对资源和能源的消耗，对地球的生态平衡造成了巨大的破坏。特别是工业设计的过度商业化，使设计成了刺激人们无节制消费的工具。"有计划废止制"是这种现象的极端表现，因而受到了许多批评和指责。面对这种情况，设计师不得不重新思考工业设计的职责与作用。

绿色设计着眼于人与自然的生态平衡关系，在设计过程的每一个决策中都充分考虑环境效益，尽量减少对环境的破坏。对工业设计而言，绿色设计的核心是"3R"〔Reduce（减量化）、Recycle（再回收）、Reuse（再利用）〕原则，不但要尽量减少物质、能源的消耗和有害物质的排放，而且要使产品和零部件能够被方便地分类回收并再生循环或重新利用。绿色设计不仅是技术层面上的考虑，还是观念上的变革，它要求设计师放弃过分强调产品在外观上标新立异的做法，转而将重点放在真正的创新上，用更负责的方法设计产品的形态，用更简单、长久的造型尽可能地延长产品的使用寿命。

1.5.4　计算机技术的发展与工业设计

计算机技术的发展与工业设计的关系是非常广泛而深刻的。一方面，计算机技术的应用极大地改变了工业设计的技术手段、程序和方法。相应地，设计师的观念和思维方式也有了很大的转变。另一方面，以计算机技术为代表的高新技术开辟了工业设计的崭新领域，先进的技术必须与优秀的设计结合起来，才能使技术人性化，并真正为人类服务。工业设计对推动高新技术产品的发展起到了不可估量的作用，计算机的发展历史说明了这一点。

自从第一台电子计算机出现以来，人们一直致力于利用其强大的功能进行各种设计活动。20 世纪 50 年代，美国人成功研制了第一台图形显示器。20 世纪 60 年代，美国麻省理工学院的伊万·萨瑟兰在其博士论文中首次论证了计算机交互式图形技术的一系列原理和机制，正式提出了"计算机图形学"的概念，从而奠定了计算机图形技术的理论基础，也为计算机辅助设计（Computer-Aided Design，CAD）开辟了广阔的应用前景。自 20 世纪 80 年代以来，随着科学技术的进步，计算机在硬件和软件方面实现了巨大的飞跃，计算机辅助设计也因其快捷、高效、准确、精密和便于储存、交流、修改的优势，广泛应用于工业设计的各个领域，大大提高了设计效率。由于计算机辅助设计的出现，工业设计的方式发生了根本性的变化。这不仅体现在用计算机绘制各种设计图，用快速原型技术替代油泥模型，或者用虚拟现实（Virtual Reality，VR）技术进行产品的仿真演示等方面，更重要的是建立了并行结构的设计系统，将设计、工程分析、制造三位一体优化集成于一个系统中，使不同专业的人员能够及时反馈信息，从而缩短开发周期，并保证设计和制造的质量。这些变化要求设计师具备更高的整体意识和更多的工程技术知识，不能局限于对效果图的表现。

计算机技术和互联网的发展在很大程度上改变了工业的格局，新兴的信息产业迅速崛起，开始取代钢铁、汽车、石油化工、机械等传统产业，成为知识经济时代的"生力军"，英特尔、微软、苹果、IBM、惠普、亚马逊、思科等巨头企业如日中天。随着高速宽带网络的普及和无线网络的应用，出现了以谷歌、亚马逊、Meta、YouTube、QQ、百度、阿里巴巴等为代表的全新的在线服务型企业。以此为契机，工业设计的主要方向开始发生战略性转移，由传统的工业产品转向以计算机为代表的高新技术产品，这在高新技术产品化、人性化的过程中起到了极其重要的作用，并诞生了许多经典作品，开创了工业设计发展的新纪元。

计算机技术的发展对工业设计的影响主要体现在以下 4 个方面。

（1）设计工具和方法的变革：在传统的工业设计中，设计师主要依赖于手工绘图和物理模型进行设计。随着计算机技术的发展，设计师开始使用各种 CAD 软件进行设计，大大提高了设计的效率和准确度。此外，VR 和增强现实（Augmented Reality，AR）等技术的应用使设计师可以在虚拟环境中进行产品设计和测试，进一步缩短了产品开发周期。

（2）设计理念的转变：计算机技术的发展促使设计师的设计理念发生了转变。传统的工业设计更注重产品的形态和功能，现代工业设计更注重用户体验和人机交互。设计师需要借助计算机技术分析用户的行为和需求，从而设计出更能满足用户需求的产品。

（3）设计领域的拓展：计算机技术的发展为工业设计拓展了新的设计领域。例如，数字化设计、智能设计、服务设计等新的设计领域就是在计算机技术的基础上拓展的。这些新的设计领域为工业设计提供了更多的选择和更大的创新空间。

（4）设计流程的优化：计算机技术的发展优化了工业设计的设计流程。在传统的工业设计中，设计师需要进行大量的手工计算和绘图工作，这不但耗时耗力，而且容易出错。

现在，设计师可以借助计算机技术进行自动化计算和模拟分析，大大提高了设计的效率和准确度。

总之，计算机技术的发展给工业设计带来了巨大的改变和机遇。它既变革了设计工具和方法，又促使设计师的设计理念发生了转变，还推动了设计领域的拓展和设计流程的优化。未来，随着计算机技术的不断发展，工业设计将获得更大的创新和发展空间。

课后习题

一、判断题

（1）出土于非洲的早期人类使用的石器是手工艺设计阶段的代表作。（   ）

（2）在手工艺设计阶段，产品的生产者和设计者往往是同一个人。（   ）

（3）工艺美术运动强调手工艺，明确反对机械化生产。（   ）

（4）在中国的手工艺设计史上，汉代的漆器在技艺上达到了顶峰。（   ）

（5）巴洛克式设计和洛可可式设计是欧洲艺术设计史上的两种重要风格。在时间上，洛可可式设计早于巴洛克式设计。（   ）

（6）包豪斯设计学院的设计思想强调历史元素、装饰和复杂性。（   ）

（7）"孟菲斯"设计师集团的作品强调工业化、可量产。（   ）

（8）绿色设计的核心是"3R"原则，即 Reduce、Recycle、Reuse。（   ）

（9）"有计划废止制"最初盛行于欧洲。（   ）

（10）人机工程学和设计心理学都是工业设计发展的表现。（   ）

二、单选题

（1）长信宫灯的制作年代是（   ）。

A．汉代　　　　　　　　　　B．唐代

C．明代　　　　　　　　　　D．清代

（2）工艺美术运动的代表人物是（   ）。

A．约翰·拉斯金　　　　　　B．保罗·汉宁森

C．密斯·凡·德罗　　　　　D．雷蒙德·罗维

（3）包豪斯设计学院奠定了现代工业设计教学体系的基础，它是在（   ）创建的。

A．魏玛　　　　　　　　　　B．德绍

C．柏林　　　　　　　　　　D．慕尼黑

（4）PH灯具的设计风格不包括（　　　）。

A．强调实用性　　　　　　　　B．简约和几何风格

C．强调装饰　　　　　　　　　D．注重材料的功能性

（5）日本现代设计的代表人物不包括（　　　）。

A．深泽直人　　　　　　　　　B．草间弥生

C．雷蒙德·罗维　　　　　　　D．原研哉

（6）在工业社会成熟期，（　　　）强调师法自然，在装饰上突出表现曲线和有机形态。

A．工艺美术运动　　　　　　　B．包豪斯学派

C．新艺术运动　　　　　　　　D．后现代主义运动

（7）"孟菲斯"设计师集团是意大利一个颇有影响的设计组织，它是（　　　）的代表。

A．工艺美术运动　　　　　　　B．包豪斯学派

C．新艺术运动　　　　　　　　D．后现代主义运动

（8）许多设计师创造了有代表性的椅子设计，设计了"胎椅""郁金香椅"的设计师是（　　　）。

A．伊姆斯　　　　　　　　　　B．沙里宁

C．雅各布森　　　　　　　　　D．潘顿

（9）雷蒙德·罗维是美国工业设计史上影响很大的设计师之一，他的代表作不包括（　　　）。

A．壳牌石油公司的标志和字体

B．"好彩"香烟的包装

C．宜家的标志

D．可口可乐的零售机

（10）现代科技推动了工业设计的发展。第一台图形显示器的诞生时间是（　　　）。

A．20世纪40年代　　　　　　B．20世纪50年代

C．20世纪60年代　　　　　　D．20世纪70年代

三、简答题

（1）简述工艺美术运动的历史意义。

（2）简述新艺术运动的风格特征。

（3）为什么说包豪斯设计学院奠定了现代工业设计教学体系的基础？

（4）简单评价工业设计中的新技术、新理念，谈谈你的理解。

第二章

工业设计造型基础

2.1 构成学

构成指的是形成、造成，是一个现代设计术语，其源流是 20 世纪初苏联的构成主义运动。在艺术设计基础教学中，构成学是一门传统学科，对学生开始专业学习前的思维启发与观念引导具有非常重要的作用。在格罗皮乌斯提出的"艺术与技术的新统一"口号的指引下，包豪斯设计学院（见图 2-1）努力寻求、探索新的造型方法和理念，对点、线、面、体等抽象艺术元素进行了大量的研究，在抽象的形、色、质的造型方面进行了相应的探索。包豪斯设计学院在教学中的研究与创新为现代构成学打下了坚实的基础。

图 2-1　包豪斯设计学院

时至今日，构成学已成为现代设计基础理论的重要组成部分，其中的形式美法则是现代设计的理论依据。构成设计包括平面构成、色彩构成、立体构成3个部分，它们被称为三大构成。三者既是一个整体，又自成体系，是现代设计类专业的重要基础。随着各类技术的进步与融合，在工业设计专业领域内，教与学的方式在传统的手工绘图、调制颜料表现色彩、运用各种材料表现立体的基础上增加了计算机二维软件、三维软件的应用表现，如图 2-2 所示。学习构成学变得更加高效，构成效果更加直观。

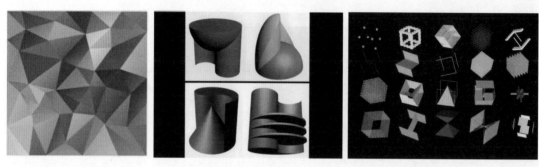

图 2-2　用软件呈现构成效果

2.2　平面构成

1. 平面构成概述

平面构成既是造型的概念，也是在二维平面内将既有形态按照一定法则进行分解、组合，从而形成理想形态的造型设计基础课程。平面构成的基本元素是点、线、面，它们不同于数学中的概念，而是为了研究自然界、生活中的各类物象，并通过归纳、分析、建构来进行分解、组合、重构、变化，从而实现创造理想的新视觉形象的设计目标。

在视觉艺术设计的基础理论中，形象表现可以概括为具象和抽象。具象形象是以自然生成的形态为主体，从中汲取美的成分进行再创作的形象。抽象形象是将复杂的自然形态提炼为简单的基本元素——点、线、面，并按照构成原理将它们重新组合构成的新形象，主要体现为在二维平面内运用基本元素进行造型设计的初步探索。

1）认识"点"

《辞海》中对"点"的解释是"细小的痕迹"。在几何学中，点只具有位置；在形态学中，点还具有大小、形状、色彩、肌理等造型元素；在自然界中，海边的沙石是点，落在玻璃窗上的雨滴是点，夜幕中漫天的星星是点，空气中的尘埃也是点。图 2-3 所示为围棋中的点。

◉ 图 2-3　围棋中的点

（1）有序的点的构成。

如图 2-4 所示，有序的点的构成主要是指点的形状与面积、位置与方向等诸多因素以规律化的形式排列构成，或是相同的重复，或是有序的渐变等。点往往通过疏密有致的排列来呈现空间中的图形，同时，丰富而有序的点的构成会产生细腻的空间感。在有序的点的构成中，点与点形成了整体的关系，其排列与整体的空间相结合，视觉效果趋向线与面，这是点的理性化构成方式。

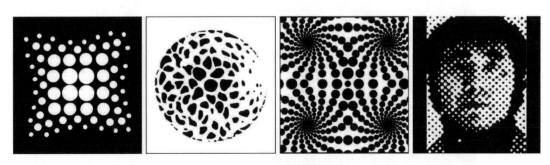

◉ 图 2-4　有序的点的构成

（2）自由的点的构成。

如图 2-5 所示，自由的点的构成主要是指点的形状与面积、位置与方向等诸多因素以自由化、不规律的形式排列构成，呈现出丰富的、平面的、涣散的视觉效果。要想表现空间中的局部，我们可以发挥这种点的构成的长处。

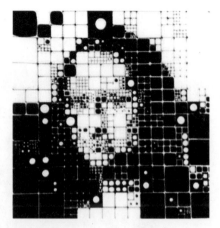

● 图 2-5　自由的点的构成

2）认识"线"

　　线既是点运动的轨迹，又是面运动的起点。如图 2-6 所示，线具有强大的表现力。在几何学中，线只具有位置和长度；在形态学中，线还具有宽度、形状、色彩、肌理等造型元素。画家克利曾给线下了定义：线是运动中的点。更重要的是，他把线分成了 3 种基本类型：积极的线、消极的线、中性的线。积极的线自由自在，不断移动，与有没有特定的目的地无关；一旦一条线描摹了一个连贯的图形，它就变成了中性的线；如果把该图形涂上颜色，这条线就变成了消极的线，因为颜色充当了积极的因素。

● 图 2-6　线具有强大的表现力

3）认识"面"

　　如图 2-7 所示，封闭的线能形成面，扩大的点能形成面，聚集的点和线同样能形成面。在形态学中，面具有大小、形状、色彩、肌理等造型元素。同时，面是形象的呈现，因此面就是形，具有可辨识性的面被称为形或形象。

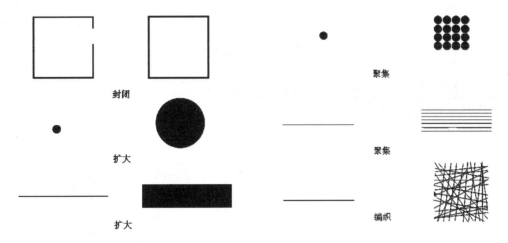

封闭

扩大

扩大

聚集

聚集

编织

图 2-7　面的形成

2. 形态的基本原理

形态分为概念形态和现实形态。概念形态是指人的视觉和触觉不能直接感觉的形态，它以非物质形式存在于意念之中。概念形态虽然属于非现实的意念，但是能促成人对现实形态的认识、转换和重构。现实形态是指人能看到或触摸到的实际存在的形态，分为具象形态和抽象形态。

具象形态包括自然形态和人工形态。

如图 2-8 所示，自然形态是指自然界中具有的形态，山川湖海、日月星辰、植物动物、大地天空等自然界中的有机形态和无机形态都属于自然形态。自然形态极为丰富，为艺术创作提供了取之不尽的灵感源泉。

图 2-8　自然形态

如图 2-9 所示，人工形态是指人类创造出来的形态，如建筑、工业产品、家居用品、艺术品等。人工形态表现了人类的思想和审美追求，不同时代、不同民族创造出来的人工形态具有不同的风格。如图 2-10 所示，我国古代的金器和玉雕表现出了完全不同的造型特征。

◉ 图2-9　人工形态

◉ 图2-10　我国古代的金器和玉雕

　　抽象的几何形态是人们根据主观意志对自然形态进行高度概括和理性加工的形态。如图2-11所示，常见的几何形态包括圆形、正方形、菱形、三角形、十字形、心形、花形等。抽象的几何形态不具备情感色彩，当人们按照形式美的法则和严格的数理秩序把它们组合成一个艺术整体时，就产生了动人的艺术魅力。图2-12所示为由几何形态构成的香港中银大厦和苏州博物馆。

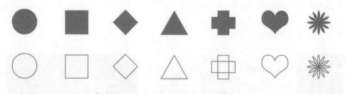

◉ 图2-11　常见的几何形态

◉ 图2-12　由几何形态构成的香港中银大厦和苏州博物馆

抽象形态是对具象形态的高度升华和概括，它不是具象形态的再现，而是人类在认识自然和宇宙的过程中发展、升华的视觉创造。

3. 形式美的原理与法则

"形式美"是美学理论中的一个专属名词，指的是客观事物和艺术形象在形式上的美的表现，也指社会生活、自然中各种形式因素（如线条、形体、色彩、声音等）的有规律的组合。对形式美的探讨几乎是各种艺术门类的共同话题。对美的追求和探寻是人类永恒的主题，造型艺术设计的各门学科离不开对美的追求。形式美的各项法则是设计基础学科——平面构成的重要组成部分。

形式美是一个复杂而影响深广的问题，不是几条规律可以涵盖的。下文所说的构成形式规律是构成中组合方式的一般规律，并不是形式美的全部。

通过观察自然现象和总结生活经验，我们大致可以把美的表现形式归纳为两类。一类是有秩序的美，这是美的主要表现形式，符合大部分人的欣赏习惯。从心理学的角度来看，这种美给人平和、安全、稳定的感觉，在平面构成的基本形式中表现为重复、近似、群化和带有较强韵律感的渐变、放射等。另一类是打破常规的美，这种表现形式不是主要的，却是不可缺少的。这种美更具个性，常给人带来新奇、刺激、有趣、活跃的感觉，平面构成中的对比、特异等基本形式具有打破常规的特点。

1）对称与平衡

人类在形式方面最先发现和运用的美是对称的美。对称给人的视觉感受是平衡，具有端庄、祥和、严谨、稳定的美感。

对称指的是以对称轴或中心点为基准，在大小、形状、排列上具有同形同量的反复对应关系，这种同形同量的结构形式又被称为镜式反映形式。对称是表现平衡的完美形态，它表现了力的均衡。

对称形式是日常生活中很常见的一种形式。例如，在人的身体结构中，四肢、五官的形象和位置基本上是对称的。又如，许多动物和植物的生长结构是对称结构。从心理学的角度来看，对称形式在机能上可以取得力的平衡，在视觉上可以给人完美无缺的感觉，从而满足人在生理上和心理上对平衡的需求。这种有秩序的形式美是原始艺术和设计装饰艺术等普遍采用的表现形式。

平面设计中的图案、纹样、招贴、封面、包装等的构图形式，以及现代工业设计中大到汽车、飞机、轮船、建筑，小到日常生活中的家具、餐具、小家电等的外形，都有采用对称形式的设计，如图 2-13 所示。

在平面构成中，对称分为绝对对称和相对对称。相对对称不要求对称轴两边的形态绝对重合，这类对称的表现形式有较高的自由度。相对对称广泛应用于现代平面构成设计中，香港中银大厦就是一个典型例子。

图 2-13　采用对称形式的设计

平衡是对称结构在形式上的发展，由形的对称转化为力的对称，表现为异形等量的外观。在设计表现中，平衡是一种比较自由的形式。平衡分为物体平衡和心理平衡。物体平衡是指当物体上的各种力可以互相抵消时，物体处于平衡状态，典型例子是跷跷板。心理平衡是指外物的刺激使人脑视皮层生理力的分布达到可以互相抵消的状态时，视觉感觉到平衡。

如图 2-14 所示，对称的基本形式有 4 种，分别为反射、移动、回转、扩大。

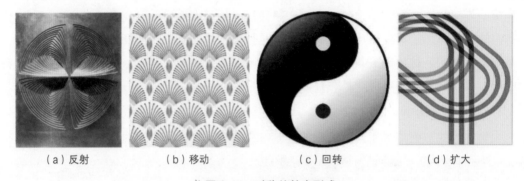

（a）反射　　　　　（b）移动　　　　　（c）回转　　　　　（d）扩大

图 2-14　对称的基本形式

（1）反射：以对称轴为中心，相同形象在左右位置或上下位置的对应排列。

（2）移动：在总体保持平衡的条件下，按照一定的规则平行移动形象所形成的排列形式。移动的位置要适度，不能破坏总体的对称平衡关系。

（3）回转：在反射、移动的基础上，以一点为中心，按照一定的角度旋转形象，构成水平、垂直、倾斜、放射状等表现形式，以增加形象的变化。如果形象旋转 180°，就会形成彼此相反的形象，这被称为反转对称。

（4）扩大：按照一定的比例扩大形象所形成的形象，可以达到既有大小的变化，又不失平衡的效果。

对于对称的 4 种基本形式，在实际操作时，我们通常可以选择两种或两种以上的基本形式的组合。通过多种基本形式的组合，原本单一的形象可以呈现出更加丰富、多变的效果。

设计是丰富多彩的，不拘泥于某一种形式。除了有上述优点，对称也有缺点，那就是过于完美、保守性强，容易让人产生限制过严、缺乏变化的感觉。我们可以调整对称的某个部分，增强画面的动感，使视觉效果更加活跃，给人带来新鲜感。

平衡形式在各类平面设计中应用得非常广泛。与具有统一构造的对称平衡不同，打破对称平衡的关键是心理感受，对形象的大小、位置、方向、明暗等进行调整，可以达到平衡的效果，进而表现出有动感的空间，这种构成状态比完全对称的形式更有活力。打破对称的平衡现象可以理解为事物在运动变化时处于不平衡状态，通过调整，我们可以使对称在被打破的情况下依然在视觉上给人平衡的感受。

2）调和与对比

和谐通常被认为是美的基本特征，它不仅是造型艺术追求的最高境界，甚至是整个艺术领域（包括美术、音乐、舞蹈、文学、戏剧、电影等门类）追求的根本目标。艺术追求情感的表现、创造力、美感，美感源于和谐。就构成设计而言，和谐是构成的最高形式，构成的完整性取决于是否和谐。和谐的本质是多样性的统一，确切地说是包含对立因素的统一。对立性和统一性是和谐的根本因素。

调和就是和谐，是指构成画面的各种要素能够安定、和谐一致地配合，在视觉上给人以美感。调和强调的是形象的近似性，即当两种或两种以上的要素同时存在时，相互之间必须具有共性。从整体造型的角度来看，只要构成画面的若干要素是统一的，就可以在视觉上达到调和的效果。我们身边充满了和谐的魅力，如海水的波纹、树叶的外形、梯田的线条等。在造型艺术作品中，和谐是通过形、色等诸多方面体现出来的，画面中的要素种类越少、越接近（包括形状、大小、方向、色彩、肌理等），呈现出的和谐性就越强。不过，过分统一会减弱画面的视觉冲击力，产生平淡、后退的效果，所以画面中还要有对比。

对比是指将不同的质或量形成的强弱、大小等相反的事物放置在一起时产生的区别和差异。由于相互之间的刺激可以产生加强各自特性的效果，因此相反事物的特性给人的感觉比它们单独存在时更明显，即大的事物显得更大，小的事物显得更小，从而起到使形象更突出的作用。

在设计中，既有形象与形象之间的大小、远近、方向、多少、曲直、虚实，明暗等的对比，又有形象与空间之间的正负、疏密、面积等的对比，还有色彩与色彩之间的明度、色相、纯度、冷暖、面积等的对比。有意识地将具有相反性质的要素应用于不同维度中，通过对比强调重点，可以产生强烈的视觉效果。

事物可以在对比中显露特色，通过对比，不同事物的特征变得更加鲜明。不同的对比关系可以形成画面的张力，给画面平添不同的艺术魅力。图 2-15 所示为 4 种不同的对比。

调和的作用是使矛盾双方趋于平衡，即协调矛盾双方的对比关系。调和与对比这组矛盾在装饰表现中是相辅相成的，如果只强调对比，不注重调和，画面就会生硬、冲突、不协调；如果一味强调调和，忽视对比，画面就会平淡、沉闷、缺乏生气。因此，我们既要强调对比，又要注重调和，使画面既充满张力，又趋于平衡，产生生动、和谐的效果。图 2-16 所示为对比与调和的转化。

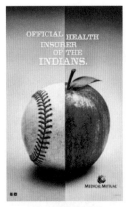
（a）质感对比

（b）方向对比

（c）形状对比

（d）形态对比

图 2-15　4 种不同的对比

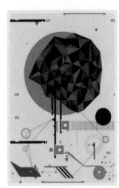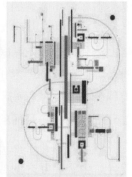

图 2-16　对比与调和的转化

调和不是自然发生的，而是人为的、有意识的合理配合。调和与对比是一组相反的因素，要想形成既有对比，又和谐、统一的画面，设计师必须进行艺术加工，通过合理配合来达到和谐的效果。

3）节奏与韵律

节奏与韵律是从音乐、诗歌中引入的概念。节奏是不同强弱、不同长短的声音有规律地交替出现的现象。韵律是和谐、悦耳、有节奏的声音组合的规律。平面构成中的节奏与韵律是各种元素组合在某种秩序下变化的规律。这种有秩序的变化所产生的美感在视觉上具有较强的刺激作用，特别是渐次变化在视觉上产生的三维空间感，更能激发人们的兴趣。具有这种特征的平面构成基本形式有渐变、放射等。

在平面设计中，节奏与韵律表现在多种构成形式中，特别是突出表现在渐变和放射这两种构成形式中。

渐变是指以类似的基本形渐次地、循序渐进地逐步变化，呈现出阶段性的、调和的秩序。这种构成形式在日常生活中极为常见。如图 2-17 所示，采用渐变形式的结构极富节奏感和韵律美。

图 2-17　采用渐变形式的结构

渐变形式包括大小的渐变（见图 2-18）、间隔的渐变（见图 2-19）、方向的渐变（见图 2-20）、位置的渐变（见图 2-21）、形象的渐变（见图 2-22）等。

大小的渐变：根据近大远小的透视原理，对基本形的大小进行有序的变化，给人以空间感和运动感。

间隔的渐变：按照一定的比例渐次变化，产生不同的疏密关系，使画面呈现出明暗调子。

方向的渐变：对基本形的方向、角度进行有序的变化，使画面产生起伏变化，增强画面的立体感和空间感。

位置的渐变：对部分基本形在画面中的位置进行有序的变化，增加画面中的动态因素，使画面产生起伏波动的视觉效果。

形象的渐变：从一种形象逐渐过渡到另一种形象，增强画面的欣赏性和趣味性。

图 2-18　大小的渐变

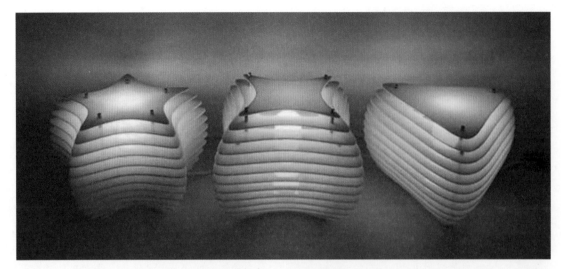

🍅 图 2-19　间隔的渐变

🍅 图 2-20　方向的渐变

🍅 图 2-21　位置的渐变

4）比例与分割

图 2-23 所示为松果的比例与分割的平面构成。适当的比例和尺度是形式美的造型基础，运用几何语言更容易表现现代的抽象形式美。

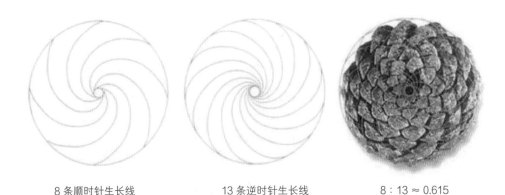

8 条顺时针生长线　　　　13 条逆时针生长线　　　　8：13 ≈ 0.615

🔵 图 2-23　松果的比例与分割的平面构成

比例指的是事物的整体与局部，以及局部与局部之间的关系。秩序指的是局部与整体的内在联系。比例和秩序是形成设计的严整性、和谐性的重要因素。

我们一般可以将分割理解为利用比例、秩序等有目的地切割画面，形成富有节奏感的构图。

面的分割可以分为平面式分割、立体式分割和混合式分割等。平面式分割是指元素之间的分割呈现在同一个平面上，适合表现平面构图和简单的画面。在平面设计中，平面式分割广泛应用于书籍杂志、报纸、招贴、包装等的设计中。现代几何抽象派著名画家蒙德里安的早期作品大多是按照分割和比例构图的，以直线为主要表现手段，既有由水平线和垂直线组成的，也有由倾斜线和交叉线组成的。立体式分割是指元素之间的分割呈现在不同的平面上，适合表现空间感和层次感，如建筑的外部空间和内部空间的分割。混合式分割是指将平面式分割和立体式分割相结合，创造出非常丰富的画面效果。

（1）黄金分割。

古希腊人崇尚比例和秩序，特别是黄金分割，他们认为符合黄金分割的形状具有和谐的比例和稳定的秩序美。古希腊数学家、哲学家毕达哥拉斯认为"数即万物"，数构成了世界，也包含整个世界的秩序与和谐。古希腊的建筑和雕塑往往符合黄金分割，如图 2-24 所示，埃及金字塔的高和底部边长的比是黄金分割。

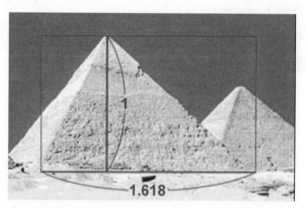

● 图 2-24　埃及金字塔的高和底部边长的比是黄金分割

如图 2-25 所示，甲壳虫汽车的造型符合黄金分割椭圆的上半部分，其侧窗是黄金分割椭圆上半部分的形状。甲壳虫汽车外观的各个部分与黄金分割椭圆或正圆相切，甚至天线的延长线也和前轮外轮的延长弧相切。

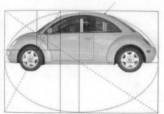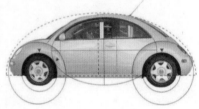

● 图 2-25　甲壳虫汽车的造型

用正方形构成黄金分割矩形的方法如图 2-26 所示。

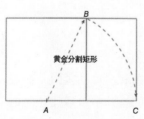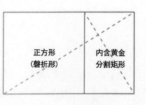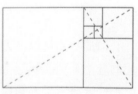

● 图 2-26　用正方形构成黄金分割矩形的方法

①画一个正方形。

②从该正方形一条边的中点 *A* 向一个对角的顶点 *B* 画一条线，以这条线为半径画一段弧线，与中点 *A* 所在的边的延长线相交于点 *C*，补全正方形旁边的矩形，这个矩形和正方形共同构成了一个黄金分割矩形。

③这个黄金分割矩形能够被进一步分割，产生更小的黄金分割矩形。理论上，这个分割过程可以一直继续下去，产生无数个更小的等比矩形和正方形。

（2）分割的特点。

按照数理逻辑分割的画面具有以下 4 个特点：

①明快、直率、清晰；

②分割线的限制使人感觉画面在井然有序的空间里，形象更集中、更有条理；

③有条不紊的画面分割具有较强的秩序性，给人冷静、理智的感觉；

④渐次的变化过程形成富有韵律的秩序美。

（3）分割的方式。

如图 2-27 所示，分割的方式大致分为两类：一是数列分割，二是随意分割。

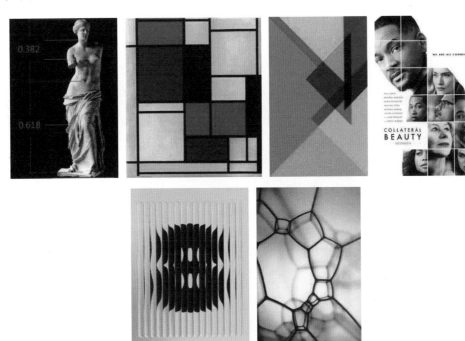

🍎 图 2-27　分割的方式

①数列分割。

数列分割是平面构成中骨骼构成的常用方式，包括两种类型：一种是渐次的数列分割，这种分割方式主要用于表现渐变构成；另一种是等分割，重复骨骼就是用这种方式进行分割的。

a. 渐次数列（递增数列）。

形象大小的逐渐变化被称为渐次变化。渐次数列可以形成有秩序的节奏美。

b. 等差数列。

等差数列是分割的距离按照等差关系变化的数列。例如，每项均相差 0.5 的等差数列为 1.0,1.5,2.0,2.5,3.0…。

c. 等比数列。

等比数列是分割的距离按照等比关系变化的数列，即按照倍数递增的数列。例如，每项均相差 2 倍的等比数列为 1,2,4,8,16…。

d. 等分割。

等分割指的是将空间均匀地分为二等份、三等份、四等份等。根据分割线的方向，等分割的方式可以分为垂直线等分割、水平线等分割、斜线等分割，具体方式如下：

用垂直线或水平线进行等分割；

用斜线进行等分割；

用垂直线和水平线进行等分割；

用垂直线、水平线、斜线结合进行等分割。

②随意分割。

随意分割没有数列分割那么严谨、有规律，它有较高的自由度，画面显得既生动，又不失秩序，因此随意分割是版面设计的重要基础和原则。随意分割不是没有章法，看似随意，实则更讲究分割的方向，更强调分割面积的大小比例、相互错落、纵横交替等，特别注重对版面整体节奏感的把握。

2.3　色彩构成

1. 色彩构成概述

色彩是光线照射到物体上产生的一种视觉效应。当光线照射到物体上时，物体的材质决定了其会吸收、反射光线中的哪些色光，或者哪些色光会穿透物体。反射的色光作用于人的视觉，便产生了色感。色感是光线刺激眼睛后传到大脑的视觉中枢产生的感觉。不同的光源可以产生不同的色彩。在同样的光源下，不同的物体往往会显示不同的色彩，感受到这些色彩的前提是拥有正常的视知觉。所以，光源、物体和正常的视知觉是产生色感的必要条件。产生色感的路径可以表示为"光线—物体—眼睛—视神经—大脑"，如图 2-28 所示。光源色照射到物体上变成反射光或透射光，刺激眼睛后通过视神经传到大脑，从而产生色感。

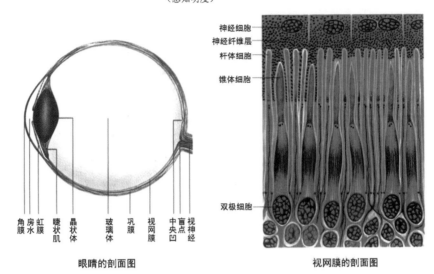

光线　瞳孔　视网膜

锥体细胞
（感知色相、纯度）

杆体细胞
（感知明度）

传到　产生

通过视神经　大脑　色感

神经细胞
神经纤维层
杆体细胞
锥体细胞

双极细胞

角膜　房水　虹膜　睫状肌　晶状体　玻璃体　巩膜　视网膜　中央凹　盲点　视神经

眼睛的剖面图

视网膜的剖面图

◉ 图 2-28　产生色感的路径

　　视知觉正常的人每天都会看到各种各样的色彩，如图 2-29 所示。我们的衣食住行离不开对色彩的选择和享受，各种各样的色彩带给我们丰富的感觉和联想。如果没有色彩，我们的生活就会变得暗淡无光、乏味无趣。色彩赋予了形态更丰富、深厚的寓意和情感。

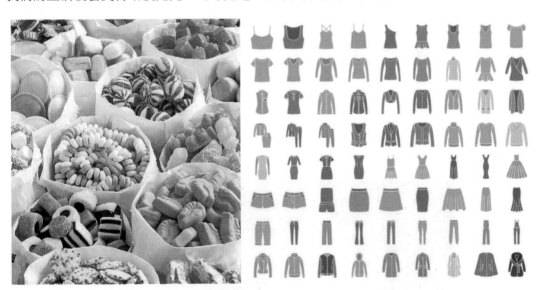

◉ 图 2-29　各种各样的色彩

　　色彩是设计带给人们的第一感觉，鲜明的视觉感受可以吸引人们进一步体察设计用意。除此之外，色彩还可以融入造型，深化造型的寓意，并解释信息，增强造型的表现力，烘托特有的情感氛围。可以说，色彩是设计传递信息、表达情感的重要媒介，具有统一感性和理性的重要作用。设计师必须熟悉色彩，并准确把握色彩的情感，这样才能得心应手地运用各种色彩。

色彩构成主要研究色彩的来源、物理性质、化学性质，以及色彩给人们带来的生理体验和心理体验，通过大量的、系统的色彩训练，培养人们对色彩的感觉，提高人们对色彩的敏锐度。

2. 色彩构成要素

运用科学的分析方法，把复杂的色彩现象还原为基本的形态要素，按照色彩的规律重构形态要素之间的关系，使之呈现出新的、美的色彩效果，这个重构的过程（或创造的过程）叫作色彩构成，它是一个"复杂—简单—再组合"的创造过程。色彩不能脱离形体、空间、位置、面积、肌理等形态要素独立存在。

1）光谱

1666 年，英国物理学家艾萨克·牛顿用三棱镜把白色的太阳光分解为红、橙、黄、绿、蓝、靛、紫 7 种宽窄不一的色彩，并按照固定的顺序把它们排列成一条美丽的色带，这就是光谱（又被称为光的分解）。若用聚光透镜聚合七色光，则这些被分解的色彩会恢复成白色。所以，我们看到的白色光实际上是由 7 种色彩混合而成的。当白色光通过三棱镜时，由于各种色光的波长不同，有不同的折射率，因此会被分解为不同的色彩。其中，红色的波长最长，折射率最低；紫色的波长最短，折射率最高。因为白色光是混合而成的，所以被称为复色光；红、橙、黄、绿、蓝、靛、紫等色光不能被分解，因而被称为单色光。

2）光的类型

光是在一定波长范围内的一种电磁辐射。辐射是以起伏波的形式传递的，可以用振幅和波长来表示。振幅是光波振动的幅度，它直接反映在光线的明度上，振幅越宽，光线越强，明度也就越高。波长是两个波峰之间的距离，不同的波长代表不同光线的色相，具有不同的特征。太阳光在穿过大气层到达地球表面时，受大气中各种气体成分吸收的影响，某些光谱区域的辐射能量衰减，表现为光谱分布曲线上产生的一些凹陷。根据人类的视觉生理，可以将光分为可见光和不可见光。太阳光的分解和光谱如图 2-30 所示。

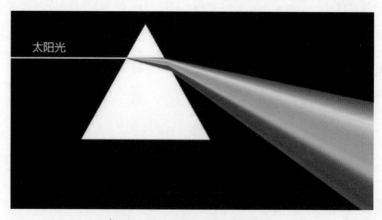

◉ 图 2-30　太阳光的分解和光谱

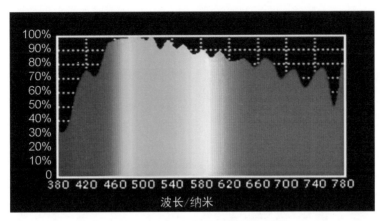

可见光：只有波长为 380~780 纳米的电磁辐射能被人类的视觉感受到，这就是可见光的范围，只占光谱中的很小一部分。我们能看到的红、橙、黄、绿、蓝、靛、紫等色光属于可见光的范围。

不可见光：X 射线、伽马射线，以及波长在 780 纳米以上的红外线和波长在 380 纳米以下的紫外线等，人眼看不见，只有通过专门的仪器才可以观测到。

3）色彩的特性

（1）光源色。

发光体发出的光可以形成不同的颜色，这些颜色被称为光源色，如图 2-31 所示。

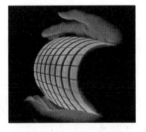

● 图 2-31　光源色

（2）物体色。

实际上，物体本身没有颜色。之所以眼睛会看到不同的颜色，是因为物体表面具有吸收或反射光的能力。不同物体表面的分子构造不同，吸收或反射的光也不同。

例如，在白色光源下，如果物体表面吸收光源中红色以外的其他色光，只反射红色，该物体就会呈现为红色。同时，光源的性质也会直接影响物体的色彩，同一个物体在不同的光源下会呈现为不同的色彩。如果把上述物体放在黄色光源下，该物体就会呈现为橙色；把该物体放在绿色光源下，该物体会呈现为红灰色。又如，在白色光源下，物体之所以呈现为白色，是因为物体表面反射了所有色光（所有色光混合成白色光）；物体之所以呈现为黑色，是因为物体表面吸收了所有色光，没有反射任何色光。如图 2-32 所示，舞台灯光不同，同一个小丑呈现为不同的颜色。

图 2-32　舞台灯光对小丑颜色的影响

综上所述，物体的色彩是由其表面性质和投照光的颜色这两个因素决定的。

（3）固有色。

根据光学原理，物体本身没有颜色，而是随着光源的变化呈现为不同的色彩。不过，我们通常会对某些物体有固定的色彩概念。固有色是物体在白色光源下呈现出来的色彩，如白色的云朵、绿色的树叶、蓝色的海洋等。即使这些物体在不同的光源下呈现为不同的色彩，我们仍然习惯上述认知。这些认知对我们认识或描述色彩具有直接意义，因为它们是物体在正常的白色光源下呈现出来的色彩特征。如图 2-33 所示，咖啡、柠檬、葡萄在白色光源下呈现出来的咖啡色、黄色、紫色最具有普遍性，因而被认为是固有色。

图 2-33　固有色

（4）环境色。

当物体表面受到光照后，除了吸收一部分光，还能把一部分光反射到周围的物体上，尤其是具有较强反射性的光滑材质。环境色的存在和变化既加强了画面中色彩之间的呼应与联系，也大大丰富了画面的色彩。在静物写生中，环境色非常重要。如图 2-34 所示，由于环境色的影响，水果的颜色呈现出不同的变化，上半张图中的水果颜色偏暖，下半张图中的水果颜色偏冷。

🍎 图 2-34　环境色的影响

4）色彩的分类

色彩可以分为无彩色和有彩色。

（1）无彩色。

白色、灰色、黑色没有色相和纯度，只有明度，属于无彩色。值得注意的是，根据色彩学的划分标准，无彩色也是色彩，就像数学中的"0"也是有理数一样。无彩色只有明度的变化。

（2）有彩色。

红、橙、黄、绿、蓝、靛、紫等色彩具有明确的色相和纯度，即视知觉能感受到某种单色光特征的色彩属于有彩色。可见光谱中的所有色彩都属于有彩色，包括纯度降低以至在视觉上接近灰色的色彩，如红灰色、蓝绿灰色等。

5）色彩的三要素

所有的色彩都具有特定的明度、色相、纯度，这三者决定了色彩的性质。任何色彩都可以用这三者表示，它们是色彩最基本、最重要的要素，被称为色彩的三要素。

（1）明度。

明度是指色彩的明暗程度，又被称为亮度、深浅度等。明度由光波的振幅决定，振幅越宽，进光量越大，物体对光的反射率越高，明度就越高；振幅越窄，进光量越小，物体对光的反射率越低，明度就越低。任何色彩都具有一定的明度。明度具有一定的独立性，它可以离开色相和纯度单独存在，色相和纯度总是伴随着明度一起出现的，所以明度是色彩的"骨架"。图 2-35 所示为从白色到黑色的明度渐变。

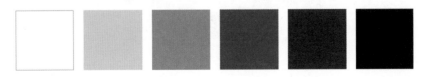

🍎 图 2-35　从白色到黑色的明度渐变

在无彩色中，白色是明度的最高极限，黑色是明度的最低极限。将白色和黑色作为两极，在两者之间进行从浅到深的渐变，可以得到一个明度列。离白色越近的颜色，明度越高；离黑色越近的颜色，明度越低。在有彩色中，不同纯色的明度各不相同，黄色的明度最高，紫色的明度最低。

我们可以把任何色彩关系转化为黑白关系，即单独用明度表现色彩，就像用素描、黑白摄影表现彩色的世界一样。提高色彩的明度有两种方法：一种方法是加入白色，另一种方法是稀释颜色。

（2）色相。

色相是指不同色彩的相貌或区别不同色彩的名称，是色彩最直接的代表。不同的波长决定了不同的色相，这是人们对色彩最直观的感受。在光谱中，红、橙、黄、绿、蓝、靛、紫等有不同的波长，带给人们不同的色彩感受，它们是最基本的色相；玫瑰紫、朱红、柠檬黄、翠绿等也是色彩特定的色相，是不同色彩的不同名称。在这些色彩中分别加入黑色或白色，色彩发生的变化只是明度的变化，色相并未改变。

为了更方便地观察和了解色彩，色彩学专家设计了色相环，以清晰、渐变的视觉秩序引导人们正确地认识色彩。6色色相环将红、橙、黄、绿、蓝、紫等色彩按顺时针方向环状排列，它是最简单的色相环。以这6种色彩为基础，配出它们之间的中间色，可以得到12色色相环。以这12种色彩为基础，配出它们之间的中间色，可以得到24色色相环，如图2-36所示。色相环是最高纯度的色相依次渐变的组合，体现了不同色相的色彩之间美妙的渐变关系。

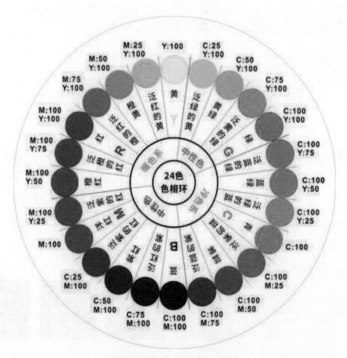

图2-36　24色色相环

（3）纯度。

纯度是指色彩的鲜艳程度，又被称为饱和度、纯净度、彩度。含有色成分的比例越高，色彩的纯度越高；含有色成分的比例越低，色彩的纯度越低。可见光谱中的各种单色光是最纯的色彩，为极限纯度。在基本色彩中，红、橙、黄、绿、蓝、靛、紫的纯度最高，黑、白、灰的纯度为零。

不同色相的纯色不仅明度不同，纯度也各不相同，因为眼睛对不同波长的光辐射的敏感度不同。其中，红色的纯度最高，橙色、黄色的纯度较高，蓝色、绿色的纯度较低。如图 2-37 所示，纯色代表某种色彩的最高纯度，它最为鲜艳，在纯色中逐渐加入与纯色明度相等的灰色，直到纯色完全变成灰色，可以得到这种色彩由最高纯度渐变为最低纯度的纯度列。

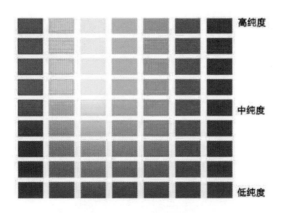

◎ 图 2-37　色彩的纯度渐变

现实中的绝大部分色彩是非高纯度色，变化微妙，颜色丰富。在配色时，我们可以通过加入黑色、白色或灰色等无彩色来降低色彩的纯度，这样色彩的明度也会发生相应的变化。此外，我们还可以通过加入互补色来降低色彩的纯度。

3. 色调构成

国际上将有彩色分为明亮调子（极淡、淡雅、明亮）、鲜明调子（鲜明色、强烈、鲜艳）、朴素调子（亮微色、柔和、暗微色、稳重）、幽暗调子（幽暗、浓深、极暗）等 13 种调子。

明亮调子为明度高的粉色系列，柔软、精致、甜美、可爱、光感强，多用于婴儿用品和女性用品。鲜明调子色感强、纯度较高，鲜艳、热烈、视觉识别力强，多用于企业标识。朴素调子纯度较低、色感较弱，安静、沧桑、成熟、稳重、冷清，多用于天然材料和陶瓷。幽暗调子明度较低，具有一定的倾向性，沉着、厚重、致密，多用于家具、男性用品和汽车。

1）色调与和谐

色调构成建立在有序的基础上。自然形态千变万化，充满强烈的对比和刺激，如万紫千红的春日花园（见图 2-38）。我们生活的环境也是如此，如节日时的张灯结彩充满和谐的庆典气氛，姿态各异的城市建筑通过不同的规划设计理念表现空间美。所有的视觉形式都存在于有序与无序的对比、统一之中，色调构成是在复杂的自然色彩环境和人工色彩环境中探寻有序的色彩组合。有序是和谐、协调、调和、融合的意思，是指色彩的秩序感、相互协调的色彩的比例关系、匀称的色彩构图等。

图 2-38　春日花园

有序、和谐的色调构成强调对比与调和、变化与统一的规律，这是一种既包含色彩在明度、色相、纯度、面积等方面的差异与对比，又在整体上协调一致的美。和谐是色调构成永恒的主题。色彩组合的和谐是指相近的类似色彩的组合，或者明暗相同的不同色彩的组合，或者因对比强烈而组合在一起的色彩搭配。和谐的色彩组合包含着力量的平衡与对称。

2）轻重色调

色调的轻重感主要是由明度决定的。轻色调往往具有轻盈、柔软的感觉，重色调则具有压力感、重量感。要想让色调变轻，我们可以通过加入白色来提高明度，反之则加入黑色降低明度。

如图2-39所示，色调的轻重感还与知觉度、纯度有关。暖色往往具有轻感，冷色往往具有重感；纯度高的亮色感觉比较轻，纯度低的暗色感觉比较重。

◉ 图2-39　轻重色调

不同色相的轻重感排列顺序为白、黄、橙、红、灰、绿、蓝、紫、黑。设计师可以利用不同色调的轻重感来实现画面的均衡，这样往往能达到良好的画面效果。

3）冷暖色调

冷暖是色彩的一种属性。在色彩学中，根据人的心理感受，可以把色调分为暖色调（红、橙、黄）、冷色调（蓝、靛）和中性色调（紫、黑、灰、白）。以暖色为主调的色调叫作暖色调，以冷色为主调的色调叫作冷色调。

色彩的冷暖感可以在视觉上产生距离感，这被称为色彩的透视，在风景写生中尤为重要。同一种色彩距离我们较远时，对比较弱，冷色感较强；距离我们较近时，对比较强，暖色感较强。

如图2-40所示，在12个基本色相中，最亮的黄

◉ 图2-40　冷暖色调

色和最暗的紫色是以明度为基准划分的。在冷暖对比中，最暖的是红色，最冷的是蓝色，它们是冷暖对比的基准。图 2-41 所示为家装中的冷暖色调。

（a）冷色调　　　　　　　　　　　　　　　　　（b）暖色调

🍎 图 2-41　家装中的冷暖色调

4）复合色调

复合色调是由两组或两组以上差异性较大的色调搭配组合形成的，分为明暗色调、浓淡色调、鲜浊色调。

（1）明暗色调。

如图 2-42 所示，明暗色调是不同明度的色调的搭配组合，由明亮的、柔和的色调与稳重的、浓深的色调组合构成，其表现特点为希望、灿烂、辉煌。

🍎 图 2-42　明暗色调

（2）浓淡色调。

如图 2-43 所示，浓淡色调是不同色相、不同纯度的色调的搭配组合，由极淡的、柔和的色调与稳重的、浓深的色调组合构成，其表现特点为流动感强、浓郁、饱满、充实。

图 2-43　浓淡色调

（3）鲜浊色调。

如图 2-44 所示，鲜浊色调是不同纯度的色调的搭配组合，由亮微色的、柔和的、暗微色的色调与稳重的、强烈的、鲜艳的色调组合构成，其表现特点为热烈、奔放、激情、时尚、清晰。

图 2-44　鲜浊色调

5）单色调与黑白色调

（1）单色调。

单色调是指画面中只出现一种色调，在明度和纯度上做调整，可以穿插使用中性色（没有冷暖倾向的黑色、白色、灰色）。使用单色调的画面比较单纯，色彩和谐统一。单色调是设计中常用的色调之一。单色调的家用电器设计如图2-45所示。

● 图 2-45　单色调的家用电器设计

（2）黑白色调。

在黑白色调中起关键作用的是明度的变化。黑白色调是一种经典的色调，具有独特的怀旧感。黑色和白色是一组极端对立的色彩，黑白色调单纯、简约、时尚，如图2-46所示。

● 图 2-46　黑白色调的大山风光

4. 色彩心理

作为一种重要的视觉符号，色彩会在不知不觉中左右人们的情绪和行为。色彩对人的心理的作用并非色彩个别属性的反映，而是一种综合的、整体的心理联动，包括感觉、知觉、视觉、听觉、味觉、嗅觉、触觉、思维、情绪、生活体验等。

1）色彩的情感意义

我们生活在一个充满色彩的世界中，拥有丰富的视觉经验，我们对色彩的情感认识主要来源于视觉经验。当外界的色彩刺激与视觉经验存在某种一致性的时候，就会引发人的某种情感。不同色彩的情感意义如下。

红色：激动、充满活力、性感、热情、动感、刺激、有号召性、引人注目、有进取心、强大。

淡粉红色：柔软、浪漫、甜蜜、温柔、可爱、幼稚、娇弱。

橙色：香甜、有趣、天真、愉快、生动、强调、黄昏、热情、充满活力、友好、喧闹。

明黄色：阳光、快乐、友好、热情、有启发性、充满活力。

黄绿色：生机、水果味。

米黄色：经典、朴实、中性、柔和、温暖、乏味。

咖啡色：富有、香醇、美味。

暗紫色：高贵、华丽、经典、强大、雅致。

紫罗兰色：怀旧、惹人喜爱、芬芳、甜蜜。

兰花紫色：奇异、芳香。

天蓝色：平静、神圣、忠诚、可靠、真实、可信、愉快、宁静。

鲜蓝色：惊人、有活力、活泼、活跃、引人注目。

藏蓝色：可信、权威、经典、保守、强大、传统、一致、海洋、自信、专业、平静。

浅绿色：新鲜、康复、精神振作。

深绿色：自然、信任、振作、宁静、庄严、安静、传统。

鲜黄色：艺术品、敏锐、大胆、华而不实、流行、俗气、令人讨厌、不快。

黑色：黑暗、沉默、失望、神秘、严肃、不可思议、无懈可击、有威信、沉着、有力。

白色：纯洁、高雅、虚无缥缈。

灰色：经典、永恒、精致、含蓄、高雅、耐人寻味。

金色：温暖、富裕、昂贵、容光焕发、威严。

2）色彩的心理差异

（1）色彩的轻重感。

色彩的轻重感通常是由明度决定的。高明度色有轻快、上浮、扩张、前进的感觉，低明度色有沉重、下沉、收缩、后退的感觉。白色最轻，黑色最重；冷亮色调偏轻，暖暗色调偏重。

（2）色彩的软硬感。

色彩的软硬感主要取决于明度和纯度。明度高、纯度低的暖色有柔软感，明度低、纯度高的冷色有坚硬感。强对比色调有坚硬感，弱对比色调有柔软感。无彩色中的黑色和白色有坚硬感，灰色有柔软感。

（3）色彩的华丽感与朴素感。

色彩的华丽感与朴素感和色彩的三要素都有关联。暖色调的色彩有华丽感，如红色、黄色；冷色调的色彩有朴素感，如蓝色。明度高、纯度高的色彩有华丽感，明度低、纯度低的色彩有朴素感。有彩色有华丽感，无彩色有朴素感。

（4）色彩的明快感与忧郁感。

色彩的明快感与忧郁感主要取决于明度和纯度。明度高、纯度高的暖色有明快感，明度低、纯度低的冷色有忧郁感。从色调的角度来看，高长调有明快感，低短调有忧郁感。白色有明快感，黑色有忧郁感。

（5）色彩的兴奋感与平静感。

色彩的兴奋感与平静感主要取决于色相的冷暖感，与明度、纯度也有一定的关联。红、橙、黄等暖色有兴奋感，绿、蓝等冷色有平静感。明度高、纯度高的色彩有兴奋感，明度低、纯度低的色彩有平静感。

色彩的心理差异如图 2-47 所示。

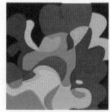    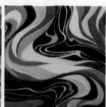

（a）甜蜜的色彩　　　（b）明快的色彩　　　（c）忧郁的色彩　　　（d）欢快的色彩　　　（e）矛盾的色彩

◉ 图 2-47　色彩的心理差异

2.4　立体构成

1. 立体构成概述

立体构成是指在三维空间中，把具有长、宽、高 3 种度量的形态要素按照形式美的构成原理进行组合、拼装、构造，从而创造一个符合设计意图的、具有一定美感的、全新的三维形态的过程。

如图 2-48 所示，立体构成融合了科学技术和艺术，它与建筑设计、室内设计、展示设计等具有密切的联系。

（a）建筑设计

（b）室内设计

（c）展示设计

🍎 图 2-48　立体构成

我们生活在三维空间中，小到一只蚂蚁，大到摩天大楼，都具有三维形态。三维空间的立体构成涉及的领域非常广泛，它不但为人们的生活服务，而且为人们提供优美的人居环境。经过精心设计的造型、结构、色彩、材质陶冶着人们的情操，在精神上给人以美的享受。

2. 立体构成要素

1）空间

空间常常容易被忽视，它既是立体和平面最大的差别，也是立体构成中十分重要的要素。当你欣赏一幅绘画或一个平面设计作品时，只能从正面欣赏；当你欣赏某个三维物体时，可以从上、下、左、右、前、后 6 个角度来欣赏。当物体和眼睛之间的角度改变时，物体会变成不同的形状。因此，设计师在设计立体造型作品时，必须从不同角度、不同距离观察作品的造型，考虑空间的美感，如图 2-49 所示。

🍎 图 2-49　空间的美感

2）形态

形态是物质的表象。无论是自然形态（如天体、山川、动物、植物等）还是人工形态（如建筑、工业产品等），都可以归纳成点、线、面、体，从而被人们系统地认识、理解和研究。立体构成的形态要素包括点材、线材、面材和体材，鲜艳的色彩可以使形态的美感（见图 2-50）更突出。

● 图 2-50　形态的美感

空间立体造型的基本形态及其感情特征如下。

（1）平面几何体。

平面几何体是 4 个以上的平面以其边界直线互相衔接在一起所形成的封闭空间，如三角锥体、长方体等。平面几何体的表面为平面，其棱线为直线。平面几何体的感情特征：简练、大方、庄重，象征稳重、严肃、沉着。

（2）几何曲面体。

几何曲面体是由几何曲面构成的方体块或回转体，如圆台、球等。几何曲面体的感情特征：秩序感强，既严肃、端庄，又有曲线变化，不失活泼。

（3）自由曲面体。

自由曲面体是由自由曲面构成的立体（自由曲面体和自由曲面形成的回转体），如电熨斗、异型酒瓶等。自由曲面体的感情特征：其曲线给人以变化的感觉，既优美、活泼，又有较强的秩序感。

（4）自然形体。

自然形体是在客观环境中自然形成的偶然形体。自然形体的感情特征：形态自然朴实，如光滑的鹅卵石、粗糙的树根等。野柳海岸的女王头像如图 2-51 所示。

● 图 2-51　野柳海岸的女王头像

3）色彩

自然界中蕴藏着丰富的色彩，绚丽多姿的植物、动物、自然风光是天然的色彩宝库。色彩无处不在，它既是我们认知形态、感知形态的重要视觉要素，也是立体构成中非常重要的要素。

立体构成中的色彩是指占据实际三维空间的物质形态的表面色彩，这些色彩既因为实际三维空间的存在而相互影响，也受环境、光线、材质、工艺技术的制约。在设计立体构成时，设计师应充分考虑色彩在视觉上和情感上的不同效果。图 2-52 所示为相同的家具设计使用不同的色彩产生的不同效果。

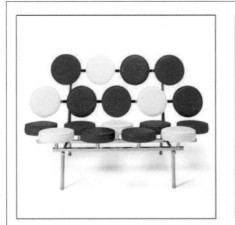

图 2-52　相同的家具设计使用不同的色彩产生的不同效果

4）肌理

肌理是指物质材料表面的质感，是材料表面的纹理、构造、组织带给人的心理感知。肌理一般通过视觉和触觉来感知。人们通过物质材料表面的质感判断物质的物理特性，如光滑或粗糙、软或硬、轻或重、干或湿等。

在立体构成中，选用不同的材料不仅要考虑材料的性能和加工程序，还要考虑肌理带给人的心理感知。

3. 立体构成的常用材料

从古至今，从原始社会到现代社会，人类创造了无数产品，它们体现了各个时代的文明程度和发展轨迹。在发明与创造的过程中，人类运用了立体构成的思维，使用了丰富的材料。材料是立体构成的物质基础，只有通过材料，立体构成才得以实现。

材料的性能直接决定了立体构成的形态塑造。材料不仅决定了立体构成的形态、色彩、肌理等要素，还直接影响着立体造型的加工工艺，从而制约着立体构成的设计构思。

1）木材

如图 2-53 所示，木材是和人们的日常生活关系密切的天然材料。木材比较容易加工，常用的加工方法有锯削、刨削、弯曲、接合和雕刻。

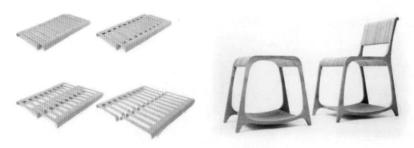

● 图 2-53　木材

2）石材

如图 2-54 所示，石材这种天然材料往往给人以坚硬、沉重、冰冷的感觉。石材质地坚硬，可承受的加工强度大，不同的加工方法会产生不同的视觉效果和心理效果，粗经敲凿的石材容易产生粗犷、原始的感觉，精心打磨的石材可以呈现精细、光洁的美感。

● 图 2-54　石材

3）塑料

如图 2-55 所示，塑料是一种现代工业材料，其主要成分是合成树脂。在立体构成的设计和制作中，使用较多的塑料是 ABS（Acrylonitrile-Butadiene-Styrene，丙烯腈－丁二烯－苯乙烯）板和 PVC（Polyvinyl Chloride，聚氯乙烯）管。

● 图 2-55　塑料

4）玻璃

如图 2-56 所示，玻璃具有较高的硬度，易碎、透明、有光泽，但可塑性和韧性较差，常用的加工方法有切割和黏接。

图 2-56　玻璃

5）泥土（陶瓷）

如图 2-57 所示，泥土具有可塑性强、易于成型的特点，但干燥后容易碎裂，怕潮湿，不利于保存，所以经常在成型、干燥后被烧制成陶瓷。传统的陶瓷加工流程包括成型、施釉、烧制、装饰、烤花等步骤。

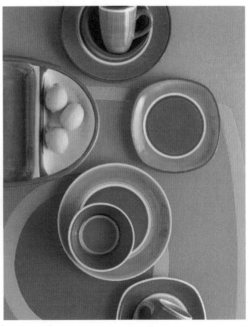

图 2-57　泥土（陶瓷）

6）金属

如图 2-58 所示，金属具有较强的光泽感，不透明、可熔、可锻造，有一定的延展性，具有较强的现代感。立体构成设计中一般使用价格便宜、易于加工的各类铁丝、铁皮等，常用的加工方法有锻造、焊接、轧制、钣金等。

🍎 图 2-58　金属

4．立体构成的应用

1）立体构成在包装设计中的应用

如图 2-59 所示，立体构成在包装设计中的应用包括纸盒造型设计和容器造型设计。纸材具有很多优点，是包装设计中广泛使用的材料。纸盒的形态是立体的造型，在立体构成中的正方体、锥体、球体等基本形体的基础上演变而来，主要造型有方形、柱形、扁方形、扁圆形、异形等，若干组成面经过移动、堆积、折叠、包围，形成一个多面体。

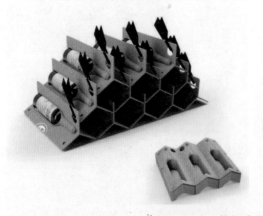

🍎 图 2-59　立体构成在包装设计中的应用

对造型单体进行重复、近似、群化或渐变、放射等艺术处理，按照一定的规律进行有条理的错位、相交，可以形成一定的韵律感。整体造型以一点为中心，这个点具有画龙点睛的作用，它四周的立体形态按照一定的角度呈放射状回转排列。统一中有变化，视觉效果更好。

如图 2-60 所示，纸盒造型设计除了要考虑外观造型，还要考虑实用功能，不宜太烦琐，要方便开启、携带，结构要牢固、稳定。纸盒造型设计应该实现实用功能与审美功能的统一，色彩简约、结构科学。只有与产品融为一体的包装设计，才是优秀的包装设计。

图 2-60　纸盒造型设计

如图 2-61 所示，容器造型设计应该以容纳产品、方便取用为主要目的，根据不同消费者的不同喜好，设计与之相适应的容器，满足各层次消费者的需求，这是容器造型设计的基本原则。

图 2-61　容器造型设计

在设计容器造型时，设计师既可以设计简约、流畅的几何形造型（如葡萄酒瓶、药瓶、饮料瓶的圆柱体造型和方柱体造型），也可以在几何形造型的基础上进行拼接、融合，创造新的变体造型，表现独一无二的风格。对容器表面进行材料结合与肌理构造，比较容易产生良好的视觉艺术效果和触觉感受，如磨砂玻璃容器有朦胧感、神秘感，金属容器有稳重感等。图 2-62 所示为可口可乐包装设计的发展历史和经典设计，这些设计使用了玻璃、塑料等材料。

| 1899—1902年 | 1990—1916年 | 1916年 | 1957年 | 1961年 | 1991年 | 1993年 | 2007年 |

图 2-62　可口可乐包装设计的发展历史和经典设计

2）立体构成在工业产品设计中的应用

如图 2-63 所示，工业产品设计是一种立体的创新艺术，产品造型必须以立体构成为基础，根据造型艺术来设计满足人性化需求的产品造型。设计师需要运用立体构成的思维，把立体构成造型手段中的节奏、曲直、刚柔、质感等合理地体现在产品造型上。

图 2-63　立体构成在工业产品设计中的应用

3）立体构成在雕塑设计中的应用

雕塑通常建立在公共环境中，应该和城市规划、建筑、园林、环境等统一，不能单一地进行表现，而应注意整体效果。雕塑以立体的物质形态占据一定的空间，其主题、位置的确定和造型的选择不能以设计师的主观意愿为准，而应和所处的环境在比例、体量、空间、色彩、材质上相互呼应，融入周围的环境之中，具有一定的艺术感染力，起到精神文明宣传作用。图 2-64 所示为立体构成在雕塑设计中的应用。

◎ 图 2-64　立体构成在雕塑设计中的应用

4）立体构成在建筑设计中的应用

建筑设计是对空间进行研究和运用的艺术形式。在人们对空间进行分割和组合的过程中，随着材料和技术的不断更新、生活环境和建筑需要满足的功能需求等因素的变化，产生了不同的建筑风格和设计形式。

不同风格的建筑往往将立体构成中的点、线、面、体作为基本元素，建筑的组织结构形式和立体构成中的形体组合构成是相同的。从构成手法来看，无论是哪一种建筑风格，都离不开立体构成的造型原理、规律和方法。例如，悉尼歌剧院采用重复、渐变的曲面造型，具有很强的节奏感。

立体构成在建筑设计中的应用如图 2-65 所示。

🍎 图 2-65　立体构成在建筑设计中的应用

课后习题

一、判断题

（1）三大构成指的是平面构成、色彩构成、形体构成。（   ）

（2）平面构成的基本元素是点、线、面。（   ）

（3）工业设计中的点与数学中的点一样，只有位置，没有大小。（   ）

（4）在平面构成中，平衡是指在设计中用相同或相似的元素创造对称感。（   ）

（5）光源、物体和正常的视知觉是产生色感的必要条件。（   ）

（6）光是在一定波长范围内的一种电磁辐射，以波的形式传递。光的色相是由光波的振幅决定的。（   ）

（7）无彩色没有色相和纯度。（   ）

（8）纯度又被称为饱和度。（   ）

（9）立体构成与材质无关。（   ）

（10）在立体构成设计中，设计师只需要关注外部形状，不需要关注内部结构。（   ）

二、单选题

（1）平面构成的基本元素不包括（   ）。

A．点   B．线   C．面   D．体

（2）以下对形式美的原理与法则的描述错误的是（   ）。

A．对称与对比   B．调和与对比

C．节奏与韵律   D．比例与分割

（3）现实形态分为抽象形态和具象形态。以下是抽象形态的是（   ）。

A．椭球形的地球   B．螺旋形的蜗牛壳

C．三角形   D．方体的大楼

（4）以下哪种设计手法强调不同元素之间的尺寸和比例？（   ）

A．重复   B．对比   C．分割   D．平衡

（5）以下不是单色光的是（   ）。

A．白色   B．红色   C．绿色   D．蓝色

（6）在24色色相环中，区分不同色彩的是（   ）。

A．纯度   B．明度   C．色相   D．饱和度

（7）在柠檬黄中加入白色，色彩发生的变化体现在（   ）上。

A．纯度   B．明度   C．色相   D．饱和度

（8）（　　　）不是立体构成要素。

A．线　　　　　B．肌理　　　　C．空间　　　　D．色彩

（9）（　　　）不可以作为立体构成的范例。

A．一尊建立在居民区活动空间的雕塑

B．一个由木材堆叠而成的装置艺术品

C．一个建筑模型

D．一幅仅包含线条和颜色的二维绘画

（10）以下不属于木材给人的感觉的是（　　　）。

A．舒适　　　　B．冰冷　　　　C．坚固　　　　D．温暖

三、简答题

（1）简述三大构成。

（2）形式美是工业设计中一个复杂的问题，简述你理解的形式美是什么样的。

（3）简述有彩色和无彩色的定义。无彩色可以变成有彩色吗？如果可以，需要采用什么方法？有彩色可以变成无彩色吗？

（4）观察身边的例子，谈谈色彩心理的应用。

（5）谈谈立体构成作品的不同材料在不同场景中的应用。

第三章

工业设计理论和方法

3.1　工业设计基本原理

工业设计是以人为本的、以满足人的生产生活需求为目标的设计。现代工业设计面向大工业生产，是企业赢得市场和竞争的重要手段。只有了解消费者的需求并将其作为指引，企业才能生产出令消费者满意的产品，从而获得经济效益。

3.1.1　工业设计"以人为本"的原理

"以人为本"是工业设计的基本原理，它体现了在设计过程中，人的需求和利益应该是设计的出发点与落脚点。人是具有共性的，人的需求会形成某些共同的属性。例如，人的需求是按照一定的层次和规律发展的，具有系统性；人对"物"的需求不局限于功能层面，还包括追求精神内涵等。同时，人的需求也具有多样性、差异性。作为独立的个体，每个人的家庭背景、个性、教育程度等有所差异。

"以人为本"是产生创造力的催化剂。设计师从一开始就要把消费者及其情感化的消费理念置于"人需要什么？"这个问题的中心，洞察消费者，重视产品使用情境，提出"我们该怎样……？"之类的问题，除了要关注产品的设计和技术等细节，还要关注影响人与产品互动的因素，包括文化因素、社会因素、情感因素和认知因素等。设计师需要具备敏锐的洞察力，深入了解消费者的需求，创造"以人为本"的设计。

1. 人性化需求

人是产品设计的中心，产品设计需要在内部结构和外部造型协调的基础上，逐层满足人们从操作使用产品到情感交流等各层次的需求。人性化设计指的是通过设计来满足人们期望得到他人的尊重和追求平等的需求。人性化设计是有人情味的设计，通过设计表达关爱。人性化设计具有以下 7 个主要特征。

（1）包容性。人性化设计应尽可能考虑不同消费群体的需求和特点，包括身体、文化、语言、技能、认知等方面的差异。例如，产品既要适合健全的人，又要适合存在不同障碍的残疾人、老年人、儿童等弱势群体。

（2）便利性。人性化设计应充分考虑人的行为能力，用简单、省力、安全、准确的方式实现产品的功能，最大限度地满足人的需求。在设计中体现便利性的方式有很多种，如简化流程、提供反馈、提供明确的标识和指导、使用大多数人熟悉的设计元素等。

（3）自立性。人性化设计应为消费者提供有助于其独立完成任务的信息，无须提供过多的帮助或干预。自立性设计的目的是提升消费者的自信心和满意度，可以通过易学性、直观性、可访问性、可控性来体现设计的自立性。

（4）选择性。人性化设计应增强产品或空间的适应性。就整体而言，人性化设计应提供满足不同需求的产品或空间，并提供不同的选择，为有障碍的人排除障碍。

（5）经济性。人性化设计的对象应包括一部分弱势群体，因此人性化设计需要保持低成本、低价格，即较高的性价比。

（6）舒适性。人性化设计应通过对形态、色彩等的处理，产生优美的视觉效果和良好的触觉效果，让消费者感到轻松、自在、愉悦，而不是紧张、疲劳、痛苦。舒适性设计需要考虑身体舒适性、情感舒适性、环境舒适性等多个方面。

（7）互动性。人性化设计一方面应适应环境，为使用者提供充分的便利；另一方面应尽量调动使用者的主观能动性和创造力，让使用者对产品进行再设计、再创造。例如，DIY 家具和积木式儿童玩具可以让使用者在使用过程中产生成就感，与产品进行良性互动，从而满足使用者的精神需求。

2. 个性化需求和差异化需求

工业文明的长足进步为人提供了丰富的物质条件。当物质积累达到一定程度后，人的需求会更加多样化、差异化，要求产品在满足功能需求的同时更好地体现使用者的个性，符合使用者的个人习惯。未来的市场竞争是基于个性化的竞争，谁能更好地满足个体的个性化需求，谁就能在市场中获得更大的优势。以先进技术为核心的产品差异化是非常重要的竞争策略，但实现重大技术突破的难度较高，在不同企业的产品功能、产品价格、产品质量比较相似的情况下，设计因素成为影响消费者选择的重要因素，个性化设计越来越受到消费者的青睐。设计师应通过造型、材质、色彩、装饰塑造产品独特的个性，表达产品的个性化语言，追求独一无二的形式感，标新立异，努力使产品满足消费者求新求异的心理需求，为企业创造经济效益。例如，瑞士的斯沃琪集团认为，在现代商业竞争中，企业必须随时感知消费者口味的变化，产品必须切实满足消费者的需求，这比掌握新的生产技术更重要。手表不仅是一种高质量的计时工具，还应该是一种讨人喜欢的装饰品、纪念品，它应该充满情感、文化、历史特征。因此，斯沃琪集团提出让手表成为"戴在手腕上的时装"，走现代时尚路线，满足各种消费者的需求，将传统、现代、时尚与艺术完美结合。

3. 情感化需求

情感是指人对周围、自身和自身行为的态度，它既是人对客观事物的一种特殊反应形式，也是主体对外界刺激给予肯定或否定的心理反应，还是人对客观事物是否满足自身需求的态度和体验。在产品设计中，情感是设计师、产品与大众沟通的高层次信息传递过程。人和产品之间一旦建立了某种情感联系，原本没有生命的产品就能表现出人的情趣和感受，变得栩栩如生，从而让人对产品产生依恋。例如，图 3-1 所示为迈克尔·格雷夫斯为意大利公司艾烈希设计的情感化水壶，壶嘴处被设计成小鸟的形状，水沸腾时会发出类似鸟叫的声音，把自然界中富有生命意义的造型元素运用到日用品的设计中，让使用者在使用过程中感受到人造物品与自然元素互相融合的趣味，满足人们热爱自然、亲近自然的情感化需求。

🍎 图 3-1 情感化水壶设计

4. 设计流行化需求

我们经常在生活中看到这样的情形：一种新颖、有创意的设计产品（或一款服装、一种发型、一种新型工业产品）上市后，由于种种原因得到了消费者的认可，人们纷纷购买它或使用它，形成了一种时尚潮流或流行趋势。这种流行趋势会直接影响其他消费者对产品的喜好程度，其影响范围不局限于同类产品，有时可能从同类产品延伸到多个领域的其他产品。

例如，自从苹果提出"透明计算机"概念，整个设计界为之哗然。随后，各大厂商纷纷推出透明产品（如透明电视机、透明电冰箱、透明洗衣机等），甚至一些时尚装饰用品

（如手表、手提袋等）也在一夜之间变成透明的了。

产品设计的生命是创新。只有带给消费者全新的、出人意料的设计，才能引领时尚潮流。市场变化非常迅速，消费者的欣赏能力不断提高，流行趋势越来越具有年代更替性。设计师不能只根据个人的品位和兴趣来设计，只有理解消费者使用产品的环境、期待的产品质量和产品价值，探求产品的流行风格和元素，洞察消费者审美眼光的变化，才能设计出引领时尚潮流的产品。同时，随着设计不断推陈出新，流行趋势的更替频率有加快的倾向。这对设计师而言是一种挑战，能够相对正确地把握未来几个月甚至几年内的流行趋势的设计师更有可能在商战中获胜。设计工作的职业特点要求设计师走在潮流的前沿，对流行资讯、流行趋势有正确的认识，顺应潮流，并争取引领潮流。

顺应潮流不意味着盲从。一些品牌之所以受到消费者长久的关注和喜爱，是因为它们能够保持自己的个性。当它们坚持自己的设计风格时，消费者购买的往往不只是具体的产品，而是产品所代表的生活方式和信念。

3.1.2　工业设计的美学原理

产品的美包括两个方面：一是能够通过人的视觉、触觉、听觉、嗅觉等感受到的感性美，二是设计创造的理性美。作为人的创造物，产品是人对世界的认识的物质体现，其本质是使用过程中的功能。用户的使用过程是对产品真正的考验，好用的产品就像好友一样，能够"理解"用户，给用户带来精神上持久的愉悦。

1. 功能美

（1）实用功能之美。在工业设计中，功能是首要目的，它是产品存在的依据。产品的功能是指产品具有的某种特定的功效和性能。功能美既是产品最基本、最普通的属性，也是审美的物质基础，还是产品设计的核心。在索尼的产品设计和开发八大原则中，第一项原则是"产品必须具有良好的功能性"。产品的功能性或实用性在很大程度上建立在科学技术的基础上，每个时代的新科学技术、新工艺都会对产品的功能美产生新的影响。

（2）环境功能之美。在具备实用功能的同时，产品必须为人类创造良好的物质生活环境。社会快速发展，工业设计应该体现产品、人、社会、环境的统一和协调。优良的产品设计应该体现产品和环境的和谐关系，并对环境产生积极的影响。产品所创造的人类的生活方式应该与环境和谐相处。

（3）社会功能之美。人类生活在一个被设计出来的环境中，设计的质量与人类的生活质量息息相关。设计的对象不仅有产品，还有人类的生活方式和社会的价值观念、生存环境。设计被提高到经济文化和社会道德伦理的层次，应该使产品兼具实用功能和美学功能，引导人们树立正确的产品消费观念和使用观念，倡导健康、积极向上的生活方式，推动实现社会和谐和可持续发展。

总之，功能美是具有决定性意义的。诚如设计评论家里克·波诺尔所言："设计师不可避免地表达他们时代的价值。"设计师有责任把设计真实、质朴的一面（功能美）展示给大家，用设计让生活更美好。

2. 造型美

功能美是工业设计的重要因素。不过，只具备功能美的产品远远不能满足人的审美需求。产品的功能决定了产品的形式，工业设计需要在重视产品功能的同时重视产品造型。

工业设计的造型美随着科技的发展而发展。自 19 世纪下半叶以来，欧美各国完成了第二次工业革命。在用工业大机器生产产品时，各国首先考虑的是产品的实用性和结构、工艺的可行性，缺乏完善的整体设计，生产了大量粗制滥造的产品，其造型的审美不够成熟，制作工艺也简单粗糙，虽然从实用功能的角度来看能满足人们的需要，但是从审美的角度来看是远远不够的。1919 年，包豪斯设计学院创建，主张形式追随功能，尊重结构自身的逻辑，强调单纯、明快的几何造型，重视技术和工艺，促进标准化，并考虑商业因素，对工业设计产生了极大的影响。到了现代，在不影响功能的基础上，工业产品的造型设计逐步向人性化、合理化、审美化发展。

造型美是在符合实用要求的前提下发展的，只有成功地把功能效用与形式美感结合在一起，才能创造出优秀的产品。在工业设计中，产品的造型美是技术与科学共同发展的结果，包含经验、知识、技能、工具、材料等因素。造型美应该具有实用价值，既不能与功能相矛盾，也不能为了造型而造型。造型美主要来源于构成造型的基本元素（点、线、面、体）的情感，以及组合这些基本元素所产生的情感。在组合这些基本元素时，设计师应遵循对称与平衡、调和与对比、节奏与韵律、比例与分割、反复与连续等美学原则。

在遵循以上美学原则的基础上，设计还应该兼具创新性。设计师应探索新的设计元素和设计语言，创造出独特、前卫的产品造型。另外，文化背景对产品的造型美也有很深远的影响。设计师要了解产品的文化背景和使用场景，根据不同受众的审美特点和习惯，创造出满足不同文化需求的产品造型。

3. 材质美

现代工业产品在技术上的表现主要依靠对材质的运用和加工。先秦古籍《考工记》有云："天有时，地有气，材有美，工有巧，合此四者，然后可以为良。"可见利用材质的性能和特点来表现美的特征由来已久。选择能够实现设计目标的材质，在保证产品功能的基础上增加产品的美感，是现代工业设计主要的表现手段之一。

从广义的角度来看，材质的表现既是形式的内容之一，又有自身的特点。每种材质的风格不同，它们本身就蕴藏着构成美的特征。正如德国建筑师密斯所说的那样："所有的材料，无论是人工的还是自然的，都有其本身的性格。我们在处理这些材料之前，必须知道其性格。"不同的内在结构决定了不同材质的物理性能和化学性能，进而决定了不同的制作方式和技术表现。日本美学家竹内敏雄认为："技术加工的劳动是唤醒在材料自身之中处于休眠状态的自然之美，把它从潜在形态引向显性形态。"设计师的重要工作之一是挖掘材质蕴含的美感，因材施法，通过一定的制作方式和技术表现，创造和增加产品的美感。

设计会用到的材质分为自然材质和人造材质。在设计时，设计师需要根据产品的内容或功能，选用与之相适应的材质，尽量表现产品的自然属性。例如，塑料广泛应用于各类产品中，具有较强的耐用性；玻璃可用于灯具、餐具、家具装饰等产品中。此外，产品设计还能以产品的内容或功能为核心，在原有材质的基础上加以改进，或者用与以往不同的材质来代替、模拟原有材质。例如，早期的冰箱基本由金属构成，由于具有使用不便、重量过重等缺点，加之新材料的发明，后来改用塑料，不过仍然模拟了金属的质感。现代科技发展的一大特点是新材料、新技术在产品设计中广泛应用。新材料、新技术与传统的材料、技术有很大的差别，往往能给人以新奇的感觉。

在一般情况下，自然材质朴实无华却富于细节，新兴的人造材质大多质地均匀，但缺少天然的细节和变化，自然材质的亲和力大于人造材质。例如，木材等传统材质现在常被用于高档家具、灯具产品中，其天然的纹理和色彩可以给产品带来自然、温暖的感觉。在经历了现代科技主义风格后，设计开始逐步向人文情趣风格转变，材质的审美标准也发生了相应的变化。在经历了 20 世纪的"科技崇拜"后，材质的亲和美逐渐受到重视。图 3-2 所示为瑞士公司维特拉设计的伊姆斯躺椅。该躺椅造型简约、线条优美，椅面与椅背的曲面符合人体工程学，舒适度极

◉ 图 3-2　伊姆斯躺椅

高。仔细分析该躺椅各部分的材质可以发现：椅子的框架是由曲木制成的，这种材质具有较高的强度和耐用性，而且可以通过加热和弯曲来制作成复杂的形状；坐垫和椅背直接接触使用者，它们使用了高质量的皮革，这种材质具有较强的透气性和柔韧性；此外，椅子的支撑脚部分是由铝制成的，这种材质轻便、坚固、耐用。对不同材质的精确使用使该躺椅具有高雅、自然、令人亲近的气息，因而广受欢迎。

材质美还在于材质的社会性，它体现了设计对人的深层关心和爱护。绿色材质的美源于人们对现代技术引起的生态环境破坏的反思，体现了设计师和使用者的道德感、社会责任心的回归。在选择产品材质时，设计师不但要尽量减少物质、能源的消耗和有害物质的排放，而且要使产品和零部件能够被方便地分类回收并再生循环或重新利用。

综上所述，产品的材质美主要体现在科技、自然和社会人文因素中。在产品设计中，

材质美具有非常重要的作用，直接影响产品的艺术风格和人对产品的感受。优秀的设计离不开优美的材质，但这并不意味着材质美可以凌驾于其他设计美学要素之上，产品的美感是形态、材质、功能、风格的平衡与和谐。

4. 体验美

人们常将外界事物、情境所引起的内心感受、体会或亲身经历称为体验。产品的价值是被人使用，其所有的美感都要在使用过程中被人体验。同时，使用过程中的愉快体验能加深人对产品美的感受。

在现代主义后期，人们厌倦了呆板的工业造型，开始寻找满足自身需要的新方式。在这个过程中，人们对工业设计有了新的认识，不再认为它只是为产品增加价值，还可以提出问题、解决问题，创造新的生活方式，让人们在使用产品的过程中得到满足。青蛙设计公司的设计哲学是"形式追随激情"，这和沙利文提出的"形式服从功能"大相径庭，表明了不同的时代对设计的不同理解。青蛙设计公司的设计原则是跨越技术与美学的界限，关注消费者购买产品后在使用过程中体验的情趣。青蛙设计公司的创始人艾斯林格曾说："设计的目的是创造更为人性化的环境，我的目标一直是将主流产品作为艺术来设计。"即使是普通产品，青蛙设计公司也可以通过对人的深层需求的研究和对情感的把握，创造出消费者乐于接受的新产品，并使其变为艺术品。2005年，青蛙设计公司受邀从游客的角度重塑迪士尼乐园的业务模式。团队在迪士尼乐园内部进行了为期5天的研究，深入了解迪士尼乐园的运作方式和游客的需求，重新设计了一套理想体验旅程，包括门票扫描系统、"魔法手环"，可以实时查看表演时间等资讯的电子信息系统，以及迪士尼乐园内部统一的米奇头图案设计语言等。这些体验优化设计受到了游客的好评，"魔法手环"还入选了《财富》杂志2020年"100个最伟大的现代设计"榜单。

要想让产品拥有体验美，设计师需要在多种感官体验上同时下功夫。图3-3所示为苹果的音乐播放器iPod。首先，作为一款音乐播放器，iPod拥有良好的听觉体验。iPod的操作按钮有一种轻微的机械声音和触觉反馈，具有良好的音质，用户可以获得优质的听觉体验。其次，iPod的设计非常注重触觉体验。iPod的旋钮被称为轮盘，其材质和表面处理工艺能够产生特定的手感，用户可以感觉到手指与轮盘之间的摩擦力；同时，iPod的外壳采用柔和的曲线和光滑的材质，握持和操控更加舒适、自然。最后，iPod的设计非常注重视觉体验。iPod的外观设计采用极简主义风格，以灰色或白色为主色调，线条简约、优美。这些元素共同打造了iPod时尚的外观和易于识别、使用的操作界面。

消费者在和产品进一步接触的时候会产生更多的体验，如心理上或情感上的满足，这些属于深层体验。在使用过程中，优秀的产品往往会通过"润物细无声"的方式表达设计师的设计理念和精神。它们不仅能给人们的生活带来便利，还能给人们带来美妙的精神享受。

📺 图 3-3　iPod

3.1.3　工业设计的经济性原理

研究市场变化下的消费者与企业之间的互动关系，以"最经济的艺术设计产品"赢得最大的利润，提高产品的市场占有率，以消费群体公认的且企业能够实现的"美"来赢得消费者的青睐，这是企业的追求。设计的价值必须在社会经济活动中得以体现。

1. 设计的经济性

设计的经济性是指在产品设计过程中选择最合适的材料、加工工艺，以最少的用料和最短的时间生产制造出具有最高的使用价值、审美价值的产品，即以最低的成本换取最高的经济效益。

设计是产品生命周期（Product Life Cycle，PLC）的关键环节，直接影响产品的选材、工艺、仓储运输等环节，对产品价格的影响也很大。设计师在设计时需要考虑经济核算问题，包括原材料的费用、生产成本、产品价格和仓储运输、展示、推销等费用的合理性，力求以最低的成本创造最实用、最美观、最优质的设计。

设计是创造产品的高附加值的方法。与纯艺术不同，设计需要达到一定的商业目的，利用现有技术，以较低的费用优化产品的功能和质量，使其更便于制造、更美观，增强产品的市场竞争力，提高企业的经济效益。

瑞士军刀以多功能性和紧凑的设计而闻名，注重功能性和经济性的平衡，通过集成多种功能来最大化利用空间，是一种经济实惠、实用性强的工具。宜家的低价格策略贯穿于产品设计的始终，其设计理念是"同样价格的产品，比谁的设计成本更低"，因而设计师在设计中的竞争焦点常常集中在能否少用一颗螺钉或能否更经济地利用一根铁棍上，这样不但能有效降低成本，而且往往能产生杰出的创意。宜家发明了模块式家具设计方法（宜家的家具能够拆分组装，产品被分成不同的模块，分块设计，不同的模块可以根据成本在不同的地区生产，某些模块可以在不同的家具中通用），不仅降低了设计成本，还降低了产品的总成本。宜家号称"最先设计的是价签"，即设计师在设计产品之前已经为产品设定了成本和售价，在合理的范围内，尽一切力量确保产品精美、实用。

2. 设计与消费的关系

设计与消费的关系既是设计与经济的关系的具体化，也是设计与经济的关系最生动的表现之一。

首先，消费是设计的消费。设计是对物的创造，消费者直接消费的是物质化的设计，实际上就是设计师的劳动成果。

其次，设计为消费服务。消费是设计的动力和归宿，设计的目的是消费和促进产品流通。为了达到更清晰、有效地展示产品的目的，同时刺激产品销售，在产品进入市场之前，设计师会通过一定的视觉化手段来传达设计。产品的保护、仓储运输、宣传、销售需要大量的设计投入。在现代社会，设计是以消费为导向的。设计为消费服务意味着设计师要研究消费和消费者，了解消费者的消费心理、消费方式和消费需求，明确开发新产品的方向、如何改进包装等问题。

最后，设计创造消费。设计可以挖掘消费者的需求，并刺激消费者的消费欲望。"流行"的概念刺激了消费者的消费欲望，从"流行"到"过时"的过程便是在新设计不断出现的情况下，旧设计在精神上走向报废的过程。消费者会有意识地淘汰旧产品，即使它们在功能上仍然是有效的，这在客观上扩大了消费需求总量。此外，消费的多层次性要求同一类产品具有不同的附加值。要想满足各种层次的消费者的心理需求，设计的高附加值尤为重要。

总之，设计是推动消费的有效方法，它能够刺激隐性的消费欲望，挖掘消费需求。

3. 设计是管理手段

设计被视作管理手段，主要体现在通过其战略导向、推动创新、提升用户体验、促进跨部门协作的作用，帮助企业实现更高效的管理和更好的市场表现。

（1）设计具有战略导向作用。在设计时，企业不仅要关注产品的外观和功能，还要关注产品的市场定位、目标用户、竞争策略。通过深入研究与理解用户需求、市场趋势和竞争对手的情况，设计师可以为企业提供宝贵的市场洞察，帮助企业制定更精准的战略。

（2）设计能够推动创新。在快速变化的市场环境中，创新是企业持续发展的关键。设计作为一种创意活动，能够激发企业的创新潜力，推动产品或服务不断改进和优化。

（3）设计对提升用户体验至关重要。通过优化产品的页面设计、交互方式、功能布局，设计师可以提高用户对产品的满意度和忠诚度，从而优化企业的品牌形象，增强企业的市场竞争力。

（4）设计能够促进跨部门协作。设计活动通常需要多个部门共同参与和协作，如工程部门、市场部门、产品管理部门等。跨部门协作有助于实现企业内部的高效沟通和资源整合，推动项目顺利进行。

4. 设计是经济发展的战略

英国前首相撒切尔夫人在分析英国的经济状况和发展战略时指出，英国经济的振兴必须依靠设计。撒切尔夫人曾断言："设计是英国工业前途的根本。如果忘记优秀设计的重要性，英国工业将永远不具备竞争力，永远占领不了市场。然而，只有在最高管理部门具有了这种信念之后，设计才能起到它的作用。英国政府必须全力支持工业设计。"她甚至强调："工业设计对于英国来说，在一定程度上甚至比首相的工作更为重要。"英国的设计业在 20 世纪 80 年代初期和中期迅速发展，为英国工业注入了活力。在第二次世界大战后，日本经济百废待兴，日本政府从 20 世纪 50 年代起引入现代工业设计，将设计作为日本的基本国策和国民经济发展战略，从而在 20 世纪 70 年代实现了日本经济的腾飞，日本一跃成为与美国比肩的经济大国。国际经济界的分析认为"日本经济 = 设计力"。

改革开放以来，"贴牌生产"在我国是一个很有"诱惑力"的概念，其特征是技术在外、资本在外、市场在外，只有生产在内。然而，除了加工制造，制造业还包括产品设计、原料采购、仓储运输、订单处理、批发经营、终端零售 6 个环节，因此制造业又被称为"6+1"产业链。加工制造只是这条产业链中的一个环节，而且是利润最低、消耗人力和资源最多、对环境造成的破坏最严重的环节。在当今世界的产业链中，研发、制造、营销等环节的附加值曲线呈两端高、中间低的形态，即研发和营销环节的附加值高、制造环节的附加值低，由于很像人微笑时嘴的形状，因此被称为"微笑曲线"，如图 3-4 所示。在这条曲线中，一边是研发设计，中间是生产制造，另一边是销售服务。"微笑曲线"得到了大量国际贸易数据的印证：在全球产业链中，高附加值环节获得的利润占产品利润的 90%~95%，低附加值环节只占 5%~10%，我国的一些加工贸易企业获得的利润甚至只占 1%~2%。我国要想实现产业升级和经济可持续发展，必须借助设计的力量，重视设计对制造业的价值，提升"中国制造"的品牌价值。在全球市场上，"中国制造"在质量方面的差距已然消失，但品牌影响力较弱，必须通过设计来增强品牌影响力。我国拥有悠久的文化传统和独特的民族记忆，应推动传统文化的传承和创新，将传统文化与现代设计结合起来，打造具有独特魅力的产品和服务。

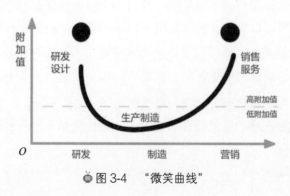

◉ 图 3-4 "微笑曲线"

3.2 设计思维

3.2.1 创造性思维

1. 创造性思维概述

设计是造物活动,其本质在于创造,而创造力的产生和发挥必须依赖于创造性思维的发散或收敛。可以说,创造性思维是设计的核心。设计师如果能了解创造性思维的特征和规律,就能更好地激发创造的潜能,启发创造力,从而创造性地发现、分析和解决问题。这是设计的本质和灵魂。

2. 创造性思维的概念

创造性思维是一种具有开创意义的思维活动,它既表现为做出完整的新发现和新发明的思维过程,也表现为在思考的方法和技巧上,或者在某些局部的结论和见解上具有新奇独到之处的思维活动。

3. 创造性思维的特征

创造性活动是产生创造性思维的基础,创造性思维产生的新思想和新观念对创造性活动具有指导作用。

（1）求异性。人类在认识事物的过程中往往特别关注不同事物的差异性和特殊性,以及现象与本质、形式与内容的不一致性。这种心理状态通常表现为对常见现象、权威结论的怀疑和批判,而不是盲从和轻信。在设计中,这种心理状态通常表现为勇于挑战固有观念、传统观念,敢于对成熟设计、经典设计、成功设计进行重新审视、否定和突破,提出全新的概念,同时还表现为探索未知领域,尝试新的设计方法和工具,以开放的心态接受不同的意见。

（2）想象丰富。想象是人类探索自然、认识自然的重要思维形式,如果没有想象,就没有创造。爱因斯坦曾经说过:"解决一个问题也许仅仅是一种数学上或实验上的技能而已,而提出新的问题、新的可能,从新的角度看旧的问题,却需要创新性的想象力,而且标志着科学的真正进步。"例如,锯子、雷达、飞机等人造物品的发明来源于人们对小草、蝙蝠、蜻蜓等动植物的观察和想象。

（3）观察敏锐。创造性思维需要利用敏锐的洞察力来观察客观事物,不断地把客观事物与已知的知识联系起来,科学地思考、把握事物之间的相似性、重复性、特异性,并加以比较,为发明创造提供真实可靠的依据。因此,设计师要特别注意一些出乎意料的现象,通过对这些现象的分析,进一步探寻创造性活动的新线索,推动创意的产生。日本著名设计师原研哉曾经发表过这样的看法:"设计不是一种技能,而是捕捉事物本质的感觉能力和洞察能力，设计师要时刻保持对社会的敏感度，顺应时代的变化。"设计师不仅要注意观察，还要善于模拟，即把潜在产品、新产品模拟出来，通过观察用户的行为，发现用户的痛点和不便之处，寻找潜在的机会，发现灵感，并把灵感转化为产品，最终让用户使用产品。在用户使用产品的过程中，设计师需要进一步观察，发现问题、获得反馈、触发灵感、优化概念。这样设计出来的产品会更好，也更能满足用户的需求，从而带给用户更好的体验。

（4）灵感活跃。灵感是一种综合性、突发性的心理现象，是在创造性思维与其他心理因素的协调活动中涌现的最佳心理状态。处于灵感活跃状态的创造性思维表现为注意力高度集中、想象骤然活跃、思维特别敏锐、情绪异常激昂。灵感既是创造性思维的重要环节，也是发明创造成功的关键环节。爱因斯坦对创造性思维有过如下描述："我相信直觉和灵感，常常不知原因地确认自己是正确的。想象比知识更重要，因为知识是有限的，而想象能涵盖整个世界。"灵感的产生通常需要经历以下步骤：①头脑中要有一个待解决的中心问题；②要有足够的知识储备或观察资料积累；③对于待解决的中心问题，要进行反复、艰苦、长时间的思考，即进行超出常规的过量思考；④暂时搁置问题；⑤产生灵感。

（5）表述新颖。新颖的表述是由创造性思维的本质决定的，反过来，新颖的表述可以更好地反映创造性思维的内容，从而增强新观点、新设想、新方案、新规则的说服力和感染力。设计师经常通过讲故事的方式来激发设计团队的创意，并说服企业高层开发创新性的产品。

（6）潜在性。潜在性是一种不自觉的、没有进入意识领域内的思维特性。潜在性思维与一般思维的不同之处往往被人忽略，其实，潜在性思维经常在解决复杂问题的过程中起到极为重要的作用。实践证明，在比较放松的环境中，创造性思维更容易贯通。因此，娱乐和消遣常常是创造性思维的源泉。

 ## 3.2.2 创造性思维在工业设计中的常见应用方法

1. 发散思维法

发散思维法又被称为辐射思维法，是一种从某个目标或思维起点出发，沿着不同的方向和角度，提出各种设想，寻找各种途径，以解决具体问题的思维方法。该方法可以针对需要设计的产品存在的问题，从结构、材料、功能、因果、形态、组合、方法、关系等方面展开，分析出尽可能多的解决方案，经过筛选和比较，优化设计方案。发散思维法能够培养设计师的创造能力，提高工作效率，打造具有创造性的设计环境。在工业设计中，常见的发散思维法有头脑风暴法、"635"法、卡片式激励法、奥斯本检核表法、故事法、随机组合法和虚拟世界法。

（1）头脑风暴法又被称为智力激励法，是由美国创造学家奥斯本于1939年首次提出、1953年正式发表的一种激发性思维方法。该方法经过多国创造学研究者的实践和发展，至今已经形成了一个发明技法群，深受众多企业和组织的青睐。头脑风暴法在工业设计中的应用极为广泛，一般是团队成员在思维不受约束的情况下，以开会的方式就某个案例进行自由的想象，说出自己的观点，并在此基础上互相交流，取长补短，进而产生有创造性的设想。团队成员一般不超过 10 人，时间最好控制在 1 小时之内，事先要有所准备。该方法可以产生大量有价值的新设想，特别适合对特定的案例进行探讨。在进行头脑风暴的过程中，团队成员往往会迸发出意想不到的灵感。

（2）"635"法又被称为默写式头脑风暴法，与头脑风暴法的原则相同，不同之处在于参与者需要把设想记录在卡片上。"635"法是指 6 人参与会议，围坐一圈，每个人先在 5 分钟内把 3 个设想记录在各自的卡片上，然后把卡片按顺序传给旁边的人；每个人接到卡片后，在 5 分钟内记录 3 个设想，依次类推。如此传递 6 次，30 分钟即可完成整个过程，每张卡片上记录 18 个设想，最终产生 108 个设想。

（3）卡片式激励法源自日本，是指在明确了需要讨论的案例后，以会议的方式进行，参与者以 3~8 人为宜，时间一般为 60 分钟，每人 50 张卡片，桌上另放 200 张卡片备用。首先，在第一个 10 分钟内，每个人填写各自的卡片，在每张卡片上填写一个设想；然后，团队成员轮流介绍自己的设想，一次介绍一个设想，用时 30 分钟；最后，利用剩下的 20 分钟交流、探讨各自的设想，进而产生新设想。

（4）奥斯本检核表法。发明创造的关键是发现问题、提出问题，对任何事物都要多问几个"为什么"，根据需要解决的问题或需要设计的对象，列出有关问题，逐个核对、讨论，从中找到解决问题的方法或设想。奥斯本检核表法的简要介绍如下。

①有无他用：现有事物有无他用？保持不变能否扩大用途？稍加改变有无其他用途？

②能否借用：现有事物能否借用其他经验？能否模仿其他事物？过去有无类似的发明创造？现有事物能否引入其他创新性设想？

③能否改变：现有事物能否发生改变（如颜色、声音、味道、式样、花色、品种）？改变后效果如何？

④能否扩大：现有事物能否扩大应用范围？能否增加使用功能？能否添加部件？能否增加高度、强度、使用寿命、价值？

⑤能否缩小：现有事物能否减少、缩小或省略某些部分？能否浓缩化？能否微型化？能否变短、变轻、压缩、分割、简化？

⑥能否代用：现有事物能否用其他材料、元件？能否用其他原理、方法、工艺？能否用其他结构、动力、设备？

⑦能否调整：能否调整已知布局？能否调整既定程序？能否调整日程计划？能否调整规格？能否调整因果关系？能否从反方向考虑？

⑧能否颠倒：现有事物的作用能否颠倒？现有事物的位置（如上下、正反）能否颠倒？

⑨能否组合：现有事物能否组合？能否进行原理组合、方案组合、功能组合？能否进行形状组合、材料组合、部件组合？

例如，对于一个普通的玻璃杯，如果采用奥斯本检核表法，向各个方向进行发散性思考，那么该玻璃杯可用作花瓶、鱼缸（他用），或者用作保温杯（借用），或者用作多层杯（扩大），或者用作伸缩杯（缩小）。

（5）故事法：采用讲故事的方式，把问题和解决方案融入故事情节中，从而产生新的想法和创意。

（6）随机组合法：把不同的元素随机组合在一起，从而产生新的想法和创意。

（7）虚拟世界法：利用虚拟现实等技术创造一个新的世界，寻找新的思路和创意。

2. 收敛思维法

收敛思维法是指为了解决某个问题，尽可能调动已有的知识和经验，探索唯一正确的解决方案。该方法具有封闭性、连续性、比较性，在操作时有两种情况：一种情况是以某个思考对象为中心点，充分运用已有的知识和经验，重新调用、组织各种信息，从不同的方向和角度把思维集中指向该中心点，从而达到解决问题的目的；另一种情况是先发散思维，然后把发散思维的结果集中起来，从若干方案中选出最佳方案，同时吸收其他方案的优点，对最佳方案进行进一步完善。

3. 联想思维法

联想思维法是利用联想思维进行创造的方法，具有目的性、方向性、形象性、概括性等特点，包括类比法和移植法。

（1）类比法。类比法是在对比两种事物之后进行创新的方法，包括仿生类比法、直接类比法、因果类比法、对称类比法等。例如，工业设计中经常使用的仿生设计运用仿生类比法，通过形态、结构或功能的仿生来设计富有情趣或创新功能的产品，鲁班发明锯子、莱特兄弟发明飞机是仿生设计的成功案例。如图3-5所示的伊姆斯凳子是采用类比法的典型例子，其设计灵感来源于国际象棋，独特、有个性的造型精致美观，除了能被当作凳子，还能被当作矮桌、装饰品。

● 图3-5　伊姆斯凳子

（2）移植法。移植法是把某个领域中成功的科技原理、方法、发明成果等应用到另一个领域中的创新方法。在现代社会中，不同领域之间的科技交叉和渗透已经成为一种必然趋势，顺应该趋势可能产生有突破性的创新设计。英国科学家贝弗里奇曾说："移植法是科学研究中最有效、最简单的方法，也是应用研究中运用得最多的方法。"该方法可应用于原理、技术、结构、功能和材料等方面，激发设计师新的创作灵感。例如，2000 年 9 月，由夏普和沃达丰合作推出的 J-SH04 手机将摄像头移植到手机上，由此诞生了世界上第一款照相手机，开拓了照相手机的新领域，为手机的发展开辟了新的道路。又如，不倒翁是一种传统的玩具，它最大的特点是可以保持直立，无论怎么推也推不倒。设计师把不倒翁的这个特点移植到了家居用品上，设计了不倒翁剃须刀、不倒翁牙刷、不倒翁扫帚等家居用品，达到了节省空间和保持居室整洁的效果。

4. 逆向思维法

逆向思维法是一种"反其道而思之"的思维方法，它可以打破思维定式和僵化的认知模式，从相反的方向发现真理，出奇制胜。在工业设计中，设计师可以采用逆向思维法，从与习惯思维相反的方向思考，形成新的设计理念。逆向思维有多种形式，设计师可以从产品的原理、结构、功能、属性、方向和观念等方面入手。例如，对软硬、高低等对立的性质进行转换，对电或磁的转换过程进行逆转，或者互换结构，颠倒上下、左右的位置等。空心砖、真空吸尘器等是采用逆向思维法的典型例子，如图 3-6 所示的戴森无叶风扇也是一种运用逆向思维的设计，它抛弃了传统的叶片和外壳，根据功能倒推设计，基于对空气流动原理的分析，达到了通过环形气流路径来产生风的效果。

🌑 图 3-6　戴森无叶风扇

创造性思维方法有很多种，如何真正有效地运用创造性思维，产出有创意性的方案，是研究这些思维方法的关键。首先，我们要敢于打破常规。其次，我们要在平时养成认真观察、深入思考和善于想象的习惯。思维主导着行为，正确的思维来源于正确的认知，而正确的认知来源于仔细的观察。有时候，观察的难度比较高，我们需要不停地转换视角。最后，我们要有意识地进行一些关于创新能力的训练，发散思维，这样才能最大限度地提高创造性思维能力。

3.2.3　设计方法

通俗地说，方法是为了达到某个目的所使用的手段、工作程式和可以被人们总结出来的规律性的东西。不同的学科有与自身相适应的不同的方法论。对现代设计方法的探索始于 20 世纪 60 年代。1963 年，德国工程师协会召开了主题为"关键在于设计"的全国性会议。会议指出，改变设计方法落后的状况已经到了刻不容缓的地步，必须研究新的设计方法和培养新型设计人才。之后，德国的设计界专家和大学教授经过反复实践、探索，终于建立了具有德语地区特色的新的设计方法体系——现代设计方法学。日本、英国也在同一时期开始了关于设计方法的研究，形成了各具特色的现代设计方法学。

1. 现代设计方法学的基本原理

现代设计方法学致力于调动设计师的积极性，充分利用设计师的高级思维活动和创新求异精神，因为它们是任何先进的物质手段都代替不了的。综合各种设计方法的基本特征，我们可以归纳出以下 10 条现代设计方法学的基本原理。

（1）综合原理：将多种设计因素融为一体，以组合的形式或重新构造新的综合体来表达创造性。

（2）移植原理：在现有材料和技术的基础上，移植类似的或非类似的因素（如形体、结构、功能、材质等），使设计呈现崭新的面貌。

（3）杂交原理：提取各个设计方案或现有状态的优势因素，根据设计目标进行组合配置和重新构造，以达到超越现有状态的设计效果。

（4）改变原理：改变设计物的客观因素（如形状、材质、色彩、生产工序等），以发现潜在的或新的创造成果。

（5）扩大原理：对设计物或设计构思加以扩充（如增加其功能因素、附加值、外观费用等），基于现有状态的扩充内容，在构思过程中产生新的创造性设想。

（6）缩小原理：与扩大原理相反，对设计物的现有状态采用缩小、省略、减少、浓缩等手法，以产生新的设想。

（7）转换原理：转换设计物的不利因素或以借用、模仿的形式解决问题。

（8）代替原理：尝试使用其他方法或构思途径。

（9）倒转原理：倒转、颠倒传统的解决问题的途径或设计形式，形成新的设计方案，如互换表里、上下、阴阳、正反的位置。

（10）重组原理：重新排列设计物的形状、结构、顺序和因果关系等，以达到意想不到的设计效果。

以上10条基本原理体现了现代设计方法学的科学性、综合性、可控性、思辨性等特征，是解决诸多设计问题的有效工具和手段，它们的运用和发展奠定了设计方法论研究的基础。

2. 设计方法论

设计方法论是对设计方法的再研究，是关于认识和改造广义设计的根本科学方法的学说，是研究设计领域一般规律的科学，也是对设计领域的研究方式和方法的综合。通常所说的设计方法论主要包括信息论、系统论、控制论、优化论、对应论、智能论、寿命论、模糊论、离散论、突变论，它们被称为设计与分析领域的"十大科学方法论"。这些设计方法论具有很强的理论性、逻辑性、科学性，比较偏重工程设计领域，并非适合每项设计。不过，作为设计学科中崭新而又古老的研究领域，设计方法论必将因为多样的个别领域的方法论研究成果而不断得到充实和发展。

设计方法是通向和打开"设计大门"的"钥匙"，在经过一段时间的发展后，它必将在人类文明的长河里不断充实、完善、更新、优化。同时，设计方法学这门新兴学科越来越受到人们的关注，工业设计师正在努力掌握它，并把它应用到工业设计的创新实践中，同时不断实验和总结工业设计学科中的方法，从而为设计创新提供理论依据。

3.3 设计心理学

设计心理学是设计学科的一门工具学科，可以帮助人们运用心理学中经过检验的、相对稳定的原理解读设计中的现象，达到改善设计、辅助设计的开展、提高设计师的创意能力、满足消费者的心理需求等目的。

3.3.1 设计心理学概述

心理学是研究人的心理现象及其活动规律的科学。心理是心理活动的简称，又被称为心理现象，是人在生活活动中对客观事物的反映活动，是生物进化到高级阶段时大脑的特殊功能，包含认知、情绪、意志、个性等方面的内容。

人的心理主要从人与外界客观事物的相互联系中得到表现。与外界客观事物的接触会引起人从感觉、知觉到思维、决策等不同的心理活动，使人产生对外界客观事物的认识，从而形成一定的态度，引发一定的情绪。人会在认识和情绪的驱动下做出相应的行为，加之环境和教育等多种因素的相互作用，最终形成不同的个性。人的心理和行为是统一的、不可分割的，行为是心理的外部表现，学习、工作、社交、娱乐等行为都受心理的支配。因此，要想做好与"人"有关的事情，就要对人的心理和行为有所了解，了解得越透彻，越能把事情做好。

心理学作为一门学科只有很短的历史，却有一段漫长的发展进程。心理学可以追溯到古代的哲学。哲学很早就讨论了"身和心的关系""人的认识是怎样产生的"等问题，我国古代思想家荀子、王充和古希腊哲学家柏拉图、亚里士多德等有不少关于心灵的论述。在西方，从文艺复兴到 19 世纪中叶，人的心理特性是很多哲学家的研究对象，心理学成为哲学的一部分。在这段时期内，培根的科学归纳法对整个近代自然科学的发展起到了很大的作用，霍布斯提出"人的认识来源于外在世界"，洛克提出"联想"的概念，这些理论推动了心理学的发展。1879 年，德国人威廉·冯特在莱比锡大学建立了世界上第一个心理学实验室，开始对心理现象进行系统的实验室研究，这标志着科学心理学的诞生，冯特因此被誉为"科学心理学之父"。后来，不同的观点形成了不同的心理学派，其中影响比较深远的有构造主义、机能主义、行为主义、格式塔心理学、精神分析、人本主义和认知心理学等心理学派。在不同观点的碰撞和融合中，心理学取得了突飞猛进的发展，衍生了许多分支学科，设计心理学便是其中之一。

设计心理学起源于美国认知心理学家唐纳德·诺曼，它是设计学科和心理学科相互交叉的一门新兴学科。设计心理学以心理学的理论、方法和手段为基础，研究决定设计结果的"人"的因素。设计心理学的研究对象不仅包括消费者，还包括设计师。消费者和设计师都是具有主观思维与客观意识的个体，他们有不同的爱好，这一点影响、决定了设计。

设计心理学的一个研究方向是消费者心理学，主要研究购买和使用产品的过程中影响消费者决策的、可以通过设计来调整的因素，避免设计走入误区或陷入困境，使产品在形态、使用方式和文化内涵等方面满足消费者的需求，从而获得消费者的认同，创造良好的市场效益。设计心理学的另一个研究方向是设计师心理学，主要研究如何培养和发展设计师的技能、创造潜能，避免设计走入误区或陷入困境。

3.3.2　消费者心理学

设计应该"以人为本"，设计的目的是满足人的生理需求和心理需求，需求是设计的原动力。如果缺乏对人性的洞察与理解，设计就无从谈起。美国心理学家维吉尼亚·萨提亚曾提出著名的"冰山理论"，将一个人的"自我"比喻成一座冰山，其他人只能看到海面上很小的一部分（行为），更大的部分（内在世界）隐藏在海面下，不为人所见。该理论同样适用于设计界。设计师需要做的工作常常是透过消费者的表面行为探索他们的内在世界，深刻地洞察"海面下"的人性。

1. 消费者的需求具有层次性

美国社会心理学家、行为学家亚伯拉罕·马斯洛提出了需求层次理论（见图 3-7），包括生理需求、安全需求、情感和归属需求、尊重需求、自我实现需求。马斯洛认为上述 5 个层次的需求是逐级上升的，只有当下层的需求得到满足以后，上层的需求才会产生，并期望得到满足。我国古代著名思想家墨子所说的"食必常饱，然后求美；衣必常暖，然后求丽；居必常安，然后求乐"也说明了满足需求的先后顺序。根据马斯洛的需求层次理论，不同层次的需求是不同的，因而人们对产品的需求必然存在差异。

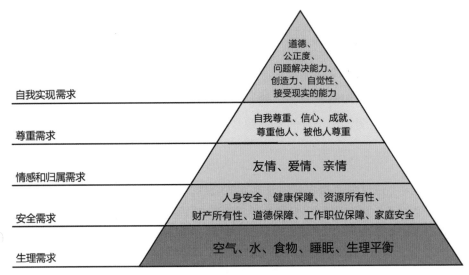

○ 图 3-7　马斯洛的需求层次理论

（1）生理需求：对空气、水、食物、住房和穿着等基本生活条件的需求，这类需求的层次最低，在产生较高层次的需求之前，人们会尽力满足这类需求。处在这个层次的消费者只要求产品具有一般功能。

（2）安全需求：在吃饱穿暖之后，人们最关心的是人身安全、生活保障，希望免遭痛苦、威胁、疾病。处在这个层次的消费者关注产品对身体的影响，安全、稳定的产品和及时、可靠的服务能够满足这类消费者对产品安全性的需求。

（3）情感和归属需求：这个层次的需求与前两个层次的需求截然不同，它指的是归属感和人与人之间的连接，包括人们对友情、爱情、亲情的需求。人们既渴望与他人建立亲密的关系，也渴望被他人接纳和理解。当情感和归属需求得到满足时，人们会感到幸福。

（4）尊重需求：尊重需求包括自我尊重、尊重他人和被他人尊重的需求。处在这个层次的消费者渴望得到他人的认可和尊重，关注产品的象征意义。得到尊重的程度直接影响消费者对产品或服务的评价。在设计产品时，设计师要满足不同消费群体渴望得到认可和尊重的需求。例如，采用通用化设计的产品如果能同时满足健全人和残疾人的使用需求，就体现了设计师对残疾人的尊重和关心。又如，社交媒体平台的设计可以让用户发布的内容获得点赞、评论和分享，提高用户的社会认可度；个性化定制产品的设计追求独特性和个性，可以满足用户自我尊重的需求；公共空间的设计可以反映社会对公众的尊重和关注，安全、舒适、卫生、美观的公共空间更能满足人们的尊重需求。

（5）自我实现需求：自我实现需求指的是人对发挥自身潜在能力和价值的需求。马斯洛认为，人天生有努力达到自身能力最高水平的倾向，人会享受自我实现巅峰时刻的极大幸福感，沉醉于所从事的事业中，忘却周围的一切或时间的流逝。因此，自我实现的主要表现是对工作、学习和生活的追求。处在这个层次的消费者对产品有自己的判断标准，他们具有较强的自我意识、创造力、独立性和社会责任感，通常选择固定的品牌。

从消费层次来看，人的需求大致分为 3 个层次：第一个层次主要解决衣食住行等基本问题，满足人的生理需求；第二个层次是追求共性，即流行、模仿，满足人的安全需求、情感和归属需求；第三个层次是追求个性，即小批量、多品种、差异化。前两个层次解决"人有我有"的问题，主要消费大批量生产的生活必需品和实用产品，以"物"的满足和低附加值产品为主；第三个层次满足"人无我有、人有我优"的愿望，以消费高附加值产品为主。总的来看，除了要满足消费者的使用需求，设计师还要满足消费者的内心需求。

2. 消费者的需求具有配套性

"狄德罗效应"是说明消费者的需求具有配套性的典型概念。狄德罗是 18 世纪法国著名的哲学家。某一天，朋友送给狄德罗一件质地精良、做工考究的睡袍，狄德罗非常喜欢。当他穿着华美的睡袍在家中走来走去时，总觉得家中的装饰、家具与崭新的睡袍相比显得破旧不堪。为了与睡袍配套，原来的装饰和家具先后被更换，终于与睡袍配套了，但狄德罗仍然觉得很不舒服，因为"自己居然被一件睡袍'胁迫'了"。2010 年，哈佛大学经济学家朱丽叶•斯格尔在《过度消费的美国人》一书中提出了一个概念——"狄德罗效应"（又被称为"配套效应"），指的是人在拥有一件新物品后，往往会不断配置与其相适应的物品，以达到心理平衡的现象。

今天，"狄德罗效应"依然存在于我们的周围。消费需求的配套性不仅指一件产品的功能需要与其他产品配套（如购买汽车后需要购买汽油、保险、维修服务等），还代表着生活水平和审美水平的提高所带来的精神需求。消费者通常希望所有物品都功能配套、风格和谐，能够体现自己的社会地位和独特的品位。如果能实现这些目标，消费者就会获得极大的满足，这也是消费者不断消费的动力。很多企业抓住了消费者追求配套的消费心理，推出了号称"一步到位"的产品（如买房子送精装修、整体家电设计方案等），充分满足消费者对配套消费的需求。

消费者心理包括消费者所想的东西（认知）、消费者所感觉的东西（体验）、消费者所做的事情（行为），以及能对这些认知、体验、行为产生影响的事情和环境等内容。不同消费者的心理是各不相同的，其差异性是消费者行为多样性的根本原因。对设计师而言，无论设计什么、给谁设计，都要对消费者的消费需求、消费动机、消费爱好、消费体验，以及影响消费者心理的不同因素等内容进行系统的研究。研究消费者心理的目的在于为设计提供决策信息和依据，提高设计质量，最大限度地满足消费者的需求，提高消费者的满意度。

3.3.3　影响产品设计的心理学因素

如今，消费者选择产品的准则不再局限于"好"或"不好"的理性观念，而是"喜欢"

或"不喜欢"的感性诉求。不同国家、不同地区、不同年龄段的消费者具有不同的消费心理特征，他们对产品的色彩和形态有不同的偏好，对产品的设计信息有不同的解读。此外，消费者的消费行为中还常常存在着一些社会性心理，如虚荣、从众、推崇权威、害怕、后悔、炫耀和攀比等。设计心理学的研究目的是厘清生产者、设计师与消费者的关系，让消费者买到称心如意的产品。要想达到上述目的，我们必须了解消费者心理，研究消费者行为的规律。

1. 影响产品设计民族性的心理学因素

个人的思想、感情、行为往往会受到群体心理的暗示和影响。群体的组合是多种多样的，可以是不同民族、不同社会阶层、不同年龄段、不同性别等的组合。对群体心理的共性进行研究和分析后得出的结论可以为产品设计提供有效的指导。

世界上各个民族的性格是由地理环境、气候条件、经济情况、遗传因素、社会历史、人文思想、民族文化和生活方式长期、共同积淀铸就的，下面以 5 个民族为例来说明。

法国：位于温带海洋性气候地区，良好的生活环境铸就了法兰西民族追求浪漫、时尚的民族性格。

德国：气候干燥、多山的自然环境造就了严谨的德意志民族。

中国：中华文明拥有悠久的历史和灿烂的文化，经历了 5000 多年的变迁，始终一脉相传，生生不息，形成了热情、谦虚、忠厚、勤劳朴实、甘于奉献、外柔内刚的民族性格。

日本：地小物少、四面环海、灾害频发，形成了日本民族强烈的生存危机意识和勤俭、坚忍、不惧牺牲的民族性格。

无论生活方式和行为特点随着历史的进程如何演变，不同民族的人仍然保持着对民族身份和传统价值观念的强烈认同。设计中的抽象形式要素不是纯粹的抽象物，其中包含着丰富的心理、文化内涵，它们是民族心理、文化积淀的直感形式、符号形式，它们的产生经历了一个积累、沉淀的过程，虽然最终形成的形态具有高度的抽象性，但是它们形成和作用的基础仍然与民族心理、文化相联系。发达国家和国际著名企业集团非常重视这方面的研究，以便有针对性地推广其产品或服务。例如，日本社会竞争激烈、工作压力大，三丽鸥公司设计的凯蒂猫的形象能够满足繁忙的都市人追求可爱、不想长大的心理需求，因而受到日本儿童和成年女性的青睐。

2. 影响产品外观造型的心理学因素

良好的产品外观造型应该具备以下 7 个特点。一是满足产品的功能要求和结构要求，保证使用安全。二是美观，能够满足消费者的审美需求，与同类产品有明显不同。人类通过视觉获得的信息大约占总接收信息的 85%，处于绝对主导地位，通过视觉感知的产品外观造型的形态、材质、色彩三大因素能够带给人们不同的心理感受和审美体验。三是与产品的使用环境协调一致。四是无论产品的档次、定位如何，都应让消费者感到物有所值。

五是直觉意识，消费者在选购产品时往往会受"第一印象"的影响，如曲线设计可能让人产生舒适、柔和的感觉，直线设计可能让人产生坚固、稳定的感觉。六是规范性认知，消费者会遵循社会和文化规范来选择产品外观造型，如红色在一些文化中被视为幸运和吉祥的颜色。七是共鸣感，消费者会选择和自身的形象、兴趣、价值观等相符的产品，如喜欢户外运动的人可能更愿意购买有运动感、自由感的产品。

1）形态对心理的影响

形态对心理的影响可以归纳为 3 个方面，分别为动感、力度、体量。动感是指产品的形态产生的运动倾向，偏离平衡位置的形体和有流动性的曲线、曲面会让人产生"动"的感觉。不同的产品对动感有不同的要求，如汽车、快艇需要通过造型来体现速度感和运动感，其他产品（如汽车的内部装饰、家具等）则需要通过造型来减弱运动感，让人产生稳定、安全的感觉。物体的动感和尺度、颜色的变化会让人产生"力"的感觉，如一条弧线会让人联想到弹力，由大到小的空间会给人压力等。此外，人对物体的心理认知还包括体量。即使是体量相同的物体，由于色彩的不同，也会给人带来不同的重量感。例如，对于同样的产品，我们往往觉得黑色的产品比白色的产品重量大、体积小。

2）材质对心理的影响

材质可以给人带来视觉感受和触觉感受，外观造型相同的产品采用不同的材质会给人带来不同的心理感受。例如，同样是水壶，紫砂的材质会给人带来典雅、古朴的感觉，玻璃的材质会给人带来精致、干净的感觉，不锈钢的材质会给人带来现代、坚固的感觉，塑料的材质会给人带来轻巧、廉价的感觉。

3）色彩对心理的影响

色彩能够引起消费者的情感共鸣，它对消费者的购买决定具有十分重要的作用，大多数消费者在做购买决定时会考虑产品的色彩。色彩的心理功能是由生理反应引起思维后形成的，主要通过联想和想象来发挥对心理的影响。色彩的心理功能往往受人的年龄、经历、职业、性格、情绪、民族、修养等多种因素的制约。例如，同样是红色，司机可能联想到红灯，外科医生可能联想到鲜血，股票投资者可能联想到上升的 K 线。一方面，人对色彩的心理感受有一定的普遍性，如儿童大多喜欢鲜艳的色彩。另一方面，人对色彩的心理感受有一定的特殊性。

3.3.4 设计师心理学

设计师心理学是指以设计师的培养和发展为主题，对设计师进行设计创造思维的训练。设计师通常以个人色彩浓厚著称，对设计师的关注使设计师心理学在培养和发展设计师、为企业增加效益、通过设计打开市场、获取高额利润等方面具有不可忽视的重要作用。对设计师进行培养和训练，除了要练手、练眼，还要练心、练脑，对设计师进行设计创造思维的训练和情商的培养，帮助设计师掌握创造性思维的规律和科学的设计方法，从而使设计师与消费者高效沟通，敏锐地感知市场变化，了解消费动态，并以良好的心态开展设计。因此，设计师心理学是对设计师进行深层意义上的研究和训练。毫无疑问，这种研究和训练是比较抽象、深奥的，对设计师的培养和发展具有积极、重要的意义。

3.3.5　设计心理学的研究方法

设计心理学的研究方法有很多种，主要包括观察法、调查法、个案研究法和实验法。

1. 观察法

心理学探讨人的心理和行为，人的心理和行为表现为可观察的活动。研究被试（心理学名词，指被测试的对象）的各种行为的直接方法是根据可观察的活动来追踪、记录活动中的现象和变化，通过观察被试在特定环境中的行为和互动来研究其心理、感受、反应，进而探究两个或多个变量之间存在何种关系。

观察法是在自然条件下有目的、有计划地直接观察被观察者（消费者）的言语表现，从而分析其心理活动和行为规律的研究方法。"自然条件"是指对被观察者不加控制、不加干预、不影响其常态；"有目的、有计划"是指根据科学研究的任务，对被观察者、观察范围、观察条件和观察方法做出明确的选择。观察法既是设计心理学的基本研究方法之一，也是科学研究的一般性实践方法。

心理学家有时在自然情境中直接观察、记录人或动物的行为，并加以分析和解释，从而总结出有关行为变化的规律，这种观察属于自然观察法；有时在预先设置的情境中观察，这种观察属于控制观察法。根据观察者的身份，观察法可以分为参与观察和非参与观察。在参与观察中，观察者参与被观察者的活动，作为被观察者中的一员，对所见所闻随时加以观察和记录，这种观察通常可用于研究成年人的社会活动（如购物行为、投票行为等）。在非参与观察中，观察者以旁观者的身份随时观察并记录所见所闻。在进行非参与观察时，为了避免被观察者受到干扰，常在实验室中设置单向玻璃观察墙，观察者可以在观察墙的一边观察被观察者在另一边的活动。无论是参与观察还是非参与观察，原则上都要尽量客观，不宜让被观察者发现自己被他人观察，从而影响观察结果。为此，在征得被观察者同意的前提下，一些观察室或实验室中会安装摄像头，暗中记录被观察者的活动。

观察法的优点是被观察者在自然条件下的行为反应是真实的；其缺点是观察结果的质量容易受观察者的能力和其他心理因素的影响，而且它只能帮助观察者了解事实和现象，不能解释事实和现象的原因，即只能解决"是什么"的问题，不能解决"为什么"的问题。当然，作为科学研究的前期研究方法，观察法可以用来发现问题和现象。采用观察法得到的观察结果需要进行科学的分析和解释，得出准确的推论和结论，供观察者以此为基础进行深入的研究（配合其他研究方法），因而观察法仍然具有重要的使用价值。

2. 调查法

调查法是以被调查者了解或关心的问题为调查范围，预先设计问题，让被调查者自由地表达其态度或意见的研究方法。根据研究的需要，调查者既可以向被调查者进行调查，也可以向熟悉被调查者的人进行调查。

调查法主要包括两种方法。一种方法是问卷调查法（又被称为问卷法），是指调查者事先设计问卷，被调查者在问卷上回答问题。发放问卷的方式既可以是邮寄，也可以是集体发放或个人发放，因而可以同时调查很多人。另一种方法是访谈调查法（又被称为访谈法），是指调查者对被调查者进行面对面的提问，并随时记录被调查者的回答或反应。

调查法的主要应用场景如下：用户需求调查，在开始设计前掌握用户对产品的期待和需求，以达到更有针对性地进行设计的目的；用户满意度调查，调查用户的满意度和反馈，以评估产品或服务的质量和用户体验，为进一步改进设计提供参考；竞争对手调查，掌握竞争对手的产品或服务的特点和市场策略，以制定更有特点和针对性的市场策略；市场调查，掌握目标市场的规模、需求、特点和趋势，了解目标市场和潜在机会。

调查法的主要作用之一是研究并分析被调查者的自变量与因变量之间的关系，即对于问卷中的各种问题，不同性别、年龄、教育程度、职业等的被调查者在态度或意见上是否存在差异。调查法的优点是能够同时收集大量的资料，非常方便，而且效率高，因而应用范围广泛；其缺点是难以排除某些主观因素或客观因素的干扰。为了进行科学的调查，得出合理的解释，不仅要有经过预先检验的问卷、受过培训的调查者、能够反映总体的样本，还要采用正确的资料分析方法。

3. 个案研究法

个案研究法是收集一个或几个特定研究群体的资料以分析其心理特征的研究方法。需要收集的资料通常包括被研究者的背景资料（如家庭关系、生活环境、人际关系）和心理特征等。根据研究的需要，研究者常对被研究者进行智力测验和人格测验，向熟悉被研究者的亲近者了解情况，或者对被研究者的书信、日记、自传和他人对被研究者的评价等进行分析。被研究者既可以是一个人，也可以是由多人组成的团体（如家庭、班级、工厂）。

需要注意的是，采用个案研究法应选择有代表性的、典型的个案，在收集资料的过程中通过多种途径（如观察、问卷、访谈、文献资料）全面收集被研究者的信息和数据，并对收集的信息和数据进行深入的分析、研究，以理解被研究者的心理和行为，采用科学、合理的研究方法和数据分析方法，得出准确的推论和结论。

个案研究法的优点是能够加深对特定被研究者的了解；其缺点是收集的资料往往缺乏可靠性，如被研究者的日记、自传往往因自我防卫心理缺乏真实性。此外，个案研究的结论不能被简单地推广到其他被研究者或团体，但在经过多次性质相同的个案研究后，相关结论可以为研究者设计实验提供参考。

4. 实验法

实验法不但有助于解决"是什么"的问题，而且能进一步探究问题的根源，即解决"为什么"的问题。实验法可以分为现场实验和实验室实验。现场实验是指在学校或工厂等实际生活情境中对实验条件进行适当控制的实验。现场实验的优点是能够把心理学研究与实际业务工作结合起来，研究的问题来自现实，具有直接的实践意义；其缺点是容易受无关变量的影响，很难严格控制实验条件。实验室实验是指在严格控制实验条件的前提下借助仪器进行的实验。实验室实验的优点是能够对无关变量进行严格控制，对自变量和因变量做出精确的测定，精确度高；其缺点是研究情境是人为设计的，脱离实际生活情境，难以将结论推广到日常生活中。

3.4 人机工程学

今天，技术水平、市场需求、美学趣味等因素不断发生变化，人们很难对"究竟什么是好的设计"有永恒不变的评判标准。但有一点是不变的，那就是设计中要有对人的关注，要把人放在首位。在这种背景下，人机工程学的诞生和发展为设计的人性化提供了科学的方法与依据。

3.4.1 人机工程学概述

人机工程学是一门以人、机器、环境为主要研究对象，应用范围极其广泛的综合性新兴边缘学科。由于该学科的研究和应用范围极其广泛，不同学科、不同领域的专家试图从各自的角度对其进行命名和定义，因此世界各国甚至同一个国家对该学科的叫法各不相同。例如，该学科在美国被称为"Human Engineering"（人类工程学）或"Human Factors Engineering"（人因工程学），西欧国家多将其称为"Ergonomics"（人机工程学），其他国家大多引用西欧国家的叫法。"Ergonomics"一词是波兰教授雅斯特莱鲍夫斯基于1857年提出的，它由两个希腊词根"ergo"和"nomos"组成，前者的意思是"出力、工作"，后者的意思是"法则、规律"，所以"Ergonomics"的含义是"人出力的法则"或"人工作的规律"。由于该词能够比较全面地反映该学科的本质，加之来自希腊语，便于各国语言的统一，而且词义是中性的，不显露与各组成学科的亲疏关系，因此较多国家将该词作为该学科的名称。在我国，由于研究重点的差别，除了"人机工程学"这个名称，该学科常见的其他名称还有人体工程学、人类工效学、人类工程学、工程心理学、宜人学等。

国际人类工效学协会（International Ergonomics Association，IEA）对人机工程学的定义如下：人机工程学是研究人在某种工作环境中的解剖学、生理学和心理学等方面的各种因素，研究人、机器、环境的相互作用，研究在工作中、家庭生活中和休假时怎样统一考虑工作效率、人的健康、安全和舒适性等问题的学科。

人机工程学的起源可以追溯到 20 世纪初期。英国是最早研究人机工程学的国家，不过该学科的奠基性工作实际上是在美国完成的，所以业界认为人机工程学"起源于欧洲，形成于美国"。人机工程学的形成和发展大致经历了以下 3 个阶段。

1.　经验人机工程学阶段

从 20 世纪初期到第二次世界大战是经验人机工程学阶段。人机工程学在这个阶段的发展特点是机械设计的主要着眼点是力学、电学、热力学等工程技术方面的原理设计，在人机关系上以选择和培训操作者为主，使人适应机器。研究者大多数是管理学家和心理学家，如美国学者泰勒通过著名的"铁铲实验""搬运实验""切削实验"，总结了被称为科学管理的一套思想。在著名的"铁铲实验"中，泰勒通过对铲运工的工作进行研究，制定了一套标准动作：根据不同的铲运需要设计不同的铲子，规定每次的铲运量和动作频率等。通过一系列措施，铲运工的能力得到了数倍的提高。这个研究过程涉及人与机器、人与环境的关系问题，它们都与提高人的工作效率有关，其中一些原则至今仍对人机工程学研究具有一定的意义。因此，业界认为泰勒的科学管理思想不仅为工业工程开创了通向今天的道路，还是人机工程学发展的奠基石。

随着人们从事的劳动在复杂程度和负荷量上有所增长，改革工具、改善劳动条件、提高劳动效率成为人机工程学迫切需要解决的问题。在第二次世界大战期间，该学科进入了科学人机工程学阶段。

2.　科学人机工程学阶段

第二次世界大战期间，由于战争的需要，效能高、威力大的武器和装备成为许多国家大力发展的对象。武器的发展在一定程度上激化了人机之间的矛盾。由于部分武器和装备设计不当，加之士兵缺乏训练，导致了战争中一些意外事故的发生。据统计，第二次世界大战期间，在美国损失的作战飞机中，80% 的作战飞机是由于仪表和控制系统设计不当，造成飞行员误读仪表、误操作而损失的。此外，空战和作战飞机的操作对飞行员的体能、智能提出了很高的要求，这也使飞行员的选拔和培训难度不断提高。血的教训使人们认识到机器是由人来操控的，在人与机器的关系中，人是一个不可忽视的重要因素。这种认识促使人们在飞机的仪表、控制系统和飞行员座椅等部件的设计中加大了对人的因素的考虑，进而推动了有关技术和方法的迅速发展。人们意识到了人的因素的重要性，只有工程技术知识是不够的，还必须有生理学、心理学、人体测量学、生物力学等方面的知识，应该先在军事领域应用人机工程学，再在非军事领域开展综合研究与应用。这个阶段的研究者包括工程技术人员、医学家、心理学家等，该学科的发展特点是重视工业与工程设计中人的因素，力求使机器适应人。

3. 现代人机工程学阶段

在 20 世纪 60 年代以后，欧美经济进入了大发展时期，科学技术飞速进步，宇航技术、计算机技术、原子能技术和"老三论"（控制论、信息论、系统论）、人体科学等快速发展，以及人们对更多、更好的产品的渴望，为人机工程学的发展提供了更多的机会，该学科进入了系统的研究阶段，我们可以把这个阶段称为现代人机工程学阶段。随着人机工程学涉及的研究和应用领域不断扩大，从事该学科研究的专家涉及的专业和学科也越来越多，主要集中在解剖学、生理学、心理学、工业卫生学、工业与工程设计、工作研究、建筑与照明工程、管理工程等专业领域。

IEA 在其会刊中指出，现代人机工程学的发展具有以下 3 个特点。

（1）不同于传统人机工程学研究中着眼于选择和训练特定的人，使其适应工作要求，现代人机工程学着眼于机械设备的设计，使机器的操作不越出人的能力范围；

（2）与实际应用密切结合，通过严密的计划设定广泛的实验性研究，尽可能利用所掌握的基本原理进行具体的机械设备设计；

（3）力求使实验心理学、生理学、功能解剖学等学科的专家与物理学、数学、工程学等方面的研究者共同努力、密切结合。

现代人机工程学今后的研究方向是把"人－机器－环境"系统作为一个统一的整体来研究，以创造最适合人工作的机械设备和作业环境，使"人－机器－环境"系统相协调，从而获得最高的综合效能。

3.4.3 人机系统的主要构成因素

人机系统涉及人的因素、机器的因素和环境因素。在人机系统中，人和机器具有不同的特点，机器功率大、速度快、不会疲劳，人具有智慧、多方面的才能和很强的适应能力。如果想提高整个系统的效能，就要对人和机器进行合理的分工，使人与机器之间实现高效的信息交流，并充分考虑环境因素。

1. 人的因素

1）人体的测量尺寸

人体的测量尺寸包括静态尺寸和动态尺寸。静态尺寸是指人体的构造尺寸。动态尺寸是指人体的功能尺寸，包括人在运动时的动作范围、体形变化、人体质量分布等。

2）人体的力学指标

人体的力学指标包括人的用力大小、方向、操作速度、操作频率，以及动作的准确性和耐力大小等。设计师需要根据人的力学能力来设计机器和工具。

3）人的感知能力

人的感知能力包括视觉、听觉、嗅觉、触觉和其他感觉。

4）人的信息传递与处理能力

人的信息传递与处理能力主要包括人对信息的接收、存储、记忆、传递和输出、表达等方面的能力。

5）人的操作心理状态

人的操作心理状态主要包括人在操作机器过程中的心理反应能力和适应能力，以及在各种情况下可能导致失误的心理因素。

要想进行"以人为本"的设计，设计师必须在设计中考虑人的生理特征、人体的形态特性、人在劳动中的心理特征等基本元素。人机工程学研究的目的是使物的设计（包括机械设备、工具和其他用具、用品）、环境的设计与人的生理特征、心理特征相适应，从而为使用者创造安全、舒适、健康、高效的工作界面和工作条件。例如，设计师应根据人体的高度和宽度决定物体的尺寸，门、通道、床等的尺寸应以个子高的人的身高统计值为设计依据，能满足个子高的人的需要，个子低的人自然不成问题。又如，家用饮水机使用的周转水桶的容量通常是18.9升，老年人、孕妇或孩子换水比较困难，甚至有一定的危险性。从这部分人群的需求出发，设计师可以设计容量减半的周转水桶，满足这部分人群的使用需求。以上设计就是从人的需求出发，对物进行人机工程学的设计。

人机工程学是让技术人性化的科学，体现了"以人为本"的设计价值观。人机工程学的研究内容经历了从早期的"以物为中心"到后来的"以人为中心"，再到现在的"以人和物的和谐关系为中心"的过程。人机工程学的发展大大提高了技术服务人类的效率，不仅提高了产品的生产效率，还提升了产品的易用性和使用体验。与为大众设计的普通日用品不同，专为特殊人群设计的产品需要在人机工程学上下更多功夫。人性化设计能够真正体现对人的尊重和关心，符合人机工程学的人性化设计既是前沿的潮流与趋势，也是人文精神的体现，还是人与产品完美、和谐的结合。

例如，人机工程学座椅应该根据用户的身材设计座椅的高度、深度（椅面前沿到后沿的距离）和宽度，适应不同身材的用户，并提供足够的支撑面积。坐垫前沿的边缘应该是合理的弧度，以减少膝盖和大腿的压力。座椅的背部应该契合人体脊柱的曲线，提供足够的支撑，并根据不同的使用场景提供头枕、腰枕等。座椅的扶手应该契合人体的自然姿势，提供支撑和可调节的角度，扶手的形状应该适合用户的身材和工作环境。座椅的材料应该具有舒适性、透气性、耐用性。图3-8所示为赫曼·米勒公司设计的人机工程学座椅。

为特殊人群设计的产品需要在人机系统方面进行特殊的考量。例如，为老年人设计的餐具通常具有以下特征：考虑到老年人指力衰退，设计大号的握柄餐勺和餐叉；为防止老年人在用餐时因身体不稳定而碰倒餐具，设计更大的餐具底部，增强餐具的稳定性；有防滑、防烫功能；易于清洁；等等。

● 图 3-8　人机工程学座椅

2．机器的因素

从广义的角度来看，我们可以把机器的因素理解为产品的因素，具体包括以下内容。

1）控制系统

控制系统主要是指机器上接受人发出的各种指令的装置，人可以通过控制系统传达自己的意图，以实现对机器的控制。控制系统中的装置既包括常见的用手控制的操纵杆、方向盘、键盘、鼠标、按钮、按键和用脚控制的踏板、脚蹬，也包括先进的眼睛控制系统和语音控制系统，如计算机的语音文字输入系统、手机的语音拨号系统、照相机的眼控自动对焦系统等。

2）信息显示系统

信息显示系统负责向人传达机器的工作状态，是指在机器接受人的指令后做出信息反馈的装置，主要包括各种仪表、信号灯、显示器等。

3）人机界面

人机系统中存在一个人与机器互相作用的"面"，所有的人机信息交流都发生在这个"面"上，它被称为人机界面。

人通过按钮、按键、操纵杆等操作机器，对人而言是信息输出，对机器而言是信息输入。机器接受人的操作指令，通过仪表、信号灯或音响、声音装置将运行结果显示给人，对机器而言是信息输出，对人而言是信息输入。如图 3-9 所示的人机界面是信息显示系统与控制系统的结合体，它既能使信息显示系统与控制系统保持一定的对应关系，也能使两者保持及时的联系，极大地方便了人的操作。

图 3-9　人机界面

对于一个产品，应该如何评价它在人机工程学方面是否符合规范呢？下面以德国设计中心斯图加特为例，该设计中心每年都会评选优良产品，其在人机工程学方面设定的标准如下：

（1）产品与人体的尺寸、形状、用力是否匹配？

（2）产品是否顺手和方便使用？

（3）产品能否防止使用者操作时意外的伤害和错用时产生的危险？

（4）产品的各操作单元是否实用？

（5）产品的各元件在安装时能否被毫无疑问地辨认？

（6）产品是否便于清洗、保养、修理？

3. 环境因素

环境因素是人机系统中的重要因素，合适的环境不仅能提高人的工作效率和工作能力，使人保持身体健康，还能提高机器的效能和可靠性，延长机器的使用寿命。环境对人机系统的影响表现在很多方面，如照明、温度、湿度、噪声、振动、辐射、磁力、重力、气候、色彩、布局、空间大小等物理环境因素。

通过研究常见的作业环境对作业者的影响，加强对作业者的安全防护，让作业者免受因作业引起的疼痛、疾患、伤害，避免长期作业损害作业者的健康，是人机工程学的重要研究内容。

此外，环境对人机系统的影响还表现在社会环境因素上，如文化背景、价值观、习惯、习俗等，这些因素可以影响人的认知和行为模式。例如，不同的文化背景可能影响人对产品的接受度和使用习惯，不同的价值观可能影响人对产品的关注点和评价。

综上所述，虽然人机工程学的研究内容和应用范围极其广泛，但是该学科的根本研究方向是通过揭示人、机器、环境之间相互关系的规律，确保"人－机器－环境"系统的总体性能达到最优，即实现安全、舒适、健康、高效、经济 5 个指标的总体优化。

3.4.4　人机工程学的研究方法

由于学科来源的多样性和应用范围的广泛性，人机工程学中采用了多种多样的研究方法，有些研究方法是从人体测量学、工程心理学等学科中沿用下来的，有些研究方法是从其他有关学科中借鉴过来的，更多的研究方法是从应用目标出发创造出来的。对研究方法的选择取决于研究问题、研究对象和研究目的等因素，常用于工业设计领域的研究方法有以下 4 种。

1. 测量法

测量法是人机工程学中研究人的形体特征的主要方法，包括尺度测量、动态测量、力量测量、体积测量、肌肉疲劳测量和其他生理变化的测量。很多国家已经认识到了建立人体数据库的重要性，并相继开展了关于这个方面的研究。非接触三维人体测量技术可以快速、精确地获取人体信息，虽然该技术只有二三十年的发展历史，但是未来必将凭借其独特的优势逐步得到应用，并普及到与人体相关的各类产品的设计、研究中，使产品设计真正实现"以人为本"。

测量人体得到的测量数据是离散的随机变量，设计师可以根据概率论和数理统计理论，对测量数据进行统计和分析，从而获得所需群体尺寸的统计规律和特征参数。测量人体的生理指标是一种比较常用的人机工程学测量法，如测量人体的心率、呼吸频率、皮肤电阻和宽度、高度、体重等。这些数据可以为产品或环境的设计提供人体尺寸方面的重要依据。在为不同的设计选择尺寸依据时，设计师需要根据具体情况选择合适的数据。例如，门的造价与门的高度关系不大，在确定门的高度时，设计师应尽可能保证绝大多数人能正常通过，所以应以身材高大的男性的人体尺寸为依据来确定门的高度。对于需要伸手才能够到的书架和悬挂橱柜的把手，则应该按照身材娇小的女性的人体尺寸来设计，以保证绝大多数人能够到相应的高度。除此以外，其他测量指标还包括反应时间、误操作率等，它们可以帮助设计师了解研究对象执行某项任务的时间、执行任务的难度等。

2. 模型工作法

模型工作法是设计师必须掌握的研究方法。设计师可以通过模型构思方案、规划尺度、检查效果、发现问题，从而有效提高设计成功率。逆向工程技术等现代设计技术的应用使模型工作法在设计中的作用更加凸显，如在制造汽车时，企业会对上一代汽车进行扫描、建模和分析，或者对竞争对手的产品模型进行分析和研究。例如，福特曾经使用逆向工程技术，对竞争对手的车辆进行模型分析，以优化自身的汽车设计。图 3-10 所示为一种重要的模型工作法——制作油泥模型。

⊙ 图 3-10　制作油泥模型

3. 调查法

在人机工程学中，许多主观感觉和心理指标等信息很难通过测量法来获得。即使一些信息有可能测量出来，从设计师的工作范围来看，也没有测量的必要。因此，设计师经常通过调查法获得这些信息。例如，设计师可以坚持每年对 1000 人的生活状态进行宏观研究，收集和分析他们的人格特征、消费心理、产品使用习惯、日常用品、设计偏好、活动时间分配、家庭空间运用等，并建立相应的资料库。调查结果虽然很难量化，但是能给人以直观的感受，有时反而更有效。

4. 数据处理法

在测量或调查某个群体时，结果往往有一定的离散性。设计师必须运用数学方法进行分析和处理，这样才能将其转化成有应用价值的数据，从而对设计产生指导意义。在人机工程学中，基本的数据处理法如下：描述性统计分析可通过平均数、标准差、频率分析等了解数据的分布情况和基本特征；方差分析可用于检验两个或两个以上样本之间的相关关系；相关分析可用于探索变量之间的关系和相关性。

 ## 3.4.5　人机工程学与工业设计

工业设计广泛应用了人机工程学中有关人、机器、环境方面的研究成果，人机工程学使工业设计中人与物之间的关系有了真实的科学依据。人机工程学在工业设计中的重要作用主要体现在以下 5 点。

（1）人机工程学为工业设计全面考虑人的因素提供了人体结构尺度、人体生理尺度和人的心理尺度等数据，这些数据可以被有效地运用到工业设计中。

（2）人机工程学为工业设计中产品的功能合理性提供了科学依据。在现代工业设计中，只考虑功能需求，不考虑人机工程学需求，结果必然是失败的。因此，如何实现产品与人相关的各种功能的最优化，如何设计出与人的生理、心理相协调的产品，是现代工业设计的新课题和新需求。人机工程学的原理和规律可以帮助设计师解决这些问题。

（3）人机工程学为工业设计中考虑环境因素提供了设计准则，通过研究人体对环境中的各种因素的反应和适应能力，分析声、光、热、振动、尘埃、有毒气体等因素对人体的生理、心理、工作效率的影响程度，确定了人在生产生活中所处的各种环境的舒适范围和安全限度，为工业设计中考虑环境因素提供了设计方法和设计准则。

（4）人机工程学为"人－机器－环境"系统设计提供了理论依据，在研究人、机器、环境3个要素各自特性的基础上，将使用物的人和人设计的物，以及人与物共处的环境作为一个系统，科学地利用3个要素之间的有机联系，寻求系统的最佳参数。

（5）人机工程学为"以人为本"的设计思想提供了工作程序。"以人为本"的设计思想具体表现为以人为主线，将人机工程学理论贯穿于设计的全过程，以保证产品的使用功能得到充分的发挥。

以上5点充分体现了人机工程学在工业设计中的重要作用。管理大师麦克·波特曾经说过："企业具备竞争优势的两种方式，一种是扩大生产规模，走向规模经济，这样才能具备成本上的优势；另一种是创造企业或产品的附加值，激发消费者趋之若鹜的心理。"人机工程学因素往往是提升企业或产品的附加值的有效手段。在世界一体化进程中，我国企业已经开始直接和国际一流企业竞争，如何应用人机工程学的研究成果对工业设计制造企业至关重要。

但是，认为只要依赖人机工程学的相关数据，就可以设计出优秀产品的看法也是片面的。虽然工业设计和人机工程学关系密切，但是它们终究是两门独立的学科，人机工程学只是工业设计的重要组成部分，不能完全解决工业设计中的所有问题。工业设计具有广泛的内涵，它不仅要考虑人机工程学的内容，还要考虑产品如何满足人的其他需求，对人、技术、市场、环境、美学等多个方面进行全方位的分析和设计。

3.5　用户体验设计

3.5.1　用户体验设计的内涵

"用户体验设计"这个术语是由唐纳德·诺曼提出的。在为苹果工作期间，诺曼希望他的团队设计的不只是单纯的软件或界面，而是塑造用户体验的各个方面。他之所以提出这个术语，是因为他认为"人机界面"和"可用性"的定义过于狭窄。他希望用一个术语涵盖用户对产品的所有体验，包括工业设计、图形界面设计和实体交互设计等。

用户体验设计是以用户为中心的一种设计手段，是以用户需求为目标进行的设计。用户体验设计通过产品与用户交互时的可用性、有用性、可取性来影响用户的行为。用户体验设计注重以用户为中心，其从开发初期就融入了整个设计流程，并贯穿始终。

用户体验设计的目的是保证对用户体验有正确的预估；认识用户的真实期望和目的；在核心功能能够以低廉的成本加以修改的时候对设计进行修正；保证核心功能与人机界面之间的协调工作，减少漏洞。

3.5.2 用户体验五要素

用户体验是用户使用产品或服务时的主观感受，包括情感、信仰、喜好、认知印象、生理反应和心理反应、行为、成就等。ISO 9241-210 将"用户体验"定义为"人们对于使用或期望使用的产品、系统或者服务的认知印象和回应"。

杰西·詹姆斯·加勒特在《用户体验要素》一书中将用户体验划分为 5 层，分别为战略层、范围层、结构层、框架层、表现层，如图 3-11 所示。

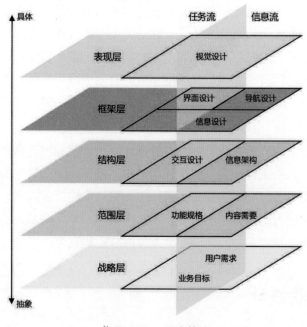

● 图 3-11　用户体验

1. 战略层

在战略层，开发者需要通过组建团队、市场分析、用户分析、制定开发流程等复杂的工作，明确能够获取什么利益，重点解决"做什么""为什么做""怎么做"的问题。战略层包括对用户体验战略的规划和定义、产品定位、目标用户、商业模式、品牌形象等方面。

开发者需要站在用户的视角，让用户了解产品定位，即产品是做什么的，用户能从产品中得到什么（通常在产品名称、标识、理念中传达这些信息）。能否把这些信息正确地传达给用户，并高效地在目标人群中传播，是用户体验的一个重要方面。

2. 范围层

通过整理和分析用户需求，开发者需要在范围层明确产品的服务范围和具体的功能细节，以及自身能够通过产品获取哪些利益，用户能够通过产品解决哪些问题。范围层的任务是把战略层的用户需求、业务目标转换成产品功能和内容，包括产品需求分析、产品功能规划、用户操作流程等方面。

产品功能和内容能否满足用户需求是评价用户体验的重要维度。

3. 结构层

在定义好功能需求并排列好优先级之后，开发者对产品的服务范围有了清晰的认识，结构层的任务是将零散的功能需求组成一个整体。结构层是交互设计的主要战场，其主要作用是设计产品如何响应用户的请求。结构层的重要任务是完成交互设计和信息架构。

可用性是衡量交互设计的基本指标、重要指标，它既是对产品可用程度的总体评价，也是从用户的角度衡量产品是否有效、易学、安全、高效、好记、少错的质量指标。

在交互过程中，用户体验的好坏取决于交互设计中重要指标达标的程度，如效率有多高，易学性和安全性有多强等。

4. 框架层

结构层是产品的概念模型，框架层是结构层的物理表现形式。在框架层，开发者需要把战略层、范围层、结构层总结的内容转换成具体的页面，将概念模型落地成物理模型。

框架层决定了用户在什么位置、能做什么、能去哪个页面，以及用户能否去想去的页面、点击想点击的按钮、获取想获取的信息。在框架层，页面的导航、功能、信息布局是否合理是衡量用户体验的标准。

框架层分为3个部分。无论是功能型产品还是信息型产品，开发者都必须完成信息设计（一种促进理解的信息表达方式）。对于功能型产品，框架层还包括界面设计，即设计让用户与系统的功能产生互动的界面元素。对于信息型产品，界面设计就是导航设计，即对屏幕上的一些元素进行组合，允许用户在信息架构中穿行。

5. 表现层

表现层既是用户体验5层模型的顶层，也是用户通过产品名称、标识、理念等来了解产品和开始使用产品后接触的第一个层次。表现层需要将产品功能和内容元素通过美学汇集在一起，实现其他层次的所有目标，满足用户的需求。表现层定义了产品的视觉设计，包括页面颜色、字体、图标、图片、动画等内容。

当然，用户体验是一种主观感受。产品的视觉体验能否让用户满意，还取决于其是否符合大众审美，能否让大多数人满意。

3.5.3　用户体验设计的方法

用户体验设计的方法包括用户研究、用户角色和使用场景构建、信息架构和交互设计、视觉设计、原型制作和用户测试、迭代和优化等，旨在确保产品或服务能够满足用户的需求和期望。

（1）用户研究：用户体验设计的核心，通过深入了解目标用户的行为、需求、偏好等，为设计提供有力的依据。用户研究可以通过用户访谈、问卷调查、用户观察、数据分析等多种方式来进行，帮助设计师了解用户的真实需求和使用场景，从而设计出更能满足用户期望的产品或服务。

（2）用户角色和使用场景构建：根据用户研究的结果，创建有代表性的用户角色，并为每个用户角色构建典型的使用场景。这有助于设计师更好地理解用户的使用场景，确保设计能够满足不同用户的需求。

（3）信息架构和交互设计：信息架构关注如何将信息清晰地、有逻辑地呈现给用户，包括内容组织、导航设计等。交互设计关注用户与产品之间的交互方式，包括页面设计、操作流程设计、交互元素设计等。这些方法旨在为用户提供顺畅、自然的体验。

（4）视觉设计：通过色彩、字体、图片等视觉元素来增强产品的吸引力。视觉设计应该与品牌形象保持一致，并为用户提供一致的视觉体验。良好的视觉设计可以提高用户的满意度和忠诚度。

（5）原型制作和用户测试：制作产品或服务的原型，并通过用户测试来评估设计的可行性和用户体验。原型制作可以使用多种工具和技术，如线框图、低保真原型、高保真原型等。用户测试可以发现设计中存在的问题和不足之处，为后续的改进提供依据。

（6）迭代和优化：根据用户反馈和测试结果，对设计进行迭代和优化，可能涉及调整信息架构、改进交互方式、优化视觉设计等方面。迭代和优化是一个持续的过程，旨在不断提升用户体验，满足用户的需求和期望。

除了上述方法，还有一些辅助用户体验设计的方法，如绘制用户旅程图、任务流分析等，它们可以帮助设计师更全面地了解用户需求，从而创造出更能满足用户期望的设计。这些方法相互关联、相互支持，共同构成了用户体验设计的完整流程。通过综合运用这些方法，设计师可以创造出满足用户需求、提供良好的用户体验的产品或服务。

3.5.4　用户体验设计的作用

用户体验设计在产品或服务的设计中起着至关重要的作用，主要体现在以下 6 个方面。

（1）提高用户的满意度和忠诚度：通过研究和理解用户的需求、行为，用户体验设计可以创造出满足用户期望的产品或服务。这种设计不仅能提升用户的使用体验，还能使用户对品牌更加满意和忠诚。

（2）优化品牌形象：良好的用户体验设计可以使产品或服务的页面更加简洁、精致，从而优化品牌形象。这种设计的一致性和美观性有助于提高用户对品牌的认知度和好感度。

（3）增强可用性和易用性：用户体验设计关注用户与产品之间的交互方式，通过优化页面设计、操作流程等，增强产品或服务的可用性和易用性。这种设计有助于降低用户的学习成本和使用门槛，使更多用户能够轻松上手，并享受使用产品或服务的乐趣。

（4）增强市场竞争力：在激烈的市场竞争中，良好的用户体验设计可以成为企业的竞争优势之一。通过提供与众不同的用户体验，企业可以吸引更多用户选择自己的产品或服务，从而在市场竞争中脱颖而出。

（5）促进业务增长：良好的用户体验设计可以增强用户的付费意愿、增加用户的付费金额，从而促进业务增长。此外，提升用户留存率和口碑效应，还可以给企业带来更多的新用户和商机。

（6）指导产品或服务的改进和优化：用户体验设计不仅关注当前的产品或服务，还通过收集用户反馈和观察用户行为，为产品或服务的改进和优化提供指导。这个持续改进的过程有助于企业不断优化用户体验，满足用户不断变化的需求。

3.6 绿色设计

3.6.1 绿色设计的内涵

在介绍绿色设计的内涵之前，我们有必要弄清楚什么是绿色产品。绿色产品又被称为环境协调产品，它是相对于传统产品而言的。由于对产品的绿色程度的描述和量化特征不太明确，因此目前没有公认的权威定义。不过，有关资料或文献对绿色产品做出了以下常见的定义。

（1）绿色产品是指以环境和环境资源保护为核心概念而设计生产的、可以拆卸和分解的产品，其零部件经过翻新处理后可以重新利用。

（2）绿色产品是指将重点放在减少零部件上，使原材料合理化、使零部件可以重新利用的产品。

（3）绿色产品是指在使用寿命结束时，其零部件可以翻新和重新利用，或者能被安全、妥善地处理的产品。

（4）绿色产品是指从生产到使用乃至回收的整个过程都符合特定的环境保护要求，对生态环境无害或危害极小，以利资源再生或回收利用的产品。

从以上定义中可以看出，虽然有关资料或文献对绿色产品的定义各不相同，但是本质是一样的，即绿色产品应有利于保护生态环境，不产生环境污染或使污染最小化，同时有利于节约资源和能源。

知道了绿色产品的定义，我们就不难理解绿色设计的内涵了。绿色设计是指在产品的整个生命周期内（包括设计、制造、运输、销售、使用、废弃处理）着重考虑产品的环境属性（如可拆卸性、可回收性、可保护性、可重复利用性等），并将其作为设计目标，在满足环境目标要求的同时，保证产品应有的基本功能、使用寿命、质量等。绿色设计的内涵包括以下4个方面。

（1）环境保护：绿色设计要考虑产品在整个生命周期内对环境的影响，包括材料的选择、制造、运输、使用和废弃处理等环节。设计师要尽量减少能源消耗和废弃物、污染物的排放。美国国家研究委员会经过调查后估计：在产品的设计、制造和使用等阶段所需的花费中，至少有70%的花费是在设计阶段决定的。可见，从设计阶段开始考虑产品在整个生命周期内的环境问题，无疑是改善产品的环境属性的有效途径。

（2）可持续性：绿色设计要考虑产品在使用寿命结束后能否被回收、再利用或回归自然，选择环保、可再生的材料，采用节能、高效的技术。在过去的200多年里，世界工业与经济的发展基本上是以大量消耗资源和能源为代价取得的，但地球上的不可再生性资源和能源是有限的。高投入、高输出的发展模式能否持续下去、能持续多久，已成为国际社会的重点研究课题。

（3）健康和安全：绿色设计要考虑用户的健康和安全，选择无毒、无害的材料和工艺，减少对用户的健康和安全的影响。自然环境对非自然产物的承受能力和净化能力是有限的，过去对资源、能源的大量开采和低效利用造成了大量废弃物进入自然环境，恶化了人类赖以生存的家园。

（4）社会责任：绿色设计要考虑产品对社会的影响，包括对当地社区、文化遗产的影响。设计师要尊重当地的文化、社会和环境，充分考虑社会的需求和利益。

从设计的角度来看，绿色设计提供了系统评价产品的环境属性的方法，并对产品的整个生命周期提出了改进的目标和方向。在这种情况下，设计师考虑的产品生命周期一般包括5个阶段，分别为设计阶段、生产阶段、市场阶段、使用阶段、废弃阶段。

3.6.2　绿色设计的目标

绿色设计技术是随着可持续发展思想的提出而迅速发展起来的现代设计技术。可持续发展思想要求发展不仅要满足当代人类的生存需求，还要满足未来社会的需求。在此基础上，世界企业永续发展委员会进一步提出了生态效益理念，要求企业在提供价格具有竞争力的产品或服务，以满足人类需求、提高生活品质的同时，在产品或服务的整个生命周期内，将它们对环境的影响和对天然资源的耗用逐渐减少到地球能负荷的程度。如果生态效益是产品开发的最终目标，绿色设计技术就是实现该目标最有效的途径。从可持续发展的角度来看，绿色设计的目标主要体现在以下6个方面：减少能源消耗；减少废弃物和污染物的排放；增强可持续性（包括资源的可再生性和材料的可回收性）；延长产品的使用寿命；考虑用户的健康和安全；尊重当地的文化、社会和环境。

3.6.3　绿色设计的原则

绿色设计的原则可以概括为"3R"原则。过去，人们以大量生产和大量消费为目标，在这种指导思想下产生的设计难以全面考虑废弃物处理问题。在达成"地球资源和地球净化能力有限"这一共识的前提下，绿色设计逐渐形成"3R"原则。

各国政府相继出台了支持绿色设计的政策，如我国的绿色信贷政策可以为符合条件的绿色企业提供担保贷款。同时，我国企业也进行了许多优秀的绿色设计实践，如海尔在产品设计中重视能源效率和环保材料的应用，海尔空调采用了环保制冷剂，达到了更高效的制冷效果，并在产品设计中加入了循环水处理技术，实现了对水资源的节约和保护。

3.6.4　绿色设计的关键技术

绿色设计的关键技术涉及产品生命周期的各个环节，旨在最大限度地减少产品设计、制造、使用、回收过程中对环境的负面影响。以下是 6 种绿色设计的关键技术。

（1）绿色材料设计：包括在环境中易光降解或生物降解的材料的设计技术和天然材料的开发应用。

（2）材料选择与管理：尽量减少材料种类，少用有毒有害材料和贵重稀缺材料，做好材料的分类管理和废弃材料、边角料的回收利用。

（3）产品的可拆卸、易回收设计：尽量采用模块化设计和易于拆卸的连接方法，减少材料表面的涂镀处理等。

（4）绿色工艺流程设计：通过流程简化，原料、生产制造过程辅料和副产品的综合利用、回收再利用，实现低排放甚至零排放。

（5）绿色耗能方案设计：尽量使用可再生能源，提高能源利用率，加强对能源的综合利用和余热回收。

（6）环境与社会成本评估：包括环境污染治理成本、环境恢复成本、废弃物社会处理成本、造成人体健康损害程度。

3.6.5　绿色设计的方法

绿色设计的方法主要关注在产品或服务的整个生命周期内，如何减少对环境的负面影响，同时优化资源的使用情况。以下是 4 种绿色设计的方法。

（1）DFA（Design for Assembly，面向装配的设计）方法和 DFD（Design for Disassembly，可拆卸设计）方法：绿色设计的重要方法，削减螺钉、插销和其他种类的固定器的数量能够减少 50% 甚至更多的安装费用，而且便于拆卸和回收。DFD 方法遵循拆卸量最小原则、易于拆卸原则、易于分立原则。

（2）零废物设计：人们对绿色设计的重视使商家注意到绿色产品市场的巨大利润，纷纷采用绿色设计，其中非常有名的方法是零废物设计。零废物设计旨在减少或消除产品、服务、系统的废弃物，从而最大限度地减少对环境的负面影响。这种方法追求在产品的整个生命周期内减少资源的浪费，通过循环利用和减少废弃物，实现可持续发展和环保目标。

（3）模块化设计：在功能分析的基础上，为一定范围内不同功能或相同功能的不同性能、不同规格的产品划分并设计一系列功能模块，选择和组合不同的模块可以构成不同的产品，以满足生产的要求。在数字时代，模块化设计对绿色设计具有重要意义，主要表现在以下 3 个方面。

①模块化设计能够满足快速开发绿色产品的要求。采用模块化设计开发的产品由便于装配、易于拆卸和维护、有利于回收和重新利用的模块构成，既简化了产品结构，又能快速组合成满足用户和市场需求的产品。

②模块化设计可以将产品中对环境或人体有害的部件、使用寿命相近的单元集成到同一个模块中，便于拆卸、回收和维护、更换。产品由相对独立的模块构成，方便维修，必要时可更换模块，不影响生产。

③模块化设计可以简化产品结构。按照传统的观点，产品由部件构成，部件由组件构成，组件由零件构成，要想生产一种产品，就要制造大量的专用零件。按照模块化设计的观点，产品由模块构成，模块是构成产品的单元，这样可以减少零部件的数量，简化产品结构。

（4）计算机辅助绿色设计：绿色设计涉及很多学科领域的知识，这些知识之间不是简单的组合关系或叠加关系，而是有机融合的关系。常规的分析方法、计算方法和设计要素无法满足绿色设计的要求，绿色设计的知识、数据大多呈现出一定的动态性和不确定性，很难用常规方法做出正确的决策和判断。此外，我们只能要求设计师具备一定的环境基础知识和环境保护意识，不能要求他们成为出色的环境保护专家。因此，绿色设计必须将相应的设计工具作为支撑。计算机辅助绿色设计是绿色设计研究的热点和重点之一。

3.7 虚拟设计

3.7.1 虚拟设计的内涵

随着科学的不断发展，各种新技术层出不穷，各门学科相互融合，产生了许多新的学科。每一次新科技的出现都会给工业设计的途径、方式带来新的发展和变化。

虚拟现实技术是以计算机支持的仿真技术为前提的，对设计、加工、装配、维护等进行统一建模，形成虚拟的环境、过程、产品。虚拟现实技术产生于 20 世纪 40 年代，到 20 世纪 90 年代逐渐完善，现在已经广泛应用于制造、军工、医学、航空航天、建筑等领域，并且取得了很大的成功。将虚拟现实技术应用于产品设计可以更明显地体现出它的很多优势，给设计业带来全新的理念和方式。现在普遍应用的计算机辅助设计没有从根本上、理念上改变原来的设计方式，只是用显示器、鼠标、键盘取代了纸和笔。虚拟设计系统不同于一般的计算机辅助设计系统，虚拟设计系统中的设计师不必受各种外界设备的约束，可以通过虚拟设备自由地在虚拟空间内发挥自己的想象力和创造力。设计师（用户）不但能看到真实的设计对象，而且能感觉到设计对象的存在，并与之进行自然的交互。

虚拟现实技术的基本特征可以概括为"3I"［Imagination（想象性）、Interaction（交互性）、Immersion（沉浸性）］。想象性：在虚拟设计系统中，设计师可以通过语音控制系统、数据手套等设备控制设计过程，从而摆脱设计软件、设计信息的反馈等条件的束缚，更自由地发挥自己的想象力。交互性：虚拟设计系统具有友好的交互界面，视觉输出、语音输入、触觉反馈等系统改变了一些设计软件复杂的菜单、命令，设计师既不必花费大量时间熟悉软件，也不必受软件的格式、命令的约束。沉浸性：虚拟设计系统可以让设计师身临其境地设计产品，沉浸在设计中，这是虚拟设计最大的特点。

虚拟设计是以虚拟现实技术为基础、以机械产品为对象的设计手段。虚拟现实技术是一种计算机技术，利用计算机等设备生成逼真的，具有三维视觉、触觉、嗅觉等多种感官体验的虚拟环境，并利用多种传感设备，让用户产生身临其境的感觉。从本质上讲，虚拟设计是指在计算机生成的虚拟环境中虚拟地实现从概念设计到产品投入使用的全过程（产品的整个生命周期），其目标不但是对产品的物质形态和制造过程进行模拟、可视化，而且是对产品的性能、行为、功能，以及产品设计的各个阶段中的实施方案进行预测、评价、优化。虚拟设计是产品设计的测试床。就像真实的产品生产过程一样，虚拟设计技术包括工程分析、虚拟制样、网络化协同设计、虚拟装配和设计参数的交互式可视化等。虚拟设计的主要特征如下。

（1）沉浸性：集成三维图像、声音等多媒体的现代设计方法，用户能够身临其境地感受产品的设计过程和性能，从旁观者变成虚拟环境的组成部分。

（2）简便性：自然的人机交互方式实现了"所见即所得"，用逼真的临场感模拟不同的用户体验环境，支持并行工程，丰富了设计理念，提供了新的设计方法，激发了设计灵感。

（3）多信息通道：用户能够感知视觉信息、听觉信息、触觉信息和嗅觉信息等多种信息，发挥了人的多种潜能，增强了设计的成功性。

（4）多交互手段：摆脱了传统的鼠标、键盘输入方式，运用多种交互手段（如数据手套、声音命令等），支持更多的设计行为（如建模、仿真、评估、预测等）。

（5）实时性：实时地参与、交互、显示，把人在计算机辅助设计环境下的活动变成人机交互的主动活动，构成了融入性的智能化开发系统。

3.7.2　虚拟设计系统的构成

应用虚拟现实技术的产品设计被称为虚拟设计。根据配置的档次，虚拟设计系统可以分为两类：一类是基于个人计算机的廉价设计系统，另一类是基于工作站的高档设计系统。这两类虚拟设计系统的工作原理大同小异。

一般的虚拟设计系统包括两部分：一部分是虚拟环境生成器，这是虚拟设计系统的主体；另一部分是外围设备（人机交互工具和数据传输、信号控制装备）。虚拟环境生成器是虚拟设计系统的核心部分，它可以根据虚拟设计任务的性质和用户的要求，在工具软件与数据库的支持下生成任务所需的、多维的、适人化的情景和实例。虚拟环境生成器由计算机基本软件与硬件、软件开发工具和其他设备组成，实际上是一个包括各种数据库的高性能图形工作站。虚拟设计系统的交互技术是虚拟设计优势的体现。目前，虚拟设计系统的交互技术主要集中在 3 个方面，分别为触觉、听觉、视觉，这 3 个方面的输入设备和输出设备是虚拟交互的主要方式。例如，头盔显示器、数据手套、三维声音处理器、数据衣、视点跟踪设备、语音输入设备等是已经被研究、开发出来的输入设备和输出设备。

 ### 3.7.3　虚拟设计的关键技术

虚拟设计的关键技术主要包括以下 6 个方面。

（1）全息产品的建模理论与方法。

（2）基于知识的设计：包括设计知识的获取、表达与应用；设计信息和知识的合理流向、转换与控制；设计知识的融合、管理与共享；从设计过程数据中挖掘设计知识。

（3）设计过程的规划、集成与优化：包括设计活动的预规划和实时动态规划、设计活动的并行运作、设计过程冲突管理与协商处理。

（4）虚拟环境中的人机工程学。

（5）虚拟环境与设计过程互联。

（6）产生虚拟环境的工具集：包括一般的软件支撑系统，能接收各种高性能传感器信息，生成立体的显示图形，调用、互联各种数据库和计算机辅助设计软件的各种系统。

 ### 3.7.4　虚拟设计的优点

虚拟设计的优点主要体现在以下 6 个方面。

（1）沉浸感和交互性：虚拟设计能够提供沉浸感和交互性强的设计环境，使用户身临其境地参与设计过程，实时感知和响应设计变化，从而提高设计的效率和直观性。

（2）可视化和仿真：虚拟设计技术使设计方案得以在虚拟环境中实现可视化和仿真。设计师可以在早期阶段发现并解决设计中存在的问题，降低制作和测试原型的成本，缩短产品开发周期。

（3）支持协同设计：虚拟设计支持多人在线协同工作，能够促进团队成员之间的实时沟通和合作。这有助于实现资源共享、优势互补，进一步提高设计的效率和质量。

（4）灵活性和可重用性：虚拟设计使设计方案更加灵活、易于修改和优化。同时，设计资源和成果可以在不同项目中重用，提高设计资源的利用率。

（5）降低生产成本和市场风险：通过虚拟设计，企业可以在早期阶段评估产品的性能、可制造性、可维护性，从而降低生产成本和市场风险。此外，虚拟设计还有助于减少原材料和能源的浪费，提高产品或服务的环保性能。

（6）技术创新和领先优势：虚拟设计技术融合了计算机科学、仿真技术、人工智能等多个领域的先进成果，能够帮助企业保持技术上的领先优势，增强企业的市场竞争力。

综上所述，虚拟设计在提高设计效率、降低生产成本、优化设计方案、促进团队协作等方面具有显著优势，能够为企业创造巨大的价值。

 ### 3.7.5 虚拟设计在工业设计中的应用

虚拟设计在工业设计中的应用主要体现在以下 4 个方面。

（1）产品的外形设计：采用虚拟现实技术的外形设计可随时修改、评测，确定方案后的建模数据可直接用于冲压模具设计、仿真和加工，甚至可用于广告和宣传，在飞机、建筑和装修产品、家用电器、化妆品包装等产品的外形设计中具有极大的优势。

（2）产品的布局设计：在复杂产品的布局设计中，设计师可以采用虚拟现实技术直观地进行设计，避免可能出现的干扰和其他不合理问题。例如，在复杂的管道设计中，通过虚拟现实技术，设计师可以"进入其中"进行管道布置，并检查可能出现的问题。

（3）产品的运动和动力学仿真：产品设计必须解决运动构件工作时的运动协调关系、运动范围设计、可能出现的运动干扰检查和产品的动力学性能、强度、刚度等问题。例如，生产线上各个环节的协调和配合非常复杂，通过虚拟现实技术，设计师可以直观地进行配置和设计，保证工作的协调性。

（4）产品的广告和漫游：采用虚拟现实技术或三维动画技术制作的产品广告具有逼真的效果，不仅可以展示产品的外形，还可以展示产品的内部结构、装配和维修过程、使用方法、工作过程、性能等，尤其是利用网络进行的产品介绍，生动、直观，广告效果很好。网上漫游技术能让人们在城市、工厂、车间、机器内部，甚至图样和零部件之间"漫游"，直观、方便地获取信息。此外，虚拟产品还为网络购物提供了方便。

虚拟设计既是一个概念，也是一项具有研究和应用价值的高新技术，一经提出便受到各界的广泛关注，显示出强大的生命力。随着微电子技术的快速发展和互联网、计算机通信技术的广泛应用，虚拟设计将对制造业领域产生极其深远的影响，特别是建立在数字化和网络化基础上的快速设计、快速制造，将使产品的功能、质量、多样性等达到崭新的水平。

课后习题

一、判断题

（1）"以人为本"的设计原则强调设计流行化需求，这表示设计师需要追求个性和新潮流。（   ）

（2）"以人为本"的设计原则意味着设计师应该把用户的需求和体验放在核心位置。（   ）

（3）在工业设计中，为了创造综合的美感，设计需要在功能美、造型美、材质美、体验美之间取得平衡。（   ）

（4）设计的复杂度越高，用户的认知负荷越低。（   ）

（5）在考虑影响产品设计民族性的心理学因素时，设计师应避免使用任何具有文化象征意义的符号，以免引起误解。（   ）

（6）"铁铲实验"是人机工程学萌芽的关键，旨在研究铲运工的姿势。（   ）

（7）人机工程学主要关注人的生理特征，不太关注人的心理特征。（   ）

（8）在人机工程学中，人的因素仅指身体的大小，与运动能力无关。（   ）

（9）在用户体验 5 层模型中，结构层主要关注界面设计和外观美感。（   ）

（10）在用户体验 5 层模型中，范围层主要关注产品功能和内容。（   ）

二、单选题

（1）"以人为本"的设计原则不包括（   ）。

A．考虑不同人群在语言、认知方面的差异

B．满足个性化需求

C．降低生产成本

D．考虑不同行为能力人的差异

（2）遵循"以人为本"的设计原则需要考虑（   ）。

A．年轻人的需求   B．文化背景和地理背景

C．产品功能   D．设计流行化需求

（3）"以人为本"的设计原则有助于（   ）。

A．提高产品的生产效率   B．让用户获得幸福感

C．增强产品外观的吸引力   D．降低产品的生产成本

（4）工业设计的美学原理中的功能美主要强调产品的（   ）。

A．艺术性   B．实用性   C．复杂性   D．性价比

（5）工业设计的美学原理中的造型美主要强调产品的（　　）。

A．内在结构　　　　　　　　B．外观形态

C．生产成本　　　　　　　　D．丰富功能

（6）以下对绿色设计目标的描述正确的是（　　）。

A．增加废弃物的产生

B．追求过度奢华和浪费

C．减少生产、使用、回收全过程对环境的危害

D．增加对土地的开发

（7）人机工程学的起源可以追溯到（　　）。

A．19 世纪　　　　　　　　　B．20 世纪初期

C．20 世纪中期　　　　　　　D．20 世纪末期

（8）人机工程学最初是为了解决什么问题？（　　）

A．提高生产效率

B．改善人机关系

C．提高用户使用产品的舒适度

D．提高用户满意度

（9）在设计办公桌、办公椅等产品时，考虑人体尺寸有助于（　　）。

A．降低产品的生产成本

B．提高员工的生产力

C．增强产品的耐用性

D．提高产品的美观度

（10）在用户体验 5 层模型中，（　　）主要关注用户体验的总体目标、业务目标和用户需求。

A．框架层　　　　　　　　　B．结构层

C．战略层　　　　　　　　　D．表现层

三、简答题

（1）工业设计有哪些基本原理？简述你对它们的理解。

（2）简述设计与消费的关系。

（3）什么是创造性思维？创造性思维有哪些特征？如何在设计过程中运用创造性思维？

（4）以具体的设计过程为例，简述设计心理学的研究方法。

（5）简述设计人机工程学座椅需要考虑的因素。

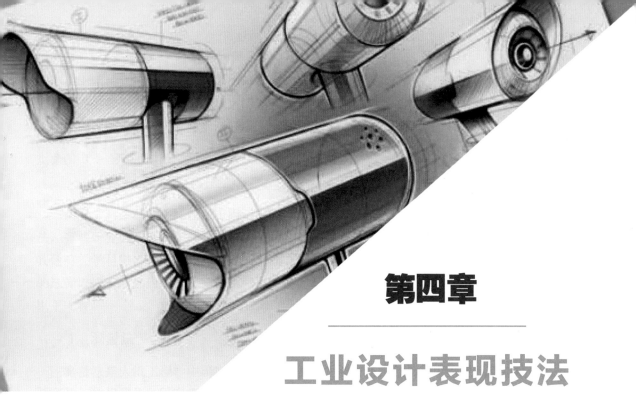

第四章

工业设计表现技法

4.1　设计表现基础

4.1.1　设计表现的意义与作用

　　工业设计是一门创意与技术相结合的学科，它拥有极强的包容性，旨在将美学、功能、制造技术结合起来，为产品开发设计提供全面的解决方案。设计一个产品，除了涉及外观造型，还涉及相关的材料、工艺、结构和用户、市场、环境等诸多因素。在设计过程中，设计师不仅要确保产品的功能能够正常发挥，还要关心设计方案的可行性、生产成本和市场竞争力。因此，工业设计不仅是一门关于艺术和设计的学科，还是一门涉及多个领域的实践性学科。

　　设计表现是将抽象的概念转化为具体形象的一种方式。在产品设计的过程中，设计表现具有记录和回顾想法的重要作用。设计表现的实质是思维的过程，它不断地启发设计师创造、分析和记录。随着设计师的设计思维越来越活跃、清晰，产品设计效果图会越来越完善。

1. 设计表现的意义

1）设计表现是思维的纸面再现

设计师将抽象的概念、思维转化为具体的形式、元素，如产品的色彩、形状、材料和结构等。设计表现可以帮助设计师更好地理解自己的创意和想法，以便进行进一步的改进和深化。

2）辅助设计思维

工业设计是创造性的活动，在设计过程中，设计师需要进行大量的头脑风暴、思考和分析。在设计比较复杂的产品时，借助设计表现辅助设计思维，既可以使设计过程更加清晰、有迹可循，也更容易产生最佳设计方案。

3）记录瞬间的灵感

灵感是设计过程中不可或缺的一部分，它通常是突发的、突然的想法或思路。灵感往往在不经意间产生，设计师可以通过手绘草图、快速建模等方法及时记录灵感，将其转化为可视、可感的形式，这样有利于推进设计过程。

4）设计表现是想象力的视觉化

想象是一种心理过程，人在脑海中创造不同的场景、物品、图像。想象力是一种本能，可以促进创新和创造力的发挥。通过设计表现将想象力视觉化，可以给设计带来更多的可能性。

5）设计表现是交流的工具

设计表现是设计师的重要语言，设计师可以借助设计表现把自己的想法"说"出来，通过反复沟通、改进和完善，把想法落实为真正的产品。

2. 设计表现的作用

1）表现产品的外观形态特征

在不同的形态观的指导下，相同的产品会呈现出完全不同的外观形态特征。人们很容易对产品设计效果图（见图4-1）产生直观的视觉印象，从而为评价真实产品的外观形态提供依据。

2）表现产品的色彩、质感特征

如图4-2所示的产品设计效果图展示了产品在色彩、质感等方面表现感官特性的不同细节，它可以帮助人们认识产品所用材料的物理特性，使产品成为更加丰富的整体。

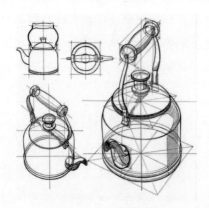

🍎 图4-1 表现产品外观形态特征的产品设计效果图

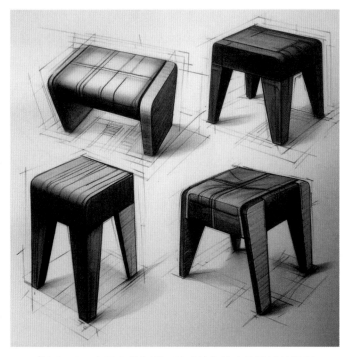

● 图 4-2　表现产品色彩、质感特征的产品设计效果图

3）表现产品的结构功能特征

产品设计涉及产品的结构功能，不同产品的形态不一，产品的结构功能各不相同，其复杂程度也不尽相同。不同的产品设计效果图（见图 4-3）可以表现不同的产品结构功能特征。例如，投影法产品设计效果图利用三视图形式进行设计表现，其表现的产品结构关系可以被验证，并且具有较强的真实感；剖视图法产品设计效果图可以用图示说明从产品外观上看不到的结构功能特征，从而高效地说明产品的内部构造和组合情况。设计师可以通过产品设计效果图这种直观的图形，对不合理或有问题的地方及时提出修改意见，为其他工程技术人员提供必要的参考依据。

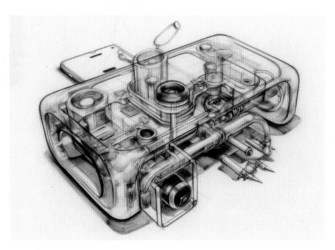

● 图 4-3　表现产品结构功能特征的产品设计效果图

4）表现产品的人机使用特征

设计师可以利用产品设计效果图表现产品的人机使用特征，如产品的物理尺寸，产品相对于用户的比例、重量等人机关系；产品的使用手势，按动按钮或滑动按钮等操作方式；操作后的反馈、页面过渡等交互效果；产品的可缩放、可旋转、可拆卸等功能特点。如图 4-4 所示，表现产品人机使用特征的产品设计效果图可以使产品的特点更加直观，从而更容易被人们理解。

5）表现产品的加工制造特征

产品设计效果图不是美术作品，人们需要通过它看到在当前的技术条件、工艺水准、资金成本和价格的前提下最大限度地发挥设计师创造力的设计方案，以便对产品的加工制造等进行评价，做出能否加工制造产品的决定。

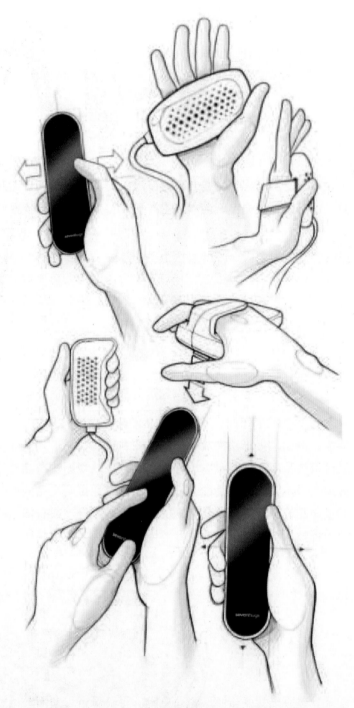

◉ 图 4-4 表现产品人机使用特征的产品设计效果图

6）表现产品的评估认证特征

产品设计效果图传递着为设计、计划、决策提供科学依据和指导生产的信息。凭借产品设计效果图提供的信息，人们可以研究以下问题：产品是否达到设计目的和技术要求？产品的内部结构与外部造型是否构成有机的整体？材料的选用、各部分比例的配合、结构等是否满足产品机能的各种要求？产品的技术指标、安全性能等是否达到设计要求？产品的结构和零部件对所用材料、装配工艺的要求是否合理？产品的加工制造和大批量生产是否可行？产品的投入成本和利润回报如何？产品的造型和功能是否能得到用户的青睐，是否具有竞争力？产品设计中有哪些不尽如人意的地方需要进一步完善？通过产品设计效果图这种直观的图形传递的具体信息，人们可以凭借经验和知识预测是否会出现风险和避免风险的可能性，能够起到风险控制作用的产品设计效果图是设计师为企业投入高额资金的活动提供的确保设计成功的有效工具。

4.1.2　设计表现的分类

设计方案一般有两类表现技法，分别为手绘技法和计算机技法。手绘技法有彩色铅笔、马克笔、水粉、水彩等常规表现技法。计算机技法可以通过各种绘图软件来实现设计表现。无论采用哪一种技法，其目的都是清楚地表达设计师的设计理念，让其他人更便捷地理解设计师的意图和情感。

不同的表现工具在表现对象时效果不同，根据对象的不同性质，使用不同的表现工具，可以使对象更具说服力和感染力，如质感、光感、动感等需要用不同的表现工具来表现。因此，选择合适的表现工具对设计意图的表现至关重要。除此之外，设计师还可以根据自己的长处选择适合自己的表现工具。

根据使用的不同表现工具，我们可以将设计表现分为以下 6 类。

1. 彩色铅笔、圆珠笔、针管笔的表现

彩色铅笔、圆珠笔、针管笔的表现通常用于快速、简单地呈现产品概念和设计思路，直观地表现产品的形状、结构和材质等特征，其特点是快速、灵活、直观、个性化。

2. 马克笔的表现

用马克笔绘制产品设计效果图可以丰富产品的细节，展示设计师的创意和想法。与彩色铅笔、圆珠笔、针管笔的表现相比，马克笔的表现更加饱满、鲜明，适合表现强烈的色彩和线条感。

3. 马克笔配合色粉的表现

这是一种比较特别的表现技法，适合表现有立体感和质感的产品，如皮革产品、金属产品等。

4. 水粉和水彩的表现

水粉和水彩的表现是指用水性颜料表现产品的外观和细节，具有柔和的效果和较强的自然感、艺术性。

5. 计算机二维效果图

计算机二维效果图弥补了纸笔绘图精度较低、储存和传播存在局限的缺陷。计算机二维效果图的可编辑性较强，设计师可以便捷地修改和调整产品的颜色、形状、细节。

6. 3D 软件建模渲染效果图

3D 软件建模渲染效果图可以将设计师的想法更真实、精确、生动地表现出来，具有较强的交互性和传播性。

4.1.3 设计表现的流程

需要说明的是，表现技法各式各样，这里不针对特定技法或风格进行详细论述，只从表现原理的角度阐述画面上应该表现什么。以往的很多教学课程只教学生一些具体的绘画技巧，没有教他们如何观察和理解所表现的对象。只有理解了所表现的对象，才能自由地表现脑海里的意象。

按照时间顺序，设计表现的流程主要包括设计草图、手绘效果图、数字效果图、工程制图等阶段。

1. 设计草图

绘制设计草图集中在设计初期，设计师可以使用钢笔、签字笔、马克笔或其他绘图工具，灵活、快速地表现设计方案。如图 4-5 所示，设计草图大多是简单的、不完整的，旨在捕捉瞬间的创意和灵感，无须表现完整的设计细节。

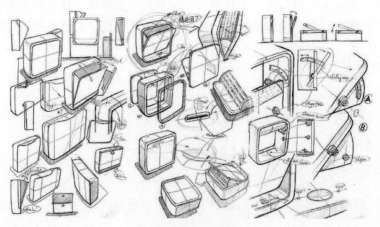

图 4-5　设计草图

2. 手绘效果图

对于基本定型的设计方案，设计师可以通过比较正式的手绘效果图来表现，如图4-6所示。常见的手绘效果图是用马克笔画法绘制的，其他常见画法还有钢笔淡彩画法、透明水色画法、水粉画法、水粉底色画法、喷笔画法、色纸画法、高光画法和色粉画法等。绘制手绘效果图需要具备一定的绘画技巧和经验，注意比例、线条、阴影等方面的细节，确保效果图的准确性和逼真度。

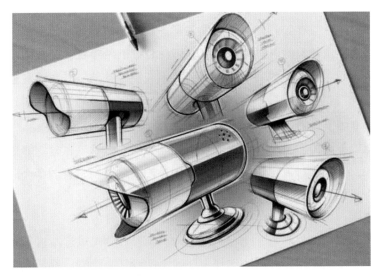

◉ 图4-6　手绘效果图

3. 数字效果图

为了更真实地表现产品的形体、质感，设计师可以用计算机绘制数字效果图，如图4-7所示。Photoshop、犀牛、3D Studio Max等软件不仅可以立体地表现产品的形态和结构，还可以表现产品的色彩、质感、材料特点和光影效果，甚至可以进行动画编辑、操作状态的演示。数字效果图的精确度高、可编辑性强，便于展示、传播、复制。

◉ 图4-7　数字效果图

4. 工程制图

工程制图的主要作用是将设计师的创意转化为可完成的工程实践。在工程制图中，设计师需要使用标准化的符号、线条和注释等，将设计方案转化为精确的形状、尺寸和材质等方面的信息。

 ## 4.1.4 设计表现的学习方法

重视基本功：工业设计过程是基于产品的形态、功能、材质、结构等方面进行的，缺乏基本功的设计难以成功。设计师必须重视并锻炼自己的基本功，如表现透视、明暗、线条等技法。

从生活中归纳：工业设计是一门综合性很强的学科，设计师需要具备较强的观察能力和表现能力。从生活中归纳是一种有效的学习方法，如观察周围的产品，了解它们在形态、结构、材质、颜色等方面的特点，并思考这些特点的设计原理。

从临摹起步，逐渐进行有意识、有目的的创作：临摹是初学者的必经之路，设计师可以选择喜欢的产品进行临摹。在临摹过程中可能遇到一些困难，设计师需要仔细分析其中的问题，明白产生问题的原因，并尝试解决问题。动手实操有助于思考，从临摹中学习表现技巧（如线条、构图、色彩等）会有更深的体会。设计师可以逐渐进行有意识、有目的的创作，在掌握基本的表现技巧后，选择一些简单的设计来绘制，逐渐提高难度，锻炼自己的技能，发挥自己的创造力，同时不断反思自己的作品，改进设计，增强表现能力。

树立信心：设计表现是一项创意性很强的工作，需要不断地进行实践和探索。学习技能不是一蹴而就的，设计表现的学习之路也不会畅通无阻。设计师需要遵循一定的原则，掌握正确的方法，持之以恒地练习，相信自己一定能取得进步。

4.2 设计表现原理

 ## 4.2.1 透视概述

1. 透视概念和常用术语

设计表现要求画面具有较强的三维立体感，在二维平面上表现和传递三维意象需要符合人眼的视觉习惯。

在现实生活中，物体距离观察者的远近不同，反映在观察者的视觉器官上会形成近大远小的现象，越远的物体越小，最后消失于一点，这种现象被称为透视现象。透视现象相当于人透过一个平面来视物，人的视线与该平面相交成一个图形，这个图形被称为透视图。

以人的眼睛为投影中心进行投影，将符合人的视觉印象的透视规律在平面上表现出来，这种表现方法叫作透视投影。

下面介绍透视投影的常用术语，如图4-8、图4-9所示。

（1）基面（G）：放置物体和观察者站立的平面。

（2）画面（P）：绘制透视图的平面（垂直于基面）。

（3）基线（g）：画面与基面的交线。

（4）视点（S）：观察者眼睛的位置，即投影中心。

（5）站点（s）：视点在基面上的正投影，即观察者的站立点。

（6）视平面（H）：过视点且平行于基面的平面。

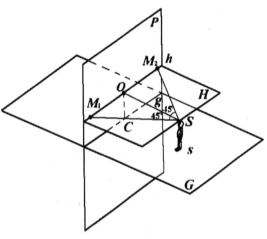

◉ 图4-8　透视投影的常用术语1

（7）视平线（h）：视平面与画面的交线。

（8）心点（O）：视点在画面上的正投影，又被称为主点。

（9）视距（SO）：视点到心点的距离。

（10）视高（Ss）：视点到基面的距离，即观察者的高度，反映在画面上是视平线与基线之间的距离。

（11）距点（M）：过视点S作直线与SO成45°，与视平线相交于点M_1、点M_2，则点M_1、点M_2分别称为左距点、右距点。

（12）迹点：直线与画面的交点，如图4-9中的点A_0、点B_0。

（13）灭点：过视点作已知直线的平行线，该平行线与画面的交点为已知直线的灭点。在图4-9中，已知直线a平行于直线b，过视点S作直线f平行于直线b，则直线f与画面的交点F_0为直线b的灭点。同理，F_0也是直线a的灭点。点D_0、点E_0分别为点D、点E的透视，灭点F_0可被认为是直线a、直线b上无穷远点的透视。

（14）全长透视：直线的迹点与灭点之间的连线，如图4-9中的A_0F_0、B_0F_0分别为直线a、直线b的全长透视。

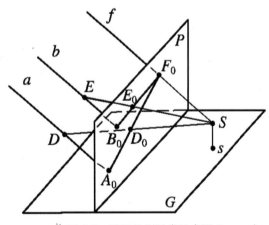

◉ 图4-9　透视投影的常用术语2

2．透视图的分类

由于物体与观察者的相对位置不同，物体与画面的相对位置也不同，因此透视图一般可以分为 3 类，分别为一点透视图、二点透视图、三点透视图。

1）一点透视图

如图 4-10 所示，当物体有一组棱线与画面垂直时，透视图只有一个灭点，这种透视图被称为一点透视图。由于物体有一个平面与画面平行，因此这种透视图又被称为平行透视图。

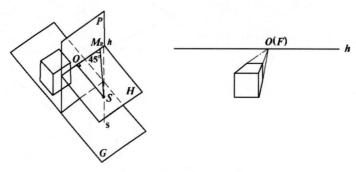

◉ 图 4-10 一点透视图

如图 4-11 所示，由于物体与视点的位置关系不同，物体的一点透视有 9 种情况。在图 4-11 中，有的物体能看见 1 个面，有的物体能看见 2 个面，有的物体能看见 3 个面。一点透视的特点是物体与画面平行的线没有透视变化，与画面垂直的线均相交于心点（此时的心点就是灭点）。在绘制一点透视图时，设计师需要注意物体的平面距离视平线不能太近，尤其是物体的主要面不能太接近视平线。

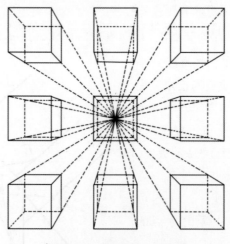

◉ 图 4-11 物体的一点透视

2）二点透视图

如图 4-12 所示，当物体有一组棱线与画面平行，另外两组棱线与画面斜交时，透视图有两个灭点，这种透视图被称为二点透视图。由于物体有两个立面与画面成倾斜角度，因此这种透视图又被称为成角透视图。

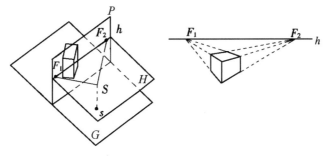

🔴 图 4-12　二点透视图

　　由于视点与灭点的位置不同，物体的二点透视可以归纳为如图 4-13 所示的 3 种情况。二点透视至少能看见物体的 2 个面，最多能看见物体的 3 个面。

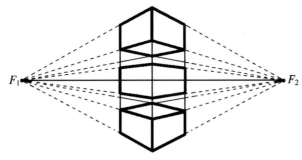

🔴 图 4-13　物体的二点透视

　　二点透视图是产品设计效果图中广泛使用的一种透视图，它可以比较全面地表现物体。在用二点透视图表现复杂物体时，为了确定复杂物体的长度、宽度、高度等尺寸，一般会先将物体归纳成大面体，以画出物体的透视图，在有透视变化的形体中区分各部分的比例；然后根据形体的透视变化描绘具体的轮廓和细部（允许徒手绘制微小的细部结构）。在绘制二点透视图时，设计师需要注意视点和物体的距离不能太近，二者的距离越近，灭点在视平线上离心点就会越近，容易产生透视变形。图 4-14 所示为二点透视图的实际应用。

🔴 图 4-14　二点透视图的实际应用

3）三点透视图

当物体 3 个方向上的平面均与画面斜交时，这种透视图被称为三点透视图。由于物体 3 个方向上的平面均与画面斜交，因此这种透视图又被称为倾斜透视图，如图 4-15、图 4-16 所示。三点透视图在工业设计中不常使用，这里不进行详细介绍。

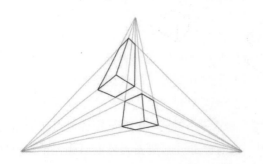

<ruby>图 4-15</ruby>　三点透视图中的仰视图　　　<ruby>图 4-16</ruby>　三点透视图中的俯视图

由上述 3 种透视图的简介可知，透视图的表现效果具有以下规律。

（1）近大远小：物体在透视空间中的大小与其距离观察者的远近有关。物体距离观察者越近，其在画面上越大；物体距离观察者越远，其在画面上越小。

（2）平行线汇聚：在透视空间中，平行线在远处相交于一个消失点。

影响透视效果的透视条件如下。

（1）透视效果随空间几何元素（点、线、面、体）与视点的相对位置的变化而变化。无论是空间几何元素不动，视点绕其旋转，还是视点不动，空间几何元素绕其旋转，透视效果都会变化。

（2）视点的高度影响视平线与基面的距离，进而影响透视效果。

（3）视点与画面的距离不同，透视效果不同。

（4）在空间几何元素、视点、视高不变的情况下，画面的位置改变，透视图的形象不变、大小改变。画面在物体前，透视图缩小；画面在物体后，透视图放大。

4.2.2　影响透视效果的主要因素

由上述 3 种透视图的简介可知，不同类型的透视图具有不同的表现特点。在绘制透视图之前，设计师应分析被描绘的物体，根据表现要求选择合适的透视图类型。

根据透视规律，为了使透视图形象、准确地表现物体，达到预期的表现效果，在绘制透视图时，要处理好观察者、物体和画面之间的位置关系，这三者之间的位置关系是通过站点、视高和偏角体现出来的。这些因素的处理是否恰当直接影响透视效果。下面简单分析这些因素对透视效果的影响。

1. 站点

在选择站点时，我们应注意以下两点。

1）视角大小适宜

当人的头部保持不动，单眼观察前方某段距离的物体时，眼睛的视线是有一定范围的。根据人机工程学的测定，人在观察物体时，单眼的水平视角 α 可达 $120°\sim150°$，垂直视角可达 $130°$ 左右。能看见清晰、可辨景物的范围只存在于以人眼（视点）为顶点、以中心视线为轴线、视角（锥顶角）约等于 $60°$ 的圆锥面内。

在选择站点时，视角应控制在 $60°$ 以内，以 $30°\sim40°$ 为最佳，如图 4-17 所示。如果视角大于 $60°$，透视图就会发生畸变，导致物体形象失真。为简化起见，人们将视线与视锥中心线的最大夹角称为视半角，视半角是视角的一半。要想绘制形象、逼真的透视图，前提条件之一是视半角小于 $30°$。当然，视半角不是越小越好。视半角过小，灭点相距过远，不但会给绘图带来困难，而且物体水平轮廓线的透视会过于平缓，接近于正投影，容易失去二点透视的特色。

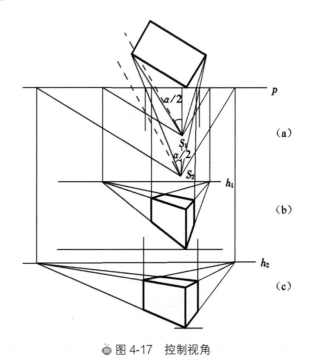

图 4-17　控制视角

2）充分体现物体的固有特征

在绘制透视图时，观察者要选择最有效的角度观察物体，这样才能使透视图充分体现物体的固有特征。如图 4-18 所示，当站点选择在点 S_1 时，物体右侧的结构被中间高大的突出结构挡住，视线看不见，绘制出来的透视图无法完整地体现物体的固有特征，因此这个站点不够合理。当站点选择在点 S_2 时，可以看见物体的所有结构，绘制出来的透视图能够比较全面地反映物体的固有特征，因此这个站点更合理。

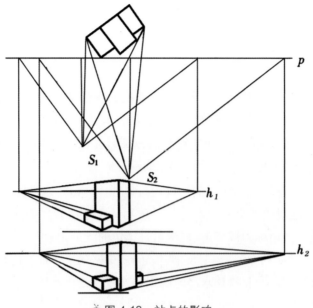

● 图 4-18　站点的影响

另外，站点选择不当还容易造成透视图生硬、呆板。如图 4-19 所示，当站点选择在点 S 时，绘制出来的透视图中的物体几乎长、宽相等，比例过于均衡，重点不突出，难以准确体现物体的特点。

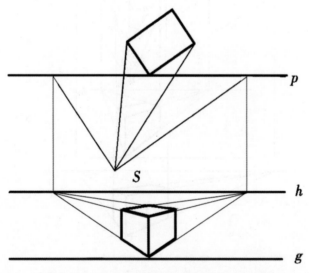

● 图 4-19　站点选择不当的透视图生硬、呆板

在绘制透视图时，我们可以采用以下方法确定站点：如图 4-20 所示，首先，在物体的平面图中确定画面线 p，自物体的最左点、最右点分别向画面线作垂线，得到物体的画面投影宽度 B；然后，在宽度 B 内选择心点的水平投影点 S_g；最后，自点 S_g 作垂线（中心视线的水平投影），在垂线上选择点 S，使 $S_g S$ 的长度是宽度 B 的 1.5~2 倍。

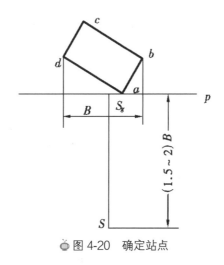

◎ 图 4-20　确定站点

2. 视高

视高即视平线与基线之间的距离，一般是人的身高（1.5~1.8 米）。有时候，我们可以通过降低或提高视高来使透视图达到特殊的艺术效果。

在物体、画面、站点的相对位置不变的情况下，降低或提高视平线可以得到仰视图、平视图、俯视图。当视平线低于基线时，绘制出来的透视图为仰视图，如图 4-21（a）所示；当视平线在基线上方且视高低于物体高度时，绘制出来的透视图为平视图，如图 4-21（b）所示；当视高高于物体高度时，绘制出来的透视图为俯视图，如图 4-21（c）所示。若将视平线提得很高，则视域会扩大，这样绘制出来的透视图是通常所说的鸟瞰图，常用于表现大型场景。

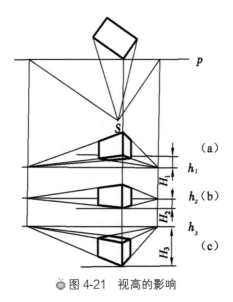

◎ 图 4-21　视高的影响

在选择视高时，我们应将物体的透视控制在有效视锥范围内，也就是将观察物体时的仰角或俯角控制在 30°以内，这样绘制出来的透视图比较逼真。如图 4-22（a）所示，物体处于有效视锥范围内，透视效果较好；如图 4-22（b）所示，物体处于有效视锥范围外，底面轮廓线的透视形成尖角，透视效果失真较严重。当视距较近且物体不位于中心视线附近或物体特别高大时，绘制出来的透视图容易畸变、失真。当物体特别高大且视距较近，致使仰角或俯角大于 45°时，适合绘制三点透视图。

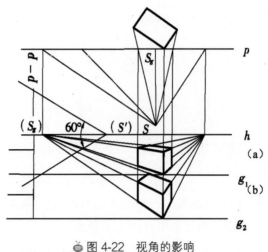

图 4-22　视角的影响

3. 偏角

偏角是物体的某个垂面与画面的夹角。如图 4-23 所示，物体的某个垂面与画面形成 4 个不同的偏角：当偏角为零时，透视变为一点透视，如图 4-23（a）所示；当偏角较小时，该垂面的水平轮廓线的灭点较远，如图 4-23（b）和（c）所示，透视收敛平缓；当偏角较大时，该垂面的水平轮廓线的灭点靠近心点，透视收敛急剧，容易产生失真，如图 4-23（d）所示。因此，在绘制透视图时，偏角的大小要合适。

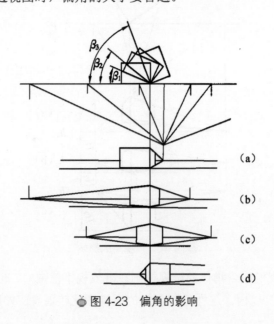

图 4-23　偏角的影响

绘制透视图的重点是确定灭点、视点（视高、视距、视角）等透视参数。在实际工作中，透视图能表现设计意图和外观造型效果，并尽量提高设计效率即可。为了提高设计效率，设计师应避免在绘图过程中花费过多的时间，可以将透视图的画法简易化、程式化。

1. 45°倾角透视法

45°倾角透视法是在量点法的基础上简化的一种比较实用的快速画法。需要注意的是，在用45°倾角透视法绘制透视图时，视高要合适，否则容易产生变形。45°倾角透视法如图4-24所示，其具体步骤如下。

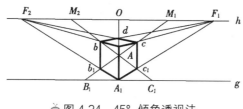

◉图4-24 45°倾角透视法

（1）任画一条水平线作为视平线h，在视平线上确定两个点，分别为灭点F_1和灭点F_2。

（2）将灭点F_1和灭点F_2的中点作为心点O，分别等分OF_1和OF_2，得到量点M_1和量点M_2。

（3）选择合适的视高并作基线g，由心点O作垂线与基线相交于点A_1，由点A_1向上量取物体的实高，得点A，由点A_1分别向左、右量取物体的实长、实宽，得点B_1、点C_1。

（4）先连接A_1F_1、A_1F_2和AF_1、AF_2，再连接B_1M_1和C_1M_2，与A_1F_2相交于点b_1，与A_1F_1相交于点c_1。

（5）分别由点b_1、点c_1向上作垂线，与AF_2相交于点b，与AF_1相交于点c，连接bF_1和cF_2，得交点d，完成透视图。

2. 30°~60°倾角透视法

30°~60°倾角透视法类似于45°倾角透视法，只是在确定量点和心点的位置时有所不同，即把F_1F_2的中点确定为量点M_1，把M_1F_2的中点确定为心点O，把OF_2的中点确定为量点M_2。如图4-25所示，30°~60°倾角透视法侧重表现物体的右侧面。若需要侧重表现物体的左侧面，则可以按照相同的方法向右侧等分。

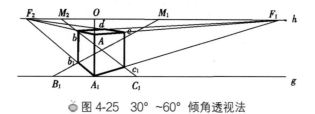

◉图4-25 30°~60°倾角透视法

3. 平行透视法

如图 4-26 所示，平行透视法是在距点法的基础上简化的一种画法，其具体步骤如下。

（1）任画一条视平线 h，在适当的位置确定心点 O 和距点 D_h。

（2）选择合适的视高并作基线 g，在基线上画出物体的正面 $ABCD$，由点 A 向右量取物体的宽度，得点 A_1。

（3）先分别过 A、B、C、D 4 个点向心点 O 连线；再连接 $D_h A_1$，与 AO 相交于点 a，过点 a 作 AB 的平行线，与 BO 相交于点 b，过点 b 作 BC 的平行线，与 CO 相交于点 c；最后加深轮廓，完成透视图。

平行透视法侧重表现物体的正面、顶面和右侧面。若需要侧重表现物体的正面、顶面和左侧面，则可以将心点 O 和距点 D_h 对调。

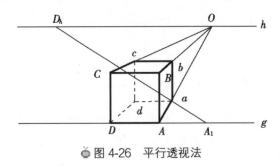

● 图 4-26　平行透视法

4. 倍增分割法

根据物体的形体特征，有的透视图需要在原有物体的基础上叠加半个、一个或两个同样的物体，有的透视图需要把原有的物体划分成若干更小的物体。下面以图 4-27 中的右侧面 AA_1B_1B 为例，介绍倍增分割法的具体步骤：分别连接 AB_1 和 A_1B，得交点 O_2，过 O_2 作 AA_1 的平行线 NN_1，连接并延长 mO_2（m 为 AA_1 的中点），与 B_1B 相交于 O_4，把 AA_1B_1B 划分为四等份；连接 NO_4（O_4 为 BB_1 的中点），与 A_1B_1 的延长线相交于点 q_1，过点 q_1 作 AA_1 的平行线，与 AB 的延长线相交于点 q。按照相同的方法连接顶面，即向右倍增半个物体。依次类推，向左倍增半个、一个、两个物体的方法是相同的。

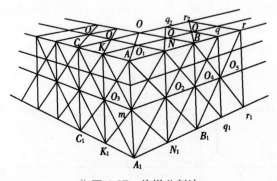

● 图 4-27　倍增分割法

图 4-28 所示为一辆货车的透视图起稿过程：首先，画出一个长方体的二点透视图，并将其分割成若干网格；然后，根据货车的正面和侧面图形，按比例在网格上配对，并在对应的位置进行挖、减、增、添等操作。这种画法又被称为网格法。

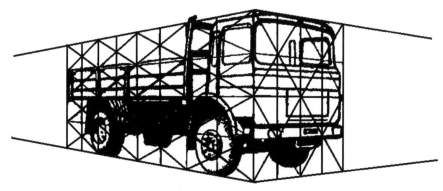

◉ 图 4-28　一辆货车的透视图起稿过程

4.3 设计表现效果

4.3.1 阴和影

在光源（本节所述光源仅指漫射固定光源）的照射下，物体的各个表面会产生明暗差异。如图 4-29 所示，物体表面受光的明亮部分被称为阳面（简称"阳"），背光的阴暗部分被称为阴面（简称"阴"），阳面和阴面的分界线被称为阴线。由于物体各组成部分的结构形状各异，靠近光源的相对较大的结构遮挡了距离光源较远的相对较小的结构的光线，因此形成了落影（简称"影"）。

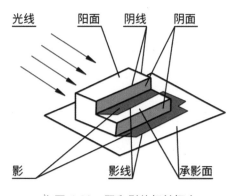

◉ 图 4-29　阴和影的相关概念

物体表面的明暗层次主要是由光线作用下的阳面、阴面和落影造成的，它们是立体图像中确定明暗色调的主要因素。正确地表现阴影关系有助于表现物体的立体感和空间感。

在一般情况下，阴影的轮廓取决于光的照射角度；阴影的形状不仅取决于遮挡物的形状，还取决于承影面的形状。

4.3.2 三大面

在光源的照射下，由于物体的各个表面与光线的相对位置不同，各个表面的受光情况也不同，因此形成了明亮与灰暗的差别。如图 4-30 所示，该物体的顶面为亮面，左侧面为灰面，右侧面为暗面，这就是人们常说的三大面。准确描绘三大面能够丰富物体的色调层次，使物体的立体感更强。

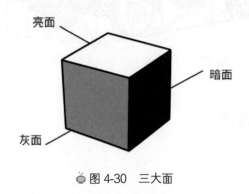

亮面

暗面

灰面

🍎 图 4-30　三大面

基本几何体是大多数产品的形态基础。只要掌握了基本几何体各个表面的明暗变化，就能举一反三，掌握各类形态的产品在明暗表现中的规律和特点。

1. 方体

方体的每个面都是平面，明暗变化比较简单。在同一个受光面上，各点的受光量相似，明度变化小，分布均匀。方体的明暗表现需要注意以下 3 点。

（1）亮面：直接受到光源的照射，是整个物体最亮的部分，明暗变化比较平缓。

（2）灰面：亮度比亮面弱，明暗变化比较明显，尤其是边缘处，光从亮面逐渐消失，形成强烈的对比效果。

（3）暗面：又被称为背光面，但由于地面会反光，因此也会被照亮，是仅次于明暗交界线的较暗的地方。

2. 圆柱体

圆柱体侧面的明暗表现需要遵循明暗变化的五大调，即亮面、灰面、明暗交界线、反光、投影。圆柱体的顶部和底部是平面，一般不会将它们假设为光线直射面，即亮面。

3. 球体

球体可以被视为由无数个平面构成的几何体，由于每个平面和光的角度不同，因此呈现出柔和、丰富的过渡效果。不同球体的形状、大小不同，光源的方向不同，明暗交界线的位置也不同。明暗交界线综合反映了球体和光源的特点。对于球体的明暗表现，最重要的是强调明暗交界线。

总结：五大调、三大面是明暗表现的基础。只要找准明暗交界线，区分阳面、阴面、阴影，就能很好地表现物体的立体感。

 ### 4.3.3　润饰效果图

遵循透视原理绘制的透视图只能表现产品的轮廓。润饰效果图能以准确的轮廓为基础，从光影、明暗、色彩、质感等方面进一步刻画和表现产品的造型形象，从而更逼真、生动地反映产品的设计构思，优化整体视觉效果。

1. 润饰的分类

1）按投影方法分类

平面图润饰：对正投影图进行润饰。

立体图润饰：对透视图或轴测图进行润饰。

2）按光线分类

有影润饰：按直射光照射的条件进行润饰。

无影润饰：按漫射光照射的条件进行润饰。

3）按色彩分类

无彩色润饰：用黑色、白色、灰色等无彩色进行润饰。

有彩色润饰：用不同的有彩色进行润饰。

2. 润饰的一般步骤

1）准确描绘立体图样的轮廓

将已经画好的立体图样拓描在图纸上。

2）确定高光和阴线的位置

在自然光照环境下，一般把平面立体的顶面定为明调，把侧面定为灰调或暗调。曲面立体的明调位于高光线的两侧（或高光点的周围），暗调位于阴线的两侧，介于明调和暗调之间的地方为灰调。反光效果应根据物体的形状、结构和承影面的不同，在暗调中确定。

3）确定落影范围

靠近光源的高大结构受到光源的照射，落影到距离光源较远的相邻结构上。落影范围随着承影面的位置、形状的不同而变化。

4）选择合适的润饰方法

在选择润饰方法时，设计师需要根据各种物体表面质地的特性，选择更能表现物体质感的润饰方法，以达到更好的表现效果。即使是同一个物体，不同的表面也有区别，有的表面经过精加工处理，有的表面经过涂饰。设计师需要进行具体的分析和判断，选择合适的润饰方法，准确呈现不同的表面。

3. 黑白润饰

黑白润饰又被称为单色润饰，是通过无彩色和灰度来增强画面明暗感、立体感的润饰方法。

以下是黑白润饰的4种主要表现方法。

1）线条表现

线条表现是指利用线条的变化和交错，表现物体的形状和立体感，使用不同深浅、粗细或弯曲、交叉的线条，表现物体表面的光影变化和纹理。线条表现的常用工具是铅笔和钢笔。

2）素描

素描是一种通过灰度来表现物体明暗关系的方法。设计师可以使用铅笔或炭笔等工具，在画面中用不同的灰度表现物体的明暗关系，通过反复描绘和涂抹来增强画面的立体感。

3）色块表现

色块表现是指通过大面积的黑白色块来表现物体的明暗关系和形状。黑色色块通常表现物体的阴影部分，白色色块通常表现物体的高亮部分。不同灰度、大小的色块可以表现不同物体的材质和光泽度。

4）叠加效果

在画面中叠加多个无彩色和不同的灰度，可以增强画面的明暗感和立体感。叠加效果可以表现阴影的复杂性和渐变感。

以上表现方法可以根据实际的需求和风格进行组合，以达到更加逼真、生动的效果。在手绘过程中，设计师要仔细观察物体的明暗关系和形状变化，并根据物体的材质和光泽度进行更细致的表现。

黑白润饰是一种基本的、比较实用的润饰方法，设计师经常用这种方法完成设计方案、造型草图和技术资料的插图。不过，黑白润饰不能表现物体的色彩，而且不适合宽幅面的润饰，有一定的局限性。在实际工作中，一般不会将黑白润饰的立体图作为最终的效果图，而是采用经过色彩润饰的色彩效果图。

4. 色彩润饰

工业产品的设计构思、意图及其反映在产品上的整体综合效果，必须通过直观、形象的效果图表现出来。色彩润饰能够比较全面地表现产品的色彩、光泽、质感、体积及其与使用环境的关系，是绘制色彩效果图的重要环节。色彩效果图是产品设计最后阶段采用的表现形式，用于讨论、研究和确定设计方案。它是产品设计中普遍采用的具有透视、色彩、质感、空间感效果的产品立体图，其图样工整、细腻、清晰、明确、立体感强，能够正确地反映产品各部分之间的尺度与比例关系、结构与组合关系、质地与肌理关系等特征，给人以形象、逼真、具体、生动的视觉效果。

工业产品的造型千姿百态，为了与之相适应，色彩效果图的表现形式和表现技法也是多种多样的。色彩效果图因表现重点的不同而不同，有的以表现外观形态为重点，有的以表现内部结构为重点，有的以表现透视形态为重点。在一般情况下，为了绘制清晰、逼真的色彩效果图，设计师可以先在稿纸上勾画产品的基本轮廓（如透视图、内部结构关系图等），然后将其拓印或复制到图纸上，最后用不同的润饰方法进行色彩或明暗的润饰。

工业产品效果图的色彩润饰方法主要有传统的纸笔绘画色彩润饰和数字绘画色彩润饰。下面简述常见的色彩润饰方法的特点。

彩色铅笔润饰：第一步是绘制轮廓，确保画面的结构和比例是正确的；第二步是涂抹底色，选用适当的颜色，在整个产品的表面涂抹底色，在这个过程中要注意颜色是否均匀和颜色的透明度，以免影响后续的润饰效果；第三步是着色润饰，根据产品表面的纹理、材质、光泽等特征，选用适当的颜色进行着色润饰，如在表现金属材质时可以使用银灰、金黄等颜色，并通过不同程度的色调变化来表现物体的明暗关系和光泽感；第四步是贴图，如果需要表现产品的表面细节（如标识），那么可以采用贴图的方法。

马克笔润饰：工业产品设计色彩润饰中比较常用的一种方法。马克笔润饰的前三步与彩色铅笔润饰类似，其中起稿部分可以使用铅笔或浅色马克笔。在着色过程中，由于马克笔可以通过墨水渐变来表现色彩的过渡效果，因此在处理细节时，设计师可以用这种方法表现色彩的渐变感和阴影。当着色基本完成，需要进行细节的补充和高光的处理时，设计师可以用白色马克笔处理物体表面的高光，增强物体的亮度和光泽感。此外，设计师还需要完成修正边缘、调整色彩和表现纹理等工作，使作品更加完整、传神。

需要注意的是，马克笔颜色丰富，在用马克笔进行色彩润饰时，设计师需要遵循美学原则，可以将两个颜色作为主色（这两个颜色最好有所区分，如将一个颜色作为产品的主色调，将另一个颜色作为背景色或说明色），将其他颜色作为辅助色（辅助色最好与主色属于同一个色系）。

用马克笔进行色彩润饰有以下两种技法。①线描法：最基本的润饰技法，设计师可以用马克笔绘制产品的线条和轮廓，以突出设计的美感和形态感。②渐变法：马克笔有较强的可溶性，可以过渡同色系的颜色，用马克笔在相邻的区域涂上不同的颜色，并用叠涂过渡的方法把它们连接起来，能够实现渐变的效果。

马克笔的颜色比较浓重，不易擦除和修正，设计师需要仔细了解不同颜色的特点和细节表现，避免出错。使用马克笔有一定的技术要求，设计师需要注意以下事项。①控制力度：

用马克笔进行色彩润饰应控制力度，过度施力不但会导致颜色过度渗透，而且容易在作品表面形成明显的笔痕和涂痕，不利于表现产品的整体效果。②保持手稳：在进行色彩润饰时要保持手稳，避免颤抖和摇晃，这有助于绘制准确、流畅的线条。③充分干燥：在完成马克笔润饰后，要保证作品充分干燥，可以将作品静置一段时间，或者用专门的喷雾剂加速干燥。在作品未干燥的情况下进行其他处理，可能导致颜色模糊、图纸受损或涂料脱落。④保持清洁：在用马克笔进行色彩润饰时，要保持工作区域和马克笔笔头的清洁，尽量避免将马克笔置于灰尘或污染物附近，以免对绘画造成不利的影响。在使用完毕后，要注意及时将马克笔盖好，以免笔头干燥、脱落或被污染。图 4-31 所示为马克笔润饰示例。

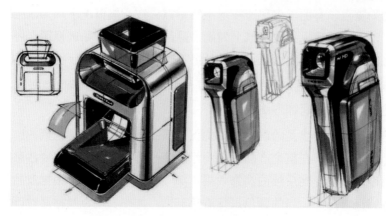

● 图 4-31　马克笔润饰示例

其他润饰方法的简介如下。

（1）钢笔淡彩润饰：在勾画产品轮廓的基础上，用清淡的水彩或彩色墨水上色。钢笔淡彩润饰的要求不太严格，只要能把产品整体的体面关系和色彩关系表现出来就行了，等颜料干燥后，用钢笔按照不同的线型进行润饰，表现产品的光影、明暗和材质。这种润饰方法的优点是绘图速度快、轮廓清晰、结构明确；其缺点是色彩没有层次变化。

（2）油画润饰：用油性矿物颜料绘制效果图。这种润饰方法比较适合绘制露天环境中的大幅效果图（如机电产品的广告和展览宣传用图），其他场合使用得比较少。油画颜料的色彩、品种繁多，色泽鲜艳，绘制出来的效果图具有逼真、生动、鲜艳的效果。

（3）水粉润饰和水彩润饰：这两种润饰方法的效果比较柔和，不会过于鲜艳、刺眼，非常适合温暖、舒适的风格。水粉润饰和水彩润饰效果的层次感强，在表现立体物体时，通过颜色的叠加、渐变、混合，可以使作品更加立体、丰富。水粉和水彩颜料具有易混合的特点，设计师可以根据需要随时调整它们的颜色和色调，适合在工业设计过程中进行快速实验和迭代。

（4）彩色粉笔润饰：这种润饰方法以彩色粉笔为主要材料，操作方便，容易达到润饰效果。彩色粉笔质地柔软、上色方便，尤其是大面积的色块，可以用手指涂抹，以达到均匀的润饰效果。彩色粉笔的优点是颜色丰富、使用方便；其缺点是色彩的附着力弱，需要喷固定液，刻画细部比较困难。

（5）喷绘润饰：借助空气压缩机和喷笔，把水溶性颜料喷在图纸上，容易达到退晕、自然、柔和的效果。

上述润饰方法各有优点和缺点。为了充分利用每一种润饰方法的优点，尽可能地使效果图达到逼真的效果，在实际工作中，设计师经常在一张效果图上同时采用多种润饰方法，这种方法被称为综合润饰法。

5. 数字绘画色彩润饰

数字绘画色彩润饰主要是指计算机二维效果图。与传统的纸笔绘画色彩润饰相比，使用计算机进行数字绘画色彩润饰有许多优点：更加高效，可以节省手动调色、绘制的时间和精力；更加精准，可以更准确地控制线条、形状、色彩，而且支持撤销等功能，从而有效避免纸笔绘画中的误差和不便；可以区分图层，表现更加丰富的材质纹理和光影效果，使效果图更加真实、立体、生动。

当然，数字绘画色彩润饰也存在一定的局限性，如对软件的依赖度很高，需要专业的计算机设备；画面缺乏手工绘画的质感和温度，很难还原手工绘画的艺术风格；长期使用计算机绘制效果图可能导致设计师的设计思维固化，缺乏原创性和个性化的表现。

4.4 模型制作表现

4.4.1 模型制作概述

模型制作是验证设计可行性的重要手段之一。在设计过程中，模型可以帮助设计师更直观地了解产品的外观、结构和功能。

实际上，模型制作贯穿于工业设计的全过程，如从制作研讨性模型到制作最终展出的模型。

在概念设计阶段，设计师可以制作简单的模型，模拟产品的外观和结构，从而了解产品的基本特点和可行性。简单的模型有利于快速探索不同的设计方案，通过实践激发设计灵感。此外，制作模型的过程也有助于设计师更加深入地理解自己的设计概念，从而确定最佳设计方案。

在后期验证阶段，设计师可以借助模型验证产品的结构和功能（尤其是结构比较复杂或对比例、线型等要求比较高的产品），详细地表现在图纸上不便表现的部分结构关系和空间关系。

最终展示阶段是工业产品设计的关键阶段。最终模型是最重要的模型，它是在设计师完成设计后最直接、最真实地展示产品的外观、结构和功能的手段，可以让消费者、用户或其他利益相关者更加直观地了解设计。在设计方案获得批准以后，严格按照设计要求生产制造的产品样机被称为样品模型。样品模型与产品的实际形态一致，能够体现产品的使用性能，以及产品的各种结构关系和功能。

4.4.2　模型的种类

制作模型的材料很多，设计师可以根据产品的性质及其对模型的具体要求，用不同的材料和方法制作模型。在一般情况下，制作模型的材料应符合容易加工、组合、打磨、着色和价格便宜等要求，这样的材料物美价廉。

1．木质模型

如图 4-32 所示的木质模型以木材为主要材料。木质模型的材料应质地柔韧、纹理清晰、易加工、不易变形，如杉木、东北红松是比较理想的材料。

优点：不易变形，重量轻，强度较高，表面涂装方便，适合制作较大的模型。

缺点：费工费时，不易加工、修改，成本较高。

● 图 4-32　木质模型

2．纸质模型

纸质模型的主要材料是硬纸板和可折叠、可粘贴的硬纸，可以采用折叠或粘贴骨架的方法。

优点：重量轻，价格低廉，容易制作平面立体模型。

缺点：怕水、怕火、怕压，容易产生弹性变形，较大的模型内部需要用骨架支撑，比较麻烦。

3．塑料模型

塑料用于制作模型的历史不长，它是一种理想的、有发展前途的制作模型的材料。

1）硬泡沫塑料模型

硬泡沫塑料有热塑性，多采用电阻丝通电加热后进行热切割来加工成型的方法，成型后需要进行一定的磨削修整，涂饰前需要对表面进行打底处理。

优点：重量轻，质地松软，吸水性强。

缺点：颗粒结构较粗，表面粗糙，不易细致刻画。

2）透明板材模型

透明板材模型以有热塑性的透明塑料板为主要材料。切割透明塑料板常采用锯削和刨削的方法，一般用溶剂黏合塑料板。对于塑料板的弯曲形状，设计师要先按所设计模型的弯曲形状制作成型母模，然后加热（80~100℃）软化成型。

优点：有精致感，重量轻，透明，能够同时表现产品的内部结构和外部结构。

缺点：成本高，加工比较困难。

3）聚氯乙烯树脂模型

聚氯乙烯树脂在 70~90℃时会软化，塑造、加工非常方便，用热水、红外线灯、烘干机等加热后即可加工，可以采用热熔黏接的方法，比较容易加工成型，是一种广泛使用的制作模型的材料。

优点：绝缘性能、耐老化性能优良，无毒，难燃，耐水、酸碱和多种溶剂。

缺点：质地较硬，必须加入增塑剂才能使其柔软，其性能与聚合物的组成、聚合度，以及制造方法、加工条件等有密切的关系。

4. 黏土模型

图 4-33 所示为黏土模型。黏土材料一般分为水性和油性：水性的黏土材料由含沙量较少、沙粒细的黏土加水揉捏而成，油性的黏土材料由黏土加动物油和蜡制成。小型的黏土模型可以全部使用黏土，不需要做骨架；中型或大型的黏土模型需要先做骨架，再用黏土，按照设计草图的要求，采用先方后圆、先整体后局部的方法进行造型设计。在涂装黏土模型之前，应用水溶性的合成树脂涂料敷涂。

图 4-33　黏土模型

优点：可塑性强，修改方便，取材容易，价格低廉，可回收和重复利用。

缺点：重，难以刻画对尺寸要求比较严格的细部，容易干裂变形，不易长期保存。

5. 油泥模型

油泥的成分如下：石蜡或凡士林（用以调节硬度，冬季、夏季气温不同，可适当增减）10%，黄油 30%，滑石粉 60%。油泥模型的制作工艺与黏土模型基本相同，既可以制作实心模型，也可以用骨架制作空心模型，或者先用硬泡沫塑料制成初型，再贴附油泥进行细致的刻画。油泥模型如图 4-34 所示。

图 4-34　油泥模型

优点：可塑性强，修刮、填补方便，不易干裂变形，可回收，价格较低。

缺点：重，容易碰撞变形。

6. 石膏模型

如图 4-35 所示的石膏模型由石膏粉和适量的水混合后翻制而成。翻制石膏需要翻制阴模，脱模剂一般用浓肥皂水。

图 4-35　石膏模型

优点：打磨、刻画方便，少量修补也比较方便，不易变形、走样，有一定的强度，表面涂装方便，比较经济，便于长期保存。

缺点：重，容易破碎，翻制程序复杂，费时，不易制作大件产品的模型。

7. 玻璃钢模型

玻璃钢模型是以环氧树脂和玻璃纤维丝为材料，以石膏阴模为样模，逐层涂刷环氧树脂和填充玻璃纤维丝，干燥后脱膜取出的薄壳状模型。玻璃钢模型的表面涂装可以采用一般的喷涂工艺。

优点：重量轻，不易变形、损坏，强度高，便于携带、保存，表面涂装方便。

缺点：不易修改，制作起来比较麻烦，一般仅用于制作基本定型的产品模型。

8. 金属模型

金属材料具有较高的强度，模型中需要操作、运动的构件通常由金属材料制成。

优点：强度高，可涂装性强。

缺点：加工成型比较困难，有些金属材料容易生锈，而且很笨重。

9. 3D打印模型

图4-36所示为3D打印机。3D打印是一项起源于20世纪80年代的模型制作技术，其特点有：可定制性强，能够根据具体需求个性化定制模型；材料利用率高；制作复杂模型的能力强。

优点：精确度高，现代的3D打印技术可以精确到毫米级别；可重复性强，在源文件不变的前提下可以打印一致的模型；环保节能，材料利用率高，在减少材料浪费和能源消耗方面具有独特的优势。

缺点：3D打印技术对材料有一定的限制，目前只能用特定材料打印，在一些特殊领域内的应用受到限制；成本较高，虽然材料利用率高，但是打印设备的成本较高，个人和小型企业需要承担较高的成本。

● 图4-36　3D打印机

课后习题

一、判断题

（1）表现产品人机使用特征的产品设计效果图有助于表现产品与人体的协调关系。

（　　）

（2）水彩是一种适合绘制工程图和正投影图的绘图工具。（　　）

（3）马克笔常用于绘制轴测图，强调产品的三维立体效果。（　　）

（4）一点透视图常用于表现深度感。（　　）

（5）城市街道等线性结构适合绘制一点透视图。（　　）

（6）绘制二点透视图需要保持水平线水平、垂直线竖直，以确保透视效果的准确性。（　　）

（7）三点透视是指投影线汇聚于 3 个点，常用于需要表现高度差异的场景。（　　）

（8）黑白润饰又被称为单色润饰。（　　）

（9）在产品设计初期制作模型的作用之一是减少生产产品的原材料浪费。（　　）

（10）因为可塑性强，油泥模型常用于探索产品形态。（　　）

二、单选题

（1）在工业设计中，（　　）常用于表现产品的外观和细节，具有逼真的视觉效果。

A．正投影图　　　　B．轴测图　　　　C．透视图　　　　D．平面图

（2）马克笔具有（　　）的特点。

A．容易擦除　　　　B．可溶性强　　　　C．持久性强　　　　D．不易挥发

（3）一点透视是指在绘制透视图时，所有投影线都汇聚于 1 个点，这个点被称为（　　）。

A．灭点　　　　　　B．焦点　　　　　　C．原点　　　　　　D．中点

（4）在一点透视图中，灭点通常位于透视图的中心，以确保（　　）。

A．对称性　　　　　B．色彩均衡　　　　C．透视效果　　　　D．主体突出

（5）在一点透视图中，靠近灭点的物体大小在画面上表现为（　　）。

A．变小　　　　　　B．变大　　　　　　C．不变　　　　　　D．不确定

（6）二点透视是指在绘制透视图时，投影线汇聚于（　　）。

A．1 个点　　　　　B．2 个点　　　　　C．3 个点　　　　　D．不确定的点

（7）（　　）适合绘制三点透视图。

A．笔直、平坦的城市街道　　　　　　　　B．高楼大厦

C．室内静物   D．人像画

（8）在设计表现中，色彩润饰的目的是（   ）。

A．强调线条和轮廓   B．增加色彩和纹理

C．提高对比度   D．修改物体的形态

（9）以下关于油泥模型的说法不正确的是（   ）。

A．可用于快速制作原型

B．可塑性强，可以刻画细节

C．碰撞时不易变形

D．可回收

（10）3D打印技术是一种通过逐层堆叠材料来制作模型的技术，比较常用的3D打印材料是（   ）。

A．金属   B．塑料   C．玻璃   D．木材

三、简答题

（1）简述一点透视图、二点透视图、三点透视图的特点，以及它们分别适合绘制什么场景。

（2）简述制作模型的作用。

（3）简述模型的种类，以及不同种类的模型的特点。

第五章

工业设计的程序和评价

5.1 工业设计的程序

如图 5-1 所示，工业设计中需要考虑的因素主要包括计划程序、创意构思、美学知识、工学知识、人因互动、经济市场、文化社会和生态资源。

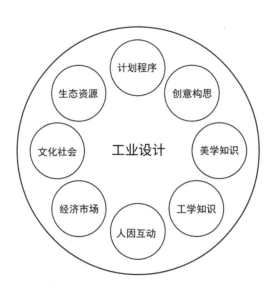

◉ 图 5-1 工业设计中需要考虑的因素

工业设计是一种创造性的行为，其目的是确定工业产品的真正品质。"真正品质"并非仅指外部特征，更重要的是结构和功能的关系，使工业产品无论是从生产者还是消费者的角度来看，都能达到令人满意的效果。工业设计是将生产者与消费者的需求具体化，对最终产品的结构和功能，以及对人类生存的一切环境进行全盘、恰当设计的创造性活动。工业设计需要在大批量生产的前提下对产品加以分析，并进行创造和发展，其目的是在投产前为产品确定能被广大消费者接受的最佳形式，并在合理的价格和利润区间内进行生产。不同于艺术品的追求，工业设计的追求是符合公众审美，其标准受经济法则、自然法则和人的因素、机器的因素、环境因素的制约，追求设计精神功能和物质功能并存的具有实用美的产品。此外，工业设计也不同于单纯的工程技术设计，前者包含审美因素，产品的美学特征是在大批量生产前决定的。工程技术设计是将新技术成果引进产品开发，从结构、工艺、材料入手进行的技术设计活动，从科学技术的角度处理零件与零件、零件与部件、部件与部件的内在机械连接关系，达到产品的使用功能要求。工业设计处理人与产品、人与社会、人与环境的关系，探求适应人的产品形式，集中表现人对新生活方式的需求，主要反映为产品的外观、质量和视觉上的艺术感受。

美国学者埃德加·考夫曼·琼尼在论述现代设计的著作中归纳了现代设计的 12 种特征：

（1）现代设计应满足现代生活具体而切实的需要。

（2）现代设计应体现现代精神。

（3）现代设计应不断吸取艺术的精华和科学的进步成果。

（4）现代设计应灵活运用新材料、新技术，并使其得到发展。

（5）现代设计应通过运用适当的材料和技术手段，不断丰富产品的造型、肌理、色彩等效果。

（6）现代设计表现的对象应清晰、机能应明确。

（7）现代设计应如实表现出材质美。

（8）现代设计在制造方法上不得用手工艺技术代替大批量生产，在技术上不能以假乱真。

（9）现代设计应在实用性、材料、工艺的表现上融为一体，并在视觉上令人得到满足。

（10）现代设计应单纯、简洁，其构成在外观上应明确，避免过多修饰。

（11）现代设计应符合机械设备的功能要求。

（12）现代设计应尽可能为大众服务，避免华丽，需求有所节制，价格合理。

工业设计的任务是根据市场需求，充分利用现有的物质条件、技术条件和科技成果，从人的需求出发，将多种要素统一起来，确定产品形态。

工业设计的过程如下：在新产品开发规划阶段，设计师要根据市场需求和消费者的心理，分析原有产品过去的情况和现在的情况，并预测其将来的情况，对原有产品的功能、结构、工艺、材料、成本、使用环境等进行周密的市场调查、分析、比较、设想，提出开发新产品的依据和初步的设计规划；在方案构想、效果图绘制和模型制作阶段，设计师要最大限度地进行广泛、自由的构想和创造（设计思维是一种超前想象思维），按照"创造—表现—评价"的设计步骤，不断进行展开、评价、整合，让其他人通过效果图、与实体相仿的模型来理解新产品的形态和设计意图，把握开发新产品的方向；在新产品的设计方案正式审定合格并决定试制和投产的阶段，设计师要与工程技术人员、销售人员等密切配合、协商，从产品的技术设计到工艺方法，从外形到色彩，从投产到包装，都要按照审定的设计方案来实现；在新产品投产、销售阶段，设计师要调查新产品的销售情况和消费者的信息反馈，找出需要改进的地方，进一步完善设计构思，并为开发其他新产品做准备。

总之，设计师必须看到竞争对手看不到的细节，理解消费者无法用语言表达出来的期望，重视设计中重要而难以量化的东西，最重要的是在消费者的期望、企业获得的利润和技术的限制性、可行性这三者发生矛盾的地方找到平衡点，制定合理的解决方案。设计师有责任为企业提供有价值的设计，更有责任让整个社会因自己的设计而受益。

在企业的新产品开发过程中，以兼顾生产者和消费者对产品的外观、造型、色彩、结构、功能、安全性等方面的要求为前提，设计师要始终站在生产者和消费者之间，用适宜的形态将产品的实用性与美观性结合起来，将产品的社会价值与经济价值结合起来，将产品的民族传统与时代的流行风格结合起来，将产品的外形美感与使用舒适感结合起来，从而表现出丰富的创造力和想象力。

 ## 5.1.2　工业设计的流程

虽然产品的种类繁多，复杂程度相差较大，不同的设计问题对应不同的解决方法，但是工业设计的流程往往具有时间顺序的一般模式。按照一般的时间顺序，大致可以将工业设计的流程分为 3 个阶段，分别为设计准备阶段、方案设计阶段、确定设计方案和调试样机阶段。

1. 设计准备阶段

好产品不是凭空想象出来的，而是根据实际需要决定的。在设计新产品或改造旧产品的初期，为了保证设计质量，设计师应进行广泛、充分的调查，调查的主要内容如下：全面了解设计对象的功能、用途、规格、设计依据和有关的技术参数、创造经济价值的目标等，并大量收集有关资料；深入了解现有产品或可借鉴产品的造型、色彩、材质，相关产品采用新工艺、新材料的情况，不同地区的消费者对产品款式的好恶，以及市场需求、销售情况和消费者反映的情况；等等。

在对所设计的产品进行调查之后，设计师需要运用自己的经验、知识和智慧，思索可能达到的期望结果，产出合理的设计方案。此外，设计师还要充分利用调查资料和各种信息，创造性地采用各种方法，绘制构思草图或效果图，产出多个设计方案。这既是一个运用形象思维的具体过程，也是一个运用抽象思维在图纸上形成三维空间的具象化表达过程。

2. 方案设计阶段

工业设计虽然有一定的原则，但是没有固定的格式。要想产出合理的设计方案，设计师应该从设计思想和设计方法着手。

在设计思想方面，设计师必须以"为消费者服务"为基点，遵循"实用、经济、美观"的设计原则，从实际情况出发，考虑影响设计的具体因素，采用创造性的思维方法，对产品造型进行设计。

在设计方法方面，设计师需要采用创造性的思维方法，对多个设计方案进行合理的探讨、比较、分析、淘汰、归纳，具体可以归纳为以下8点：

（1）总体布局设计：在构思草图或效果图的基础上，根据技术参数，结合产品结构和工艺，确定有关的尺寸数据和结构布置，进而确定产品的基本形状和总体尺寸。

（2）人机系统设计：根据人机工程学的要求，在总体布局设计的基础上，权衡产品各部分的形状、大小、位置、色彩，主要包括产品的控制系统、信息显示系统、作业空间、作业环境、安全性和舒适性等。此外，设计师还应考虑3个方面的协调关系，分别为人与物的协调关系、物与物的协调关系、物与环境的协调关系。

（3）比例设计：为了使产品的整体造型在比例关系上达到令人满意的视觉效果，设计师应根据产品的功能、结构和形状，确保产品既符合技术参数的要求，又符合形式美的法则。设计师不但要考虑整体与局部的比例关系，而且要考虑局部与局部的比例关系。

（4）线型设计：根据产品的性能，确定产品的线型是以直线为主还是以曲线为主。无论采用哪一种线型，都应该有主有次，确保整个产品的线型风格协调一致。

（5）色彩设计：对主色调的选择既要考虑产品的功能、工作环境和人的生理需求、心理需求，也要考虑不同国家或地区对色彩的好恶和禁忌，以及表面装饰工艺的可行性、经济性，还要注意流行色的发展趋势。

（6）装饰设计：包括对商标、铭牌、面板、装饰带等非功能件的设计，具有美化产品造型、平衡视觉效果、增强产品的艺术感染力的作用。

（7）绘制效果图和制作模型。

（8）编写设计说明书：从设计准备阶段到调试样机阶段（尤其是方案设计阶段）的每一个环节都应该有详细的记载和充分的依据。此外，设计说明书还有利于申报投产、申请专利、保存资料等。

3. 确定设计方案和调试样机阶段

工业设计的最后阶段是确定设计方案和调试样机阶段，这个阶段是工业设计能否取得成功的关键。确定设计方案需要在有关专家和设计师共同参加的方案讨论会上进行。设计师应全面、详细地向与会者介绍产品的设计说明书、构思草图或效果图、模型制作方案和主导设计思想，尤其是它们的独特、创新之处。在讨论过程中，设计师应该认真听取各方面的评价和见解，采纳正确的意见，根据总结的要点对设计方案进行修改和完善。

在确定设计方案后，设计师需要绘制全面、详细的图样，根据总的技术要求，分别绘制部件图、零件图和总装图，表面材料、加工工艺、面饰工艺、质感的表现、色调的处理等内容应该附有清晰、明确的说明。在绘制完各类设计图后，设计师需要调试样机。在调试样机时，常常发生样机与产品模型有差别的情况，具体分为两种情况：一是产品模型对曲线、圆弧的过渡线和各种棱线的处理要求较高，现有的工艺水平难以达到要求；二是样机使用的材料无法达到符合设计要求的艺术效果。设计师可以与调试人员共同商量这些问题，在确保整体造型完整的情况下，对产品进行适当的修改，使其符合工艺要求和生产条件。

在设计方案通过评估和验证后，设计概念达到比较完善的程度，可以进入生产制造的准备阶段。在这个阶段，设计师要进行模具制作、设备安装和管理、生产计划制订、质量标准确定、标签和包装物印制等工作。在量产产品之前，设计师需要对产品进行包装设计和广告宣传，在条件允许的情况下，可以对产品的用户界面、包装、使用说明书和广告推广等因素进行统一的设计，使包装、产品与宣传方针统一，用新颖、独特的表现手法把产品的功能、优点和魅力更加全面地展示出来，从而打造良好的品牌形象。产品进入市场后需要接受消费者和市场的检验，实现进一步的完善。设计师要协助销售人员开展市场调查，对消费者反馈的信息进行整理、统计和分析，以便对产品进行调整和迭代，或者为开发下一代产品做好充分的准备。

5.2　工业设计的评价

现代工业产品设计质量是能够满足实际需要的产品性能的总和，由影响质量的各方面因素的综合指标决定，通过"实用、经济、美观"的设计原则把控产品的综合质量。要想使产品达到"实用、经济、美观"的要求，必须确定具体的质量评价体系、评价因素和评价方法，以满足现代工业产品设计、生产、销售的需要。

5.2.1　工业设计的评价原则

工业设计是适应人性需要、调和环境、满足人的需求、发挥产品的机能与价值的创造性行为。成功的工业设计应该是融合科学与艺术的精髓，符合现代企业经营观念的创造性产物。从工业设计方法学的角度来看，简洁的产品造型、符合人机工程学的产品结构、完善的产品功能等因素是工业设计取得成功的必备条件。

将"实用、经济、美观"的设计原则应用于对具体产品的评价，可以形成"创造性、科学性、社会性"的工业设计评价原则。

创造性：工业产品必须具有独特的设计特征，无论是在产品的功能、结构、造型、色彩方面，还是在产品的制造方面，都应该有新的突破，这样才能体现其价值。因此，工业设计要有创造性。

科学性：合理的产品结构、完善的产品功能、优良的产品造型、先进的制造技术等是基于对科学技术的应用。因此，工业设计要有科学性。

社会性：产品的社会性一般包括产品对民族文化的弘扬、对社会道德水准的提高、对时代潮流的刺激，以及产品创造的经济效益等方面。因此，工业设计要有社会性。

基于工业设计的评价原则，我们可以得到如图 5-2 所示的工业设计评价体系。

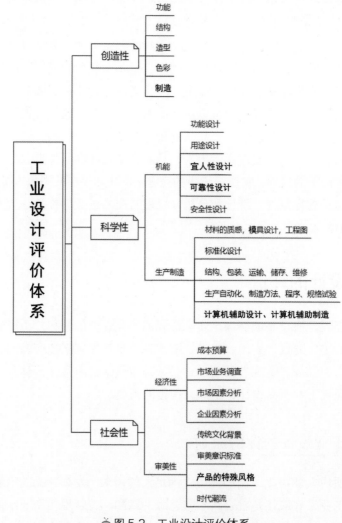

图 5-2　工业设计评价体系

5.2.2 工业设计的评价因素

从消费者的角度来看，工业设计的评价标准是产品能否满足实际需要。具体地说，工业设计的评价因素应该包括产品的工学机能、美学机能、生理机能、心理机能、经济机能。

1. 工学机能

1）零部件的组合

除非产品在功能上和结构上有较大的变化，否则产品的形态差异主要表现在零部件组合的变化上。零部件的组合是产品形态差异的关键，尤其是由于新材料、新加工技术的应用和由于社会流行风格的进步而改变形态的产品，其形态的改变大多为零部件组合的变化。也就是说，零部件的组合在很大程度上决定了产品的外观。

2）完善的产品功能

要想让产品发挥预期的作用，必须保证产品在功能上没有任何差错，一旦出现问题（如机床发出较大的噪声、洗衣机洗不干净衣物等），必须从工学机能的角度寻找解决问题的方法、新的参考依据、新的组合原理，以实现完善的产品功能。

2. 美学机能

1）符合美学规律

现代产品造型设计越来越复杂，造型的内涵也越来越丰富。虽然产品造型设计大多涉及艺术方面，对美的评价也不属于一般的美学范畴，但是产品的审美因素必须符合美学规律。

2）塑造产品风格

不同的产品风格对产品造型评价的影响很大，影响产品风格的因素如下。

（1）技术因素：如新技术、新材料、新工艺等。

（2）环境因素：产品所在的环境对人的视觉的影响。

（3）社会因素：如稳定的和平时期、市场经济时期等。

在形成和贯彻设计思想时，设计师必须塑造产品风格。对产品风格的评价应侧重秩序性和协调性。产品风格的秩序性主要是指产品的使用方式理想，各种要素的组织有秩序。这种设计思想可以使产品达到简洁、亲切、易于使用的要求。产品风格的协调性主要是指根据产品的材质特性和加工特性，合理地处理产品的点、线、面、色彩等元素。另外，环境的协调性也能使产品与消费者的心理、消费者所处的环境产生有机联系，从而融为一体。

3. 生理机能

从产品评价的角度来看，无论是使用产品时的操作，还是使用产品后的操作（包括准备工作和维护、清理工作），都要符合人体操作的正确习惯。这是工业设计评价对产品的生理机能的要求。

4. 心理机能

影响产品的心理机能的评价因素包括文化背景、时代性、法规、诚实性。

（1）文化背景：在文化发展史上，传统的文化背景一般包括道德、习俗、生活习惯和人的思想，评价产品需要考虑这些因素。

（2）时代性：时代性包括大众的生活水平、教育水平、心理趋势等。其中，生活水平关系到整个社会的经济状况，教育水平受生活水平的直接影响。时代性往往通过流行风格来体现。

（3）法规：现代产品造型设计除了要充分考虑经济效益，还要考虑社会效益，不可忽视产品应有的安全性和使用价值。因此，法规也应该被纳入评价标准之列。

（4）诚实性：耐用度是产品设计的要求之一，产品的工学机能、品质、价值应该与设计要求相一致，不得有任何虚假和伪造。设计的诚实性是十分重要的。

5. 经济机能

制造技术的改进、大批量生产成本的降低和市场竞争的结果，使产品的经济机能成为工业设计评价的必要条件之一。

5.2.3 工业设计的评价方法

从上述对工业设计评价因素的分析中可以看出，工业设计的评价方法主要有两种：一是主观判断——非计量性评价法；二是数学计算——计量性评价法。

1. 主观判断——非计量性评价法

工业设计评价因素中的美学机能、生理机能、心理机能属于主观判断，可采用非计量性评价法。

1）SD 评价法

国外设计界比较流行的评价方法是 SD（Semantic Differential，语义区分）评价法。这种评价方法是指在一定的评价尺度内对产品特定项目的重要性进行主观判断。采用 SD 评价法，首先要在概念上或意念上进行选择，明确评价方向，一般用评价者可判断的方式表达概念或意念，既可以用语言文字说明，也可以用图片表达；其次要选择适当的评价尺度；最后要选择一系列对比较为强烈的形容词供评价者参考。

SD 评价法的具体操作如下：设计一些表明态度的问题，将这些问题整理成意见调查表，将所有问题的回答分为"很同意""比较同意""同意""不表态""不同意""比较不同意""很不同意"。计分方法为越趋向正面态度的回答，其分值越高，反之则分值越低。

在分析时，将累积分值作为计算标准。产品评价量表如图 5-3 所示。

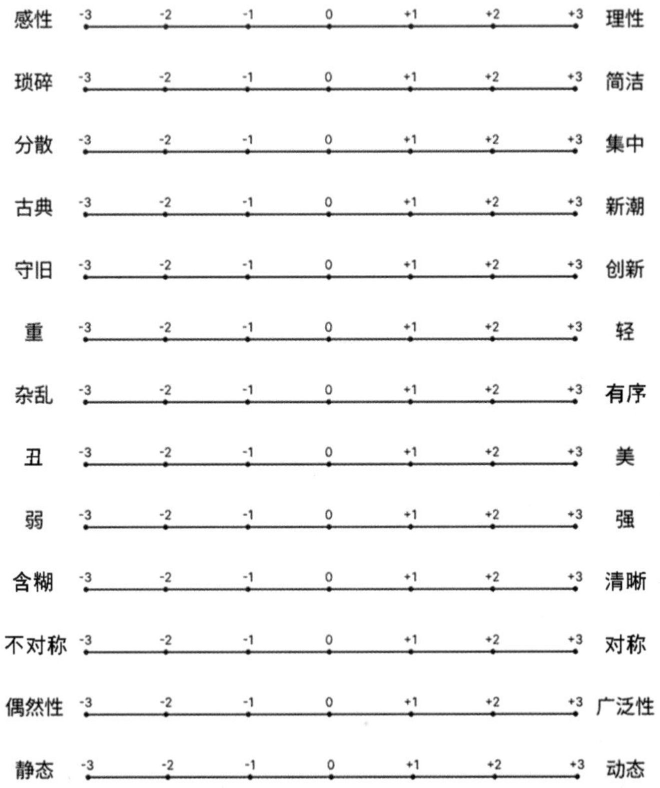

感性	-3	-2	-1	0	+1	+2	+3	理性
琐碎	-3	-2	-1	0	+1	+2	+3	简洁
分散	-3	-2	-1	0	+1	+2	+3	集中
古典	-3	-2	-1	0	+1	+2	+3	新潮
守旧	-3	-2	-1	0	+1	+2	+3	创新
重	-3	-2	-1	0	+1	+2	+3	轻
杂乱	-3	-2	-1	0	+1	+2	+3	有序
丑	-3	-2	-1	0	+1	+2	+3	美
弱	-3	-2	-1	0	+1	+2	+3	强
含糊	-3	-2	-1	0	+1	+2	+3	清晰
不对称	-3	-2	-1	0	+1	+2	+3	对称
偶然性	-3	-2	-1	0	+1	+2	+3	广泛性
静态	-3	-2	-1	0	+1	+2	+3	动态

图 5-3　产品评价量表

从图 5-3 中可以看出，通过语义上的差别评价产品，可以使设计方案接近原产品计划的经济价值目标和市场预期。这是 SD 评价法在非计量性评价中的作用。

2）分析、类比评价法

分析、类比评价法适用于涉及面广、生产量大的工业产品，具体操作为对待评价的产品与同类产品的标准样品进行分析、类比，按照 5 分制对待评价的产品逐项评分，根据总分的平均值来确定关于产品的美学机能和生理机能中有关人机工程学的问题。标准样品 5 级划分表如表 5-1 所示。

表 5-1　标准样品 5 级划分表

等级	评价内容
5	得到国际承认、具有国际设计最高水平的最新产品
4	在国际市场上具有竞争能力的产品
3	符合美学要求、人机工程学要求的产品
2	外形不协调、操作不太方便、使用性能低下的产品
1	外形丑陋、操作不便、性能低下、工艺粗糙的产品

在评价产品时，评价者要研究产品的有关资料，考虑产品在技术、性能方面的质量。对于性能低下、模仿高水平产品的外形、操作不便的产品，由于它们的形式和功能不统一，因此评分要降低 1~2 分。为了对产品进行全面、仔细的了解，评价者可以采用提问法，对设计师、生产者、消费者进行提问，以掌握关于产品的各种资料。

学者针对产品的美学方面和人机工程学方面提出了若干问题，如表 5-2 所示。表 5-2 中的问题虽然不够全面，但是在评价产品（特别是成品）时非常有参考价值。

表 5-2　产品的美学方面和人机工程学方面的问题

范围	问题
美学方面	产品的外形是否给人留下了完整的印象
	产品的外形是否表达了产品的功能和结构特征
	是否强调了产品的工作区（功能区和操作区）的造型
	产品表面的装饰件是否显得杂乱？装饰件之间是否有形式上的联系
	产品的外形结构是否给人以不平衡和不稳定的感觉
	产品的比例是否协调
	产品的结构和采用的材料、加工工艺是否相适应
	产品的尺度与人体测量数据是否相适应
	产品的外形是否零散？是否破坏了产品的整体性
	产品的色彩是否与使用环境、使用条件相适应
人机工程学方面	产品采用的结构能否保证不出意外
	在工作过程中，产品表面是否有可能引起事故的尖锐棱角和凸起
	产品的旋转部分是否设有保护罩之类的防护装置
	产品的工作区内是否设有透明挡板、屏蔽或护板
	产品是否不停止运行就不能修理
	产品的启动装置是否保证不会出现偶然性（非正常）启动
	产品是否有醒目的、操作人员可触及的总开关
	信号装置能否及时预报产品的基本工作参数出现忽高忽低的不正常现象
	产品的不安全部位的颜色、标志是否正确
	产品能否及时排出铁屑等废料
	操作人员放脚的地方是否够宽？操作人员是否感到不自如
	产品的功能区是否设在操作人员可触及的范围内？能否满足操作人员的观察需要
	操作人员的运动量能否最大限度地减少
	操作人员能否在视野范围内完成操作动作
	结束上一个动作的位置是否有利于开始下一个动作

范围	问题
人机工程学方面	所有操纵机构是否配置在有利于操作人员操作的范围内
	在使用操纵机构时，操作人员是否会碰手
	每个操纵机构使用起来是否方便
	操纵机构的所有工作位置是否设有标记
	操纵机构和指示装置是否设在有效的可见范围内

2. 数学计算——计量性评价法

工业设计评价因素中的工学机能、生理机能、经济机能需要进行数学计算才能做出评价，可采用计量性评价法。

1）$\alpha \cdot \beta$ 评价法

$\alpha \cdot \beta$ 评价法是指对待评价的设计方案进行评价分析，对各设计目标进行价值判断，从而获得一些重要的数值，将这些数值的和作为评判最佳设计方案的依据。在该评价方法中，α 值为各设计目标的相对重要性，β 值为设计方案对各设计目标的满足度，α 值和 β 值的乘积为设计方案对设计目标的整体满足度。$\alpha \cdot \beta$ 评价法的程序如下：首先，确定评价问题的性质和设计目标；其次，选择具有可替代性的设计方案，确定 β 值的评价尺度，并设计合适的 $\alpha \cdot \beta$ 评价表；再次，评价所有设计方案和设计目标的 α 值，并比较设计目标的重要性；最后，统计设计方案的 $\alpha \cdot \beta$ 值，选择对设计目标的整体满足度最高的设计方案。

$\alpha \cdot \beta$ 评价法的具体操作如下。

α 值的标定：α 值是设计师或评价者对每个设计目标进行主观判断所得到的权重系数值。例如，设计目标有 3 个，分别为 O_1、O_2、O_3。若 O_1 的相对重要性是 O_2 的一半、O_3 的 1/3，则评价者可以将设计目标 O_1、O_2、O_3 分别对应评价值 1、2、3。

β 值的标定：β 值是设计方案对各设计目标的满足度，可以事先给定。β 值的评价尺度一般取 1~9、0~4 的值。若将 1~9 作为 β 值的区间，则 9 为满足度最高，8、7、6 为满足度尚可，5 为满足度适中，4、3、2 为满足度不理想，1 为满足度很低。

进行 $\alpha \cdot \beta$ 评价：如表 5-3 所示，G=$\alpha \cdot \beta$ 值之和 /α 值之和（结果位于 1~9 的 β 值区间）。

表 5-3　$\alpha \cdot \beta$ 评价表

A 各设计目标的 α 值	B 设计方案 X 对各设计目标的 β 值	C $\alpha \cdot \beta$ 值	D 设计目标
α_1	$\beta(X_1)$	$\alpha_1 \cdot \beta(X_1)$	O_1
α_2	$\beta(X_2)$	$\alpha_2 \cdot \beta(X_2)$	O_2
α_3	$\beta(X_3)$	$\alpha_3 \cdot \beta(X_3)$	O_3
E：α 值之和		F：$\alpha \cdot \beta$ 值之和	G=F/E

2）列项计分评价法

采用非计量性评价法中的分析、类比评价法，只要有同类产品作为标准样品，评价产品就不会太困难。对于新开发的产品，在没有同类产品作为标准样品的情况下，评价者可以采用列项计分评价法。

列项计分评价法的具体操作如下：组织一个不少于 5 人的专家评价小组，对产品的商标、功能、结构、技术、工艺、可靠性、经济性、宜人性、使用环境、使用寿命、售后服务、标准化程度、技术文件的完整性、使用过程中和报废后的处理，以及产品对环境的影响等进行全面的了解。设计师和生产者随时准备接受询问，并出示有关资料备查。专家评价小组在民主的氛围中对产品列出若干项目 A、B、C、D···，同时划分各个项目的分值（各个项目的分值之和为 100 分，即 A+B+C+D+···=100 分）。

此外，专家评价小组还要列出各个项目的分项目 A_1、A_2、A_3···，B_1、B_2、B_3···，并划分各个分项目的分值（$A_1+A_2+A_3+···=A$，$B_1+B_2+B_3+···=B$），把项目内容和评分标准制作成产品评价项目和分值表，每一个成员都要使用统一的表格，认真地进行评分。小组评分的平均值就是产品的评价值，其计算公式如下：

$$M=P/n$$

在上式中，M 为产品的评价值，P 为专家评价小组的每一个成员得出的产品总评价值，n 为专家评价小组的成员人数。在计算出产品的评价值后，按照优、良、中、次、差 5 个等级评价产品：评价值在 90 分以上为优，评价值在 80~89 分为良，评价值在 70~79 分为中，评价值在 60~69 分为次，评价值在 60 分以下为差。

这种评价方法直接、简单、易行、适用范围广，一次性得出的结论一般不做修改。只有当小组成员对某些项目的意见分歧较大时，才对这些项目进行进一步的讨论，并重新评价。在重新评价后，无论结果如何，都不再修改。产品评价项目和分值表如表 5-4 所示。

表 5-4 产品评价项目和分值表

单位：分

项目代号	项目名称	分项目代号和内容		分项目计分	项目总分
A	整体效果	A_1	形式与功能应统一，结构、原理应合理	6	15
		A_2	主机、辅机和附件的造型风格应一致	4	
		A_3	整体与局部、局部与局部的布局应合理，空间体量应紧凑、协调	3	
		A_4	……	2	

项目代号	项目名称	分项目代号和内容		分项目计分	项目总分
B	人机关系	B_1	主要操作装置应与人体测量数据相适应,并位于人的最佳工作区域内	4	20
		B_2	主要显示装置应清晰、易读,并位于人的最佳视觉范围内	4	
		B_3	操作装置应方便使用,符合人体生物力学特点	3	
		B_4	在工作区域内应无可能划伤人的尖锐棱角	3	
		B_5	照明光线应柔和,亮度应适宜	2	
		B_6	在危险区内应有保护装置、警示标志	3	
		B_7	……	1	
C	形态	C_1	线型风格应独特、新颖,外形应简洁、流畅、和谐,整体应统一、具有秩序感	8	20
		C_2	整机和各部分的比例应协调	4	
		C_3	外形应充分表现功能特征、符合科学原理	3	
		C_4	整机应规整统一、面棱分界清晰、层次分明,各部分应衔接紧密、过渡自然、工艺精湛	3	
		C_5	……	2	
D	色彩	D_1	色彩应表明产品的功能,配色应合理	4	15
		D_2	色彩应与产品的使用环境相协调	3	
		D_3	色彩应与人的心理、生理相适应,商标、显示面板、危险警示标志等位置的色彩应可清晰识别	3	
		D_4	应保证着色质量	3	
		D_5	……	2	
E	装饰	E_1	应突出造型设计重点,形成审美中心	2	10
		E_2	商标设计应具有艺术性,可以表明应有的意义	2	
		E_3	所有标志、符号应具有艺术性,可以表明应有的意义	2	
		E_4	色块和其他装饰应协调、合理,无没有实际意义的装饰件	2	
		E_5	工艺应精湛、细致	1	
		E_6	……	1	
F	附件和技术文件	F_1	选用的标准件、外购件、协作件应与主机风格统一,材料质地应协调,装配配合关系应精确	3	10
		F_2	随机附件应齐全、设计合理	2	

项目代号	项目名称	分项目代号和内容		分项目计分	项目总分
F	附件和技术文件	F_3	技术文件应齐全，产品的安装说明书、使用说明书、维修说明书等应易读	2	10
		F_4	产品包装应合理、具有艺术性	2	
		F_5	……	1	
G	其他	G_1	产品应有良好的售后服务	3	10
		G_2	产品应有明显的经济效益和社会价值	2	
		G_3	在使用产品的过程中应对环境污染有预防措施	2	
		G_4	产品报废后应能进行处理	2	
		G_5	……	1	

 ## 5.2.4 工业设计竞赛评价

1. IF 设计奖

IF 设计奖根据联合国的可持续发展目标对参赛作品进行分类，其评奖范围如图 5-4 所示。

◎图 5-4 IF 设计奖的评奖范围

IF 设计奖的评奖维度包括问题解决、道德标准、团结互助、经济考量、有益经验,如图5-5所示。

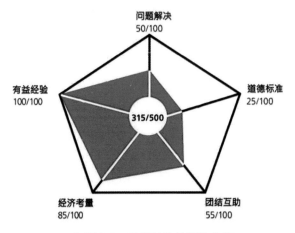

● 图 5-5　IF 设计奖的评奖维度

"问题解决"指的是作品能否解决相关问题,具体从创新程度、精致程度、独特性、使用价值、可用性 5 个方面做出评价。

"道德标准"指的是作品能否反映或提高道德标准,具体考虑人性尊严、尊重个人与公平性、环境标准、社会价值 4 个要素。

"团结互助"指的是作品能否强化群体关系,即作品是否具有对文化传统与群体关系的敏锐度,是否关注共同目标、群体和以对话的方式解决社会冲突。

"经济考量"指的是作品能否创造经济效益,具体从是否有效使用资源、可行性和实施难易度、长期展望和获利性 3 个方面进行考虑。

"有益经验"指的是作品能否创造正向经验,评判作品是否尊重个人,并具有正向的经验与乐趣、美学潜质、空间氛围、社会责任感、舒适感和愉悦感。

2. 红点设计奖

红点设计奖以创新度、美感质量、实现可能性、功能性、情感成分、生产效率、影响力等为评选标准。

创新度:产品设计概念是否属于创新?是否属于现存产品的新的、更让人期待的延伸补充?

美感质量:产品设计概念的外形是否悦目?

实现可能性:现代科技能否实现产品设计概念?如果现代科技达不到实现产品设计概念的水平,那么未来1~3年内是否有可能实现?

功能性:产品设计概念能否满足操作、使用、安全、维护方面的所有需求?

情感成分:除了实际用途,产品设计概念能否提供感官品质、情感依托或其他有趣的用法？

生产效率：能否以合理的成本生产产品？

影响力：概念、产品或服务能否带来大量的或重要的好处？

3. IDEA

每年，IDEA（International Design Excellence Awards，国际设计卓越奖）的评审团都会从以下维度对参赛作品进行评审。

设计创新：产品或服务是否创新？解决了什么关键问题？解决方案有多优秀？是否推进了所在产品或服务类别的发展？

给用户带来的好处：设计如何改善用户的生活？用户能利用设计完成以前不可能完成的事情吗？

给品牌带来的好处：设计对业务的影响是什么？如何证明设计是市场差异化的关键因素？

给社会带来的好处：解决方案是否考虑了社会因素和文化因素？产品是用可持续的方法或材料来设计、制造的吗？

适当的美学：设计的形式是否与其用途、功能紧密相关？设计使用的颜色、材料、饰面是否适合其用途？

5.3 机箱的工业设计程序分析

本节以机箱为例，介绍工业设计的大致程序。机箱是现代仪器仪表、工业自动化设备、家用电器、机床、电子器件、食品机械、农副产品加工机械的常见外装件。

5.3.1 机箱的工业设计要求

机箱的工业设计可以从以下 3 个方面进行：一是向甲方详细了解设计要求，如结构、功能、形状、色彩、材料、舒适性、安全性等；二是了解国内外的机箱款式、生产情况和发展动向；三是了解并分析同类产品在国内外市场上的需求情况。

5.3.2 机箱的工业设计流程

1. 设计准备阶段

根据国内外关于机箱的资料，机箱的形态主要分为凹形和凸形。现代机箱的外形向着简洁、明快的方向发展，结构更加合理、紧凑；其材料向着型材框架、板材贴面的方向发展。

凸形机箱是现代流行的一种机箱造型，在冰箱等高档产品中比较常见。凸形机箱的造型结构特点是前门向前突出，前门与侧板之间留有适当的间距，既便于装拆，又能在造型上形成凹凸对比。如图 5-6 所示，机箱的正面没有边围，因而整体造型没有被包围感和约束感，显得丰满、明快、舒展。现代机箱的机脚多采用垫脚的形式，为了增强机箱造型的稳定感和整体感，常使机脚与前门齐平，或者前门直接落地遮住机脚。

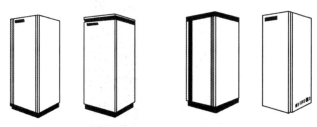

◉ 图 5-6　机箱

设计师可以用构思草图表现不同的设计方案。在绘制草图的过程中，设计师既要考虑机箱的功能、结构、工艺、材料，又不能受到太多的约束，以免构思难以展开。在若干草图中，设计师需要选出几张比较理想的草图，并以它们为基础进行补充、调整、适当着色，形成比较完善的草图方案，在经过专家评定和甲方确认后，将一两个草图方案作为机箱设计的基础，不断修改、完善草图方案中的不足之处，制定多个设计方案，并从中选出最佳方案，进入方案设计阶段。

2. 方案设计阶段

1）总体布局设计

机箱的外形一般为正四棱柱。机箱的正面既是主要的工作面，又是视觉中心，与人的关系非常密切，是设计过程中需要重点考虑的重要部位。在确定附件的高度时，设计师应参考人体测量数据和划分视觉区域的原则。

2）人机系统设计

如图 5-7 所示，设计师应按照人机工程学的要求确定操纵装置和显示装置的布局，并合理安排主机箱与其他辅助机箱等配套件的位置。

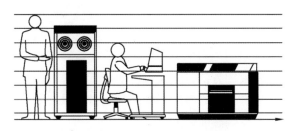

◉ 图 5-7　机箱的人机系统设计

3）比例设计

机箱的比例选择比较灵活。卧式机箱一般选择黄金分割比例或均方根比例。如图 5-8

所示，立式机箱一般选择均方根比例或整数比例（不宜采用大于1∶3的整数比例）。在选择比例时，设计师应注意机箱是单机还是组机。若是单机，则1∶3的整数比例比较合适；若将该比例用于3个以上的并列组机，则不太合适。此外，设计师还要注意新设计的机箱应与已有机箱的附件在比例上保持协调关系。

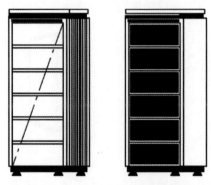

图5-8　立式机箱的比例设计

4）线型设计

不同的线型能够使产品在视觉上给人带来不同的感觉，设计师在设计时要考虑不同线型的特性，并恰当地运用它们。机箱的线型多以直线为主。立式机箱为了突出高耸感，多以竖直线为主，间或使用一些横直线，使产品产生平稳的感觉。卧式机箱一般以横直线为主，横直线可以给人平稳、安定、沉着、平静的感觉，并把人的视线导向横向，使产品在视觉上显得更宽。

直线型的几何形状可以给人庄重、均匀、冷静、严肃的感觉，加工工艺比较简单。不过，直线运用得过多容易显得呆板、单调。在线型设计上采用圆角过渡，使线型显得活泼、多变，在严肃、庄重中透出轻快、活泼、自然、奔放的情感，已经成为现代机箱线型设计的主流。

5）色彩设计

在机箱设计中，如果机箱的形状是通过理解而被人接受的，具有较强的理性，那么，机箱的色彩几乎是完全感性的。在销售时，机箱的色彩比其形状的影响更大。因此，设计师必须重视机箱的色彩设计。对机箱进行色彩设计，首先要对现有机箱的色彩进行分析。在市场上，现有机箱多为单色或视觉效果和谐的双色。双色的机箱通常机门为一色，侧板为另一色，并通过色相、明度、纯度的变化来达到亲切、柔和、明快的色彩效果。机箱的色相多为黄色系、绿色系（有的机箱采用明度高的彩色，并与近似色或邻近色配合）；在明度处理上，常采用提高明度的方法，以给人明快、开朗、轻松的感觉；在纯度处理上，常采用降低纯度的方法，以减弱色彩对人眼的不良刺激。以上处理可以使机箱的色彩达到柔和淡雅、亲切明快、无不良刺激的效果。

设计师可以先对市场上现有机箱的色彩进行分析，再根据所设计机箱的不同形态进行不同的色彩设计。凸形机箱的机门宜采用明度高的淡雅色彩，侧板宜采用明度较低的色彩。凹形机箱的机门宜采用含蓄、沉着、比较深暗的色彩；侧板宜采用明度和纯度较高的色彩，以及与机门相近的色相。机脚一般采用给人以结实感、稳重感、后退感的暗色，如黑色、深棕色等。

色彩设计的具体步骤如下：首先确定色调，通过对市场进行调查，参考消费者的意见和要求，确定机箱的基本色调，如暖色调或冷色调、明色调或暗色调等；然后制作色板，根据确定的基本色调，制作若干小色板，在小色板中配色，选出几个比较理想的颜色，制作比所设计机箱的六视图略大一些的大色板；接下来进行配色，在白纸上画出机箱的六视图，用美工刀或剪刀沿着外轮廓线挖掉视图，形成与机箱的外形相同的外框；最后将不同颜色的大色板放在外框的后面，逐个配色，确定比较理想的配色方案。

6）装饰设计

现代机箱的设计要求是简洁、明快，不宜设计过于烦琐的装饰，一般在机箱正面的上部或左上角将一块比较醒目的标牌作为装饰。

7）编写设计说明书

将以上调查结果、收集的资料和设计步骤、理论依据等整理成册，汇总效果图（或模型），编写一套完整的设计说明书，即设计方案。

3. 确定设计方案和调试样机阶段

将设计方案递交有关部门审批，如果设计方案通过审批，就能确定如何设计机箱，之后可进行样机调试。

5.3.3 机箱的工业设计评价

机箱是市面上大量存在的产品，更适合采用分析、类比评价法来对其工业设计进行评价，具体操作为对待评价的机箱与市面上的标准样品进行分析、类比，按照 5 分制对待评价的机箱逐项评分，根据总分的平均值来确定关于机箱的美学机能和生理机能中有关人机工程学的问题。

在评价机箱时，评价者要研究机箱的有关资料，考虑机箱在技术、性能方面的质量。为了对机箱进行全面、仔细的了解，评价者可以采用提问法，对设计师、生产者、消费者进行提问，以掌握关于机箱的各种资料。

5.4 香钟的工业设计程序分析

5.4.1 香钟的工业设计要求

在我国古代，燃香的过程常常被用来计量时间，香钟应运而生。燃一炷心香，以香味为信使，古人在轻烟袅袅中记录时光的流逝，在凝神静气、修身养性的同时，将雅趣镌刻进光阴，平添悠然的生活情趣。我国的焚香习俗起源很早，古人为了驱逐蚊虫，去除生活环境中的浊气，将一些带有特殊气味或芳香气味的植物放在火中燃烧，这就是最初的焚香。焚香不仅能减少蚊虫叮咬，给生活环境带来舒适、怡人的芳香，还能减少一些疾病的传播和困扰。焚香自古就是文人雅士生活的一部分，不可须臾离也，无论是吟诗作画，还是煮酒抚琴，燃上一炷香，平心静气，悠然自得。结合活字印刷概念和我国底蕴深厚的焚香文化，本节将详细介绍一款造型别致、意蕴悠长的香钟。

 ## 5.4.2　香钟的工业设计流程

1．设计准备阶段

通过调研，设计师确定了以下 3 个概念。

香钟：早在公元 6 世纪，人们已经开始用火和烟计量时间，这种不同凡响的钟表被称作香钟。我国古代有用不同形状的香篆计时的方法。

活字印刷术：一种古代印刷方法，是我国古代的劳动人民经过长期实践和研究发明的，具体操作为先制成单字的阳文反文字模，然后按照稿件把需要印刷的单字挑选出来，排列在字盘内，涂墨印刷，印刷完后将字模拆出，留待下次印刷时继续使用。

转轮排字架：由元代农学家王祯发明，其主要构造包括由轻质木料制成的圆桌面似的大轮盘和轮轴。轮盘直径约 7 尺（1 尺 ≈0.33 米），轮轴高约 3 尺。轮盘用来贮存木活字，可自由旋转。

香钟的使用情景包括居家、办公、冥想、放松。

2．方案设计阶段

1）总体布局设计和线型设计

设计师用构思草图表现不同的设计方案。在绘制草图的过程中，设计师应考虑香钟的功能、结构、使用方式。表 5-5 所示为香钟的 3 轮草图方案，每一轮方案中都有草图、设计描述和雷达图。经过不断优化迭代，设计师将第三轮草图方案作为香钟的设计基础，据此确定香钟的总体布局设计和线型设计。

表 5-5 香钟的 3 轮草图方案

方案		草图	设计描述	雷达图	总结
第一轮	1.1	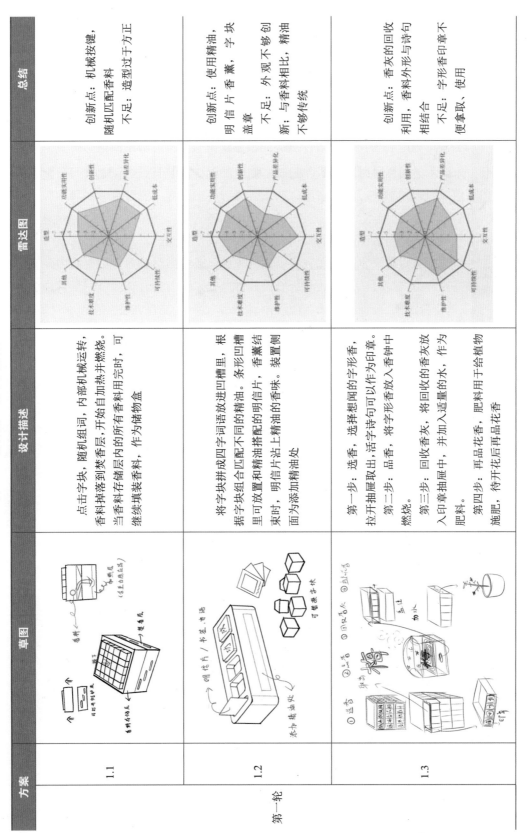	点击字块，随机组词，内部机械运转，香料掉落到对应香层，开始自加热并燃烧。当香料存储层内的所有香料用完时，可继续填装香料，作为储物盒		创新点：机械按键，随机匹配香料 不足：造型过于方正
	1.2		将字块拼成四字词语放进凹槽里，根据字块组合匹配不同的精油。条形凹槽里可放置和精油搭配的明信片，香薰结束时，明信片沾上精油的香味。装置侧面为添加精油处		创新点：使用精油、明信片香薰、字块盖章 不足：外观不够创新；与香料相比，精油不够传统
	1.3		第一步：选香，选择想闻的字形香，拉开抽屉取出，活字诗句可以作为印章。 第二步：品香，将字形香放入香钟中燃烧。 第三步：回收香灰，将回收的香灰放入印章抽屉中，并加入适量的水，作为肥料。 第四步：再品花香，肥料用于给植物施肥，待开花后再品花香		创新点：香灰的回收利用，香料外形与诗句相结合 不足：字形香印章不便拿取、使用

方案		草图	设计描述	雷达图	总结
第二轮	2.1	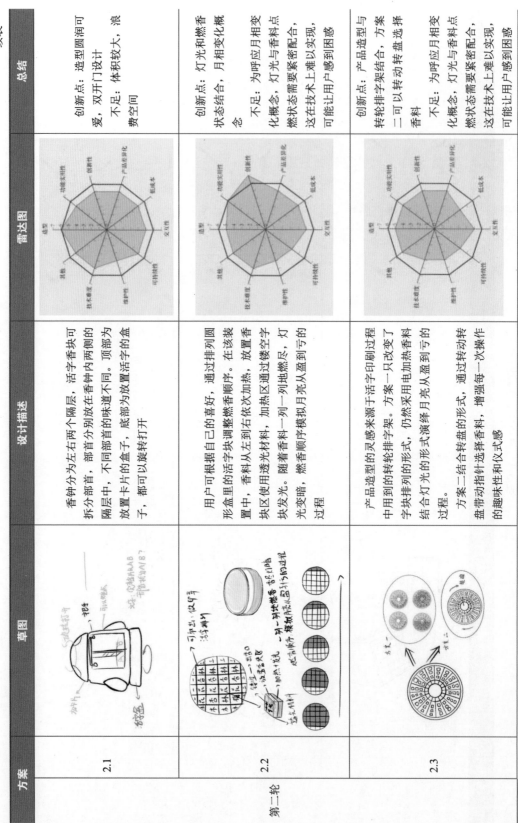	香钟分为左右两个隔层，活字香块可拆分部首，部首分别放在香钟内两侧的隔层中，不同部首的味道不同。顶部为放置卡片的盒子，底部为放置活字的盒子，都可以旋转打开		创新点：造型圆润可爱，双开门设计 不足：体积较大，浪费空间
	2.2		用户可根据自己的喜好，通过排列圆形盒里的活字香块调整燃香顺序。在该装置区中，香料从左到右依次加热，放置香块空间通过透光材料，加热香料，随着香料地燃尽，灯光变暗，燃香顺序模拟月亮从盈到亏的过程		创新点：灯光和燃香状态结合，月相变化概念 不足：为呼应应月相变化概念，灯光与香料点燃状态需要紧密配合，这在技术上难以实现，可能让用户感到困惑
	2.3		产品造型的灵感来源于活字印刷过程中用到的转轮排字架。方案一只改变了字块排列的形式，仍然采用电加热香料，结合灯光的形式演绎月亮从盈到亏的过程。方案二结合转盘的形式，通过转动转盘动指针选择香料，增强每一次操作的趣味性和仪式感		创新点：产品造型与转轮排字架结合，方案二可以转盘选择香料 不足：为呼应应月相变化概念，灯光与香料点燃状态需要紧密配合，这在技术上难以实现，可能让用户感到困惑

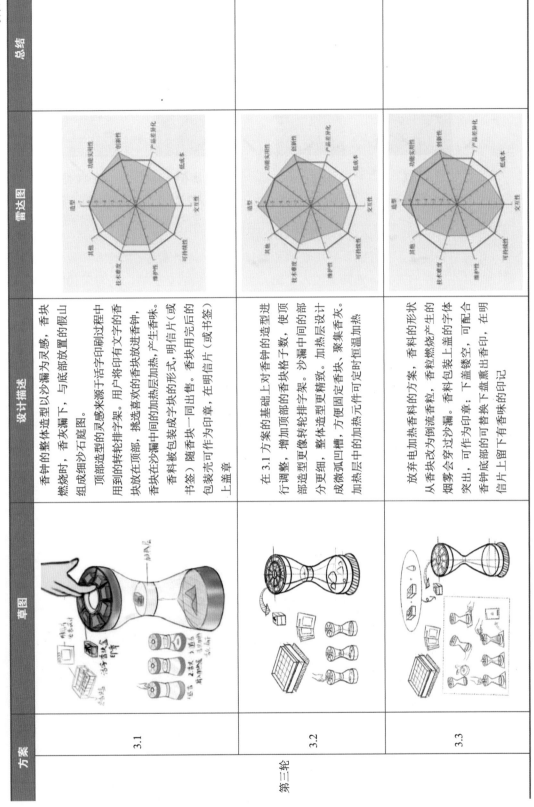

方案	草图	设计描述	雷达图	总结
3.1		香钟的整体造型以沙漏为灵感，香块燃烧时，香灰漏下，与底部放置的假山组成细沙石庭图。顶部造型的灵感来源于活字印刷过程中用到的转轮排字架。用户将印有文字的香块放进顶部，挑选喜欢的香种，香块在沙漏中间的加热层加热，产生香味。香料被包装成字块的形式，明信片（或书签）随香块一同出售。香块用完后的包装壳可作为印章，在明信片（或书签）上盖章。		
3.2		在 3.1 方案的基础上对香钟的造型进行调整，增加顶部的香块格子数，使顶部造型更像转轮排字架。沙漏中间的部分更细，整体造型更精致。加热层设计成微弧凹槽，方便固定香块。聚集香灰。加热层中的加热元件可伴随定时恒温加热。		
3.3		放弃电加热香料的方案，香料的形状从香块改为倒流香粒，香粒燃烧产生的烟雾会穿过沙漏中的字体。香料包装上盖可作为印章，下盖镂空，可配合香钟底部的可替换下盖熏出香印，在明信片上留下有香味的印记。		

第三轮

2）色彩设计、材料设计、加工工艺设计

如图 5-9 所示，在色彩设计上，香钟主打暗沉色，其配色选用我国传统色中的青骊 #422517 和中红灰 #8B614D，香块包装盒选用紫檀 #4A211A，香料选用降真香 #9E8358，兼具时代感和历史感，整体色彩高端、厚重、大气。

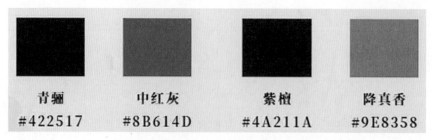

青骊　　　　　中红灰　　　　　紫檀　　　　　降真香
#422517　　　#8B614D　　　#4A211A　　　#9E8358

🍊 图 5-9　香钟的色彩设计

在材料设计上，香钟主要采用玻璃和黑核桃木，融合传统文化元素和现代时尚因素，赋予产品不一样的内涵，使其更加人性化、实用化，既古色古香，又与现代家居环境互不冲突。黑核桃木木质光滑，呈浅黑褐色带紫色，带有美丽的大抛物线花纹。同时，黑核桃木具有较强的尺寸稳定性和抗腐蚀能力。精心打磨后的黑核桃木光泽柔和，触之"温润如玉"。透明的玻璃瓶更适合近赏香雾，瓶中烟雾袅袅，仿佛一幅动态的画。香块包装主要以软木为载体，软木是橡树的树皮，采收软木不会伤害树木，平均 9~12 年可手工采收一次软木。软木包装既能实现印章的功能，又契合产品的整体风格，还更加环保。

为了形成瀑布般的烟雾，倒流香往往油脂含量较高，侧重烟雾的赏玩性，反而忽视了香味。在这款香钟中，设计师采用草木合香，将其调制成清雅宜人的香味。香料的形状是塔香，这种形状有利于香料卡在圆槽口产生香烟。同时，在传统倒流香香粒的基础上，设计师在香粒的下半部分使用了不燃材料，方便用户在香粒燃烧完后用夹子夹走香粒。

在加工工艺设计上，设计师采用手工工具和机械加工工艺。黑核桃木具有极好的着油漆性能和染料性能，抛光后可形成效果极佳的表面。经过高温的水蒸气连续烘干脱脂和反复调整温度，黑核桃木出炉后的含水率可达 15%~25%（烘干后水分不均匀的木材会开裂报废），这个过程同时起到了杀菌的作用，可以防止木材发霉。在玻璃部分，设计师采用退火、淬火等加工工艺，消除或产生玻璃内部的应力、分相或晶化，并改变玻璃的结构状态。

3）绘制效果图和编写设计说明书

香钟的设计亮点如下：活字印刷式选香彰显文化底蕴；香块包装采用诗句盲盒形式，惊喜连连；活字香盒一物两用（镂空香印＋阳文印章）；香料燃烧产生的烟雾颗粒穿过镂空字块，以文字的形式留在明信片上，香料燃烧产生的香味也留在明信片上；以香味为信使，通过香烟感受时间的流逝；香料燃烧产生的烟雾会穿过沙漏，向下流动的烟雾增强了观赏性。香钟的效果图如图 5-10 所示。

☀ 图 5-10　香钟的效果图

　　香钟的使用流程如下：取出字块包装内的香粒，将香粒放在防尘盖中间的凹槽里→将镂空字块放在可替换下盘中，将明信片放在可替换下盘的下方→点燃香粒，静置香钟→取出明信片，明信片上留下香印。此外，用户还可以将字块上盖作为印章，收藏明信片或将明信片赠予他人；香灰可用于施肥。香钟的设计说明书如图 5-11 所示。

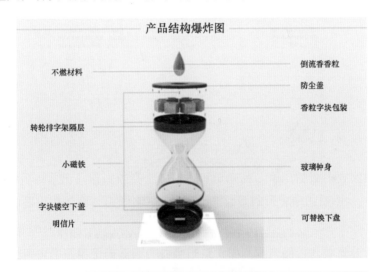

☀ 图 5-11　香钟的设计说明书

配件清单

配件名称	数量
香钟	1个
香块	20个
香块包装盒	1个
明信片	20张
香扫（大）	1个
香扫（小）	1个
镊叶夹	1个
香灰收集盒	1个

香块包装盒

壹 木质包装
木质材料包装与香护材质质相衬，保持套装整体风格统一，古韵典雅

贰 古诗拼装
以整首诗镂刻字缺，用户可以调整字缺的位置，拼出完整的古诗后就可以知道香块的味道了

叁 镂空窗口
盒盖采用镂空设计，从窗口处都可以看到盒内，用户可以根据露出来的字猜香味，更具神秘和趣味性

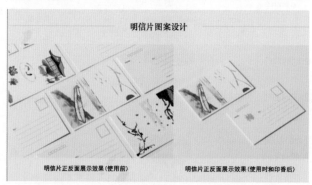

明信片图案设计

明信片正反面展示效果（使用前）　　　　明信片正反面展示效果（使用时和印香后）

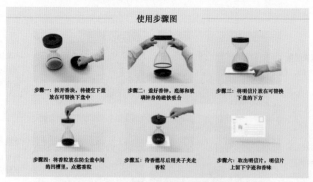

使用步骤图

步骤一：拆开香块，将镂空下盖放在可替换下盘中

步骤二：盖好香钟，底部和玻璃钟身的磁铁吸合

步骤三：将明信片放在可替换下盘的下方

步骤四：将香粒放在防尘盖中间的凹槽里，点燃香粒

步骤五：待香燃尽后用夹子夹走香粒

步骤六：取出明信片，明信片上留下字迹和香味

◎ 图 5-11　香钟的设计说明书（续）

3. 确定设计方案和调试样机阶段

样机制作：用纸板、黏土、透明塑料罐制作香钟的样机（见图 5-12），根据香粒的大

小倒推字块包装尺寸，根据人手拿取物品的舒适度进行调整，结合草图和字块包装尺寸制作香钟的整体样机，并测量尺寸。

● 图 5-12 香钟的样机

测试流程：在转轮排字架中选择香块；拆开包装，取出香粒，将镂空下盖放在可替换下盘中；将明信片放在可替换下盘的下方；将香粒放在防尘盖中间的凹槽里，点燃香粒。

测试结论：通过测试，设计师确定了香钟的比例和尺寸，同时进行了产品的可用性检验，提出了改进建议。设计师确定了香钟的人机系统设计和比例设计，用纸板、黏土、透明塑料罐制作样机，将产品与人体尺寸进行匹配，确定产品各部分的尺寸（如字块包装尺寸、整体尺寸、顶部的香块格子尺寸）。产品的可用性检验需要让用户完成一次完整的操作，从选香到焚香，再到清除香灰，检验产品使用流程的流畅性，以及产品设计是否让用户感到困惑，用户操作产品是否舒适、方便。

改进建议：通过观察用户完成操作的过程，设计师发现用户在放置香粒时有点犹豫，在放好字块镂空下盖盖上玻璃钟身时也有些不放心。用户觉得放置香粒的凹槽看上去有点大，担心香粒会掉下去。

根据测试结论和改进建议，设计师打印了香钟的实物模型（见图 5-13），并进行了加工和组装，形成了最终的样机。

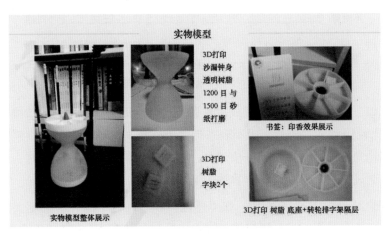

● 图 5-13 香钟的实物模型

香粒慢慢燃尽

🔴 图 5-13 香钟的实物模型（续）

5.4.3 香钟的工业设计评价

由于这款香钟属于创新型产品，市面上没有标准样品，因此更适合采用 SD 评价法来对其工业设计进行评价，以评价量表的形式对产品特定项目的重要性进行主观判断：先在概念上或意念上进行选择，明确评价方向；再选择一系列对比较为强烈的形容词供评价者参考。香钟的评价量表如图 5-14 所示。

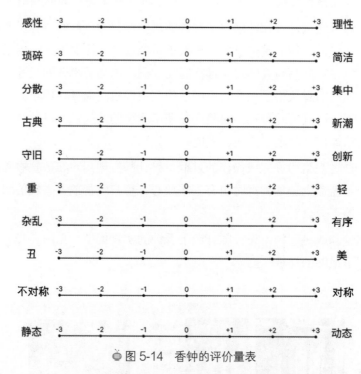

🔴 图 5-14 香钟的评价量表

具体操作如下：将评价维度整理成意见调查表，将评价者对所有评价维度的态度分为"很同意""比较同意""同意""不表态""不同意""比较不同意""很不同意"。计分方法为越趋向正面的态度，其分值越高，反之则分值越低。在分析时，将累积分值作为计算标准，通过语义上的差别评价香钟的工业设计。

香钟的评价结果如图 5-15 所示。在"感性"和"理性"的评价维度上，香钟的使用情景比较感性，其主要作用是舒缓情绪、陶冶情操；在"琐碎"和"简洁"的评价维度上，香钟的整体设计简洁大方；在"分散"和"集中"的评价维度上，香钟的配件比较多，产品比较分散；在"古典"和"新潮"的评价维度上，香钟的概念和设计都很古典；在"守旧"和"创新"的评价维度上，香钟与活字印刷完美结合，形成了很好的创新点；在"重"和"轻"的评价维度上，香钟形态轻盈，其重量也很轻；在"杂乱"和"有序"的评价维度上，香钟的使用情景与使用方法非常协调，符合"用户—场景—行为"的协调设计原则；在"丑"和"美"的评价维度上，无论是在视觉上还是在嗅觉上，香钟的设计都具有古典美；在"不对称"和"对称"的评价维度上，香钟的外观非常对称；在"静态"和"动态"的评价维度上，香钟内的烟雾是流动的，这种动态的设计可以给人带来更加新奇的感觉。

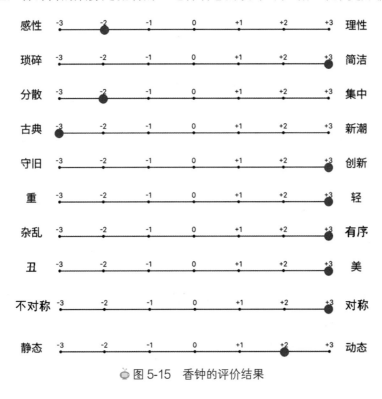

图 5-15　香钟的评价结果

课后习题

一、判断题

（1）在工业设计需要考虑的因素中，经济市场因素不仅包括生产成本，还包括市场竞争。（　　）

（2）方案设计阶段的主要任务是确定最终的设计方案。（　　）

（3）在工业设计流程中的调试样机阶段，设计师可以通过计算机进行模拟，以提高效率。（　　）

（4）工业设计需要考虑传统的文化背景，这意味着设计师在设计时需要避免造型上的突破。（　　　）

（5）在进行工业设计时，设计师只需要考虑现有的用户需求，不需要考虑潜在的用户需求。（　　　）

（6）工业设计的评价方法是非常主观的，没有客观的数学依据。（　　　）

（7）对产品的生理机能进行人机交互分析可以采用计量性评价法，评价产品的用户界面和交互体验。（　　　）

（8）材料可以影响产品的生理机能，它与用户的使用舒适度有关。（　　　）

（9）客观数据是实际测量出来的数据，可用于量化评价设计效果。（　　　）

（10）设计准备阶段的工作不包括广泛搜集资料，全面了解设计对象的功能、用途、规格、设计依据和有关的技术参数、创造经济价值的目标。（　　　）

二、单选题

（1）美国学者埃德加·考夫曼·琼尼对现代设计的多个方面提出了要求，这意味着设计师（　　　）。

A．需要固守传统的设计理念

B．不需要考虑市场趋势

C．需要不断尝试新材料、新技术

D．可以忽略用户反馈

（2）在工业设计流程中的设计准备阶段，设计师需要完成的工作不包括（　　　）。

A．明确设计目标

B．进行市场调研和用户分析

C．对产品进行色彩设计和装饰设计

D．分析市场约束条件

（3）产品的（　　　）适合采用计量性评价法。

A．人机交互分析　　　　　　　　　B．美学机能

C．生理机能　　　　　　　　　　　D．心理机能

（4）SD评价法是一种测量评价者对测试对象的印象的方法，它主要关注（　　　）。

A．市场需求

B．用户反馈

C．评价者对测试对象多个维度的重要性的主观判断

D．产品外观

（5）（   ）是工业设计中的计量性评价法。

A．分析、类比评价法　　　　　　　　B．SD 评价法

C．$\alpha\cdot\beta$ 评价法　　　　　　　　　　D．事例记录法

（6）SD 评价法的优势是（   ）。

A．仅适用于特定领域

B．可以得出直观的评价结果

C．不需要用户参与

D．绝对客观

（7）（   ）不会影响产品的生理机能。

A．品牌的知名度　　　　　　　　　　B．产品的材料

C．产品的造型设计　　　　　　　　　D．产品的比例和尺寸

（8）（   ）属于产品的生理机能。

A．产品的文化适应性　　　　　　　　B．产品的使用便捷性

C．产品的市场趋势　　　　　　　　　D．产品的美观度

（9）分析、类比评价法主要根据（   ）进行评价。

A．用户的审美偏好

B．产品的外观和形状

C．同类产品的优点和缺点

D．产品的市场趋势

（10）分析、类比评价法的目的是（   ）。

A．忽略产品的优点

B．关注用户反馈

C．通过类比发现设计中存在的问题和需要改进的地方

D．提高制造效率

三、简答题

（1）简述工业设计的流程。如果你需要进行方案设计，那么应该完成哪些工作？

（2）简述工业设计的评价因素，谈谈你对它们的理解。

（3）假设你需要对某个产品进行工业设计评价，请谈谈你的思路。

第六章

工业设计常用的材料和加工工艺

本章重点介绍工业设计常用的材料和加工工艺，目的是让设计师在进行产品设计时，充分了解实现所设计产品的功能应该选用什么材料，以及所选材料能否被顺利加工成所设计的产品形状。通过对本章内容的学习，读者可以掌握常用的金属材料和非金属材料的基本性能、加工工艺，以及产品设计过程中所需的材料和加工工艺方面的基础知识，以实现产品功能、美观性、经济性的协调统一。

6.1 材料

6.1.1 材料的基本概念

第一，材料是人类文明的物质基础。综观人类利用材料的历史，材料科学技术的每一次重大突破都会引起生产技术的重大变革，甚至引起世界性的技术革命，大大加速社会发展的进程，给社会生产力和人类生活带来巨大的变革，推进人类文明的发展。人类社会发展阶段中的石器时代、青铜器时代、铁器时代等就是根据在生产活动中起主要作用的材料划分的。人类利用材料的历史，就是人类进化和进步的历史。

第二，材料是经济、社会发展的基础和先导。新材料是工业革命和产业发展的先导，两次工业革命都以新材料的发明和广泛应用为先导。在第一次工业革命中，制钢工业的发展为蒸汽机的发明和广泛应用奠定了物质基础。在第二次工业革命中，单晶硅材料对电子技术的发明和广泛应用起到了核心作用。

什么是材料？材料是具有一定性能，可以用来制造器件、构件、工具、装置等物品的物质。简单地说，材料是用来制造有用器件的物质。材料与人类的日常生活密不可分。对工业设计而言，材料是用以构成产品造型且不依赖于人的意识而客观存在的物质，无论是传统材料还是现代材料，无论是天然材料还是人造材料，无论是单一材料还是复合材料，都是工业设计的物质基础。所有实体产品都是用一定材料制造而成的，选用的材料是否合理直接影响产品的性能、成本、外观、制造等。

 ### 6.1.2　材料的分类

材料的种类很多，常见的材料可以分为3类，如图6-1所示。

🔵 图 6-1　常见的材料

1. 天然材料

天然材料是取材于大自然且保持着原本特质的材料，如木材、黏土、石材等。

2. 合成材料

合成材料又被称为人造材料，是人为地把不同物质经化学方法或聚合作用合成的材料，其特质与原料不同，如塑料、玻璃、钢铁等。

3. 混合材料

混合材料是天然材料与合成材料的综合，如胶合板、纸、混纺料等。混合材料会保持原来材料的部分特质。

材料的分类还有多种方式，如图6-2所示。

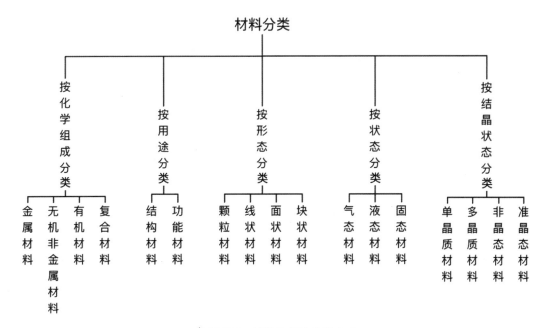

◉ 图 6-2　材料的多种分类方式

6.1.3　材料的特性

正确掌握并最大限度地发挥材料的特性是设计的第一原理和重要原则。

如图 6-3 所示,材料的特性包括两个方面:一是材料的固有特性,即材料的物理特性和化学特性(如力学性能、热性能、电性能、磁性能、光学性能、防腐性能等);二是材料的派生特性,即材料的加工特性、经济特性、感觉特性、环境特性。

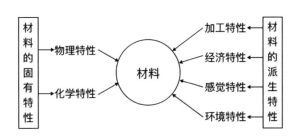

◉ 图 6-3　材料的特性

1. 材料的固有特性

材料的物理特性包括材料的密度、力学性能、热性能、电性能、磁性能、光学性能等。其中,力学性能包括强度(材料在外力作用下抵抗塑性变形和破坏作用的能力)、脆性(材料受外力作用达到一定限度后产生破坏而无明显变形的性能。脆性材料易受冲击破坏,无法承受较大的局部应力)、韧性(材料在冲击载荷或振动载荷下能承受很大的变形而不产生破坏的性能)、耐磨性(耐磨性的强弱常以磨损量为衡量标准,磨损量越小,说明材料的耐磨性越强)。

材料的化学特性是指材料在常温或高温时抵抗各种介质的化学腐蚀或电化学腐蚀的能力,是衡量材料性能优劣的主要指标,包括耐腐蚀性、抗氧化性和耐候性。

2. 材料的派生特性

材料的派生特性是由材料的固有特性派生而来的特性。

6.2 工业设计与材料

6.2.1 工业设计与材料的关系

材料是工业设计的物质基础,当代工业产品的先进性不仅表现在功能和结构方面,还表现在新材料的运用和工艺水平方面。材料既制约着工业产品的结构形式和尺寸大小,也影响着装饰效果,科学、合理地选用材料是工业设计的重要环节。

在工业设计中,设计活动与材料研究的开展是相互影响、相互促进、相辅相成的关系。工业设计受当时的历史条件、社会条件、自然条件、科技条件、文化水平的影响和制约。在某种条件下,工业设计与材料是相互渗透、相互融合、相互补充的关系,工业设计中的造型设计、色彩设计、绿色设计和加工工艺是材料的表现方式。

新材料、新工艺既给工业设计带来了更多的可能性,也为设计师提供了更广阔的发挥空间。产品外观设计效果受当前的材料、工艺、技术等客观因素的制约,这限制了设计师的想象空间。新材料、新工艺的出现大大拓展了设计师的想象空间,设计师可以通过更多的方法表现自己想表现的设计效果。当然,设计师要努力学习,及时了解最新的材料和工艺,并将它们灵活地运用到设计中。尤其是在如今这个材料、工艺、技术的革新速度不断加快的时代,设计师的学习能力格外重要。

反过来看,工业设计的需求也推动了材料、工艺、技术的革新。设计师的想象力是无限的,当设计受限于当前的技术时,设计师往往会想方设法地寻求材料上或工艺上的突破,以表现自己想表现的设计效果。此外,企业对研发工业产品的需求也会促使设计师不断研究新的材料、工艺、技术。

总而言之,材料是工业设计的物质基础,材料与工业设计是相互促进的关系。材料是工业设计的载体,工业设计与材料密不可分。优秀的设计离不开恰当的选材与合理的工艺,材料、设计、工艺、产品的关系如图 6-4 所示。

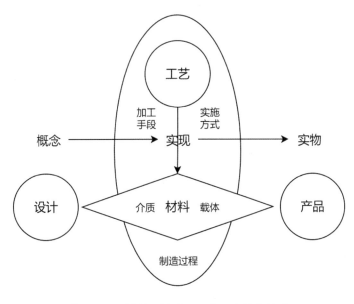

◎ 图 6-4　材料、设计、工艺、产品的关系

6.2.2　新材料对工业设计的影响

　　新材料影响着产品的新功能。从工业设计产品的发展来看，更多、更好、更强的产品功能大多离不开新材料的支持。如果没有光导纤维，就不会有现代光纤通信。如果没有高纯度、大直径的硅单晶，就不会有高度发达的集成电路，也不会有先进的计算机和电子设备。可以说，新材料是工业设计的物质基础和条件。

　　新材料影响着设计风格。从工业设计史来看，设计风格的演变过程与材料的特性有着千丝万缕的联系。这是一个不争的事实，因为每一个时代的审美观念和需求不同，对材料特性的应用也不同。例如，在座椅盛行的时代，木材因为其可塑性、易于加工性和漂亮的纹理，被奉为制作家具的理想材料。设计师对木材进行精心的手工雕刻，展现奢华的设计风格。后来，勒·柯布西耶用钢管设计并制造了钢管椅，采用钢管和皮革相结合的形式，推动了现代主义的发展。又如，丹麦设计师潘顿在 20 世纪 60 年代设计了一款举世瞩目的椅子——潘顿椅。这种椅子采用了硬性塑料和一体成型技术，具有非常浓厚的现代主义气息，在设计界引起了巨大的轰动。潘顿选用的材料打破了以往的设计风格，产品造型美观、大方、新颖，令人爱不释手。从这个时候开始，现代设计师更加关注材料和设计风格的关系。也许他们暂时研究不出某种新材料，但他们开始更加注重材料，对材料的特性如数家珍。虽然这种倾向可能无法在短期内从根本上改变某种设计风格，但是它会逐渐对设计风格产生巨大的影响。

　　新材料的运用对研究美学价值有很大的影响。产品的美学价值往往体现在材料和装饰等方面。在设计过程中，选择什么样的材料往往随着大众审美趣味的改变而改变。简单回顾工业设计的发展历程，我们不难发现，大众在早期崇尚奢华的审美趣味，现阶段则倾向于简约的审美趣味，产品使用的材料也从精雕细琢、造价昂贵的稀有木材变为极具现代感的不锈钢、塑料。每一次新材料的出现都体现了大众对美学价值的不同理解。木材等天然材料的出现体现了大众对美的事物的向往和对奢华生活的崇拜，彰显了尊重人性和生命的美学价值观。随着工业革命的爆发，新材料不断涌现，不锈钢等现代材料出现了。这个时候，大众开始向往机器美学的审美趣味，崇尚简洁、现代。因此，简单地说，在不同时期不同材料的出现和使用，影响并形成了不同的美学价值观。

在科学技术突飞猛进的今天，新材料对工业设计的影响越来越大，从而使工业设计的竞争在一定程度上成为新技术、新材料的竞争。新技术、新材料的应用经验和对新材料相关特性的掌握、研究，是工业设计取得成功的关键。

 ## 6.2.3　工业设计的材料选用原则和常用材料

材料是工业设计中非常重要的一个环节，对材料的认识、研究是工业设计的前提和保证。包豪斯设计学院十分重视对材料及其质感的研究和实际练习。其教师伊顿曾经这样说过："当学生们陆续发现可以利用各种材料时，他们就能创造出更具独特质感的作品。"材料的种类多、生产量大、涉及面广，如何在工业设计中正确、合理地选用材料是一个既实际又重要的问题，设计师应遵循以下原则。

1. 材料的外观

设计师应考虑材料的感觉特性，根据产品的造型特点、民族风格、时代特征和地域特征，选择不同质感、不同风格的材料。

2. 材料的固有特性

材料的固有特性应满足产品功能、使用环境、作业条件和环境保护的要求。

3. 材料的工艺性能

材料应具有良好的工艺性能，满足造型设计中成型工艺、加工工艺和表面处理的要求，与加工设备、生产技术相适应。

4. 材料的生产成本和环境因素

在满足设计要求的基础上，设计师应尽量降低生产成本，优先选用资源丰富、价格低廉、有利于生态环境保护的材料。

5. 材料的创新

新材料的出现应为工业设计开辟更广阔的前景，满足工业设计的要求。

因为工业设计的主体是产品设计，而现代产品设计必须满足大批量生产的基本要求，所以设计师必须了解材料的性能和不同材料适合的加工工艺。工业设计的常用材料主要有金属、塑料、木材、陶瓷、玻璃。

6.3 金属

6.3.1 金属的基本概念

金属是由金属元素组成的单质，它凭借质地坚硬、光泽感强、强度高、导电、导热等特点成为工业设计中的主要材料之一。金属材料是金属及其合金的总称，如图6-5所示。金属材料之所以能成为工业设计中应用广泛的重要材料，是因为它具有一系列优良的力学性能、加工性能和独特的表面特征，不仅能保证产品的使用功能，还能使产品呈现出具有现代风格的结构美、造型美和材质美。在以钢、铁及其合金为代表的现代工业社会，金属材料以其优良的力学性能、加工性能和独特的表面特征，成为工业设计中的主要材料之一。

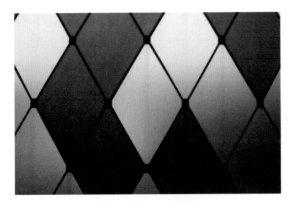

图6-5 金属材料

金属材料具有众多优良的特性，常被用作工业设计的材料。如图6-6所示，金属材料的一般特性如下：①大多为固体形态；②具有独特的色彩与光泽；③具有较强的延展性；④具有较强的导电性；⑤硬度较高；⑥可与其他金属或非金属形成合金。

 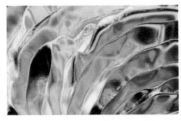 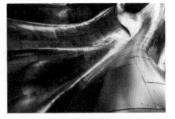

（a）大多为固体形态　　　　（b）具有独特的色彩与光泽　　　　（c）具有较强的延展性

图6-6 金属材料的一般特性

（d）具有较强的导电性　　　　　（e）硬度较高　　　　（f）可与其他金属或非金属形成合金

图 6-6　金属材料的一般特性（续）

　　金属材料种类繁杂，大致可以分为黑色金属和有色金属。与这两类金属材料相比，特种金属的应用领域比较特殊，也不常见。金属材料的分类如图 6-7 所示。

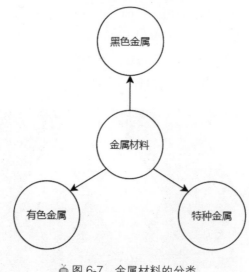

图 6-7　金属材料的分类

1. 黑色金属

　　黑色金属又被称为钢铁材料，包括含铁 90% 以上的工业纯铁，含碳 2%~4% 的铸铁，含碳小于 2% 的碳钢，以及具有各种用途的结构钢、不锈钢、耐热钢、高温合金、精密合金等。广义的黑色金属还包括铬、锰及其合金。

2. 有色金属

　　有色金属是指除铁、铬、锰以外的所有金属及其合金，通常分为轻金属、重金属、贵金属、半金属、稀有金属和稀土金属等。有色合金的强度和硬度一般比纯金属更高，而且电阻更大、电阻温度系数更小。

3. 特种金属

　　特种金属包括具有不同用途的结构金属和功能金属，其中既有通过快速冷凝工艺形成的非晶态金属，以及准晶、微晶、纳米晶金属，也有隐身、抗氢、超导、形状记忆、耐磨、减震阻尼等特殊功能合金和金属基复合材料。

 ## 6.3.2　金属材料的力学性能

为了更合理地使用金属材料，充分发挥其作用，设计师必须掌握由各种金属材料制成的零件、构件在正常工作的情况下应该具有的使用性能，以及各种金属材料在冷加工、热加工过程中应该具有的工艺性能。使用性能是指金属材料为保证机械零件或工具正常工作应该具有的性能，即金属材料在使用过程中表现出来的特性。金属材料的使用性能包括物理性能和化学性能。

金属材料的力学性能又被称为机械性能，是指金属材料在外力作用下表现出来的抵抗能力，包括强度、硬度、刚度、塑性、弹性、延伸率、断面收缩率、冲击韧性、疲劳强度等，如图 6-8 所示。

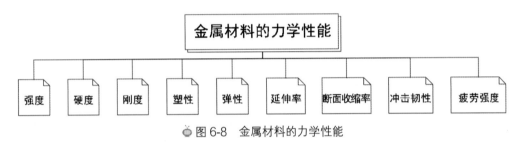

◎ 图 6-8　金属材料的力学性能

（1）强度：金属材料在静载荷作用下抵抗塑性变形和断裂的能力。由于静载荷的作用方式包括拉伸、压缩、弯曲、剪切等，因此强度分为抗拉强度、抗压强度、抗弯强度、抗剪强度等。

（2）硬度：金属材料表面抵抗比自身更硬的物体压入其表面的能力。目前比较常用的测试硬度的方法是压入硬度法，即用特定几何形状的压头在一定的载荷下压入被测试的金属材料表面，根据被压入程度确定金属材料的硬度。其他常用的测试硬度的方法还有布氏硬度法、洛氏硬度法和维氏硬度法等。

（3）刚度：金属材料在受力时抵抗弹性变形的能力。

（4）塑性：金属材料在外力作用下发生塑性变形而不断裂的能力。

（5）弹性：金属材料受外力作用时发生变形，当外力消失后恢复其原来形状的性能。

（6）延伸率：金属材料在拉伸断裂后，总伸长长度与原始长度的百分比。

（7）断面收缩率：金属材料在拉伸断裂后，断面最大缩小面积与原断面面积的百分比。

（8）冲击韧性：以很快的速度作用于机件上的载荷被称为冲击载荷，金属材料在冲击载荷下抵抗破坏的能力叫作冲击韧性。

（9）疲劳强度：疲劳是指在循环载荷下，发生在金属材料某处局部的、永久性的损伤递增过程。经受足够的循环应力或循环应变后，损伤累积可使金属材料产生裂纹或使裂纹进一步扩展至完全断裂。出现可见裂纹或完全断裂被称为疲劳破坏。疲劳强度是指金属材料反复经受循环应力而不发生断裂的最大应力值。

6.3.3　金属材料的成型加工工艺

工艺性能是指金属材料在制造机械零件和工具的过程中适应各种冷加工、热加工的性能。同时，工艺性能是金属材料采用哪种成型加工工艺制成成品的参考维度之一，具体包括铸造性能、锻造性能、焊接性能、热处理性能、切削加工性能等。

金属材料的成型加工工艺包括铸造成型、塑性成型、固态成型。

1. 铸造成型

铸造成型又被称为液态成型，是指将经过熔炼的金属液浇入铸型内，经冷却凝固形成所需形状和性能的零件的制造过程。铸造成型的主要工序包括金属熔炼、铸型制作、浇注凝固和脱模清理等，它是制造复杂金属零件最经济的方法。铸造成型的成品被称为铸件。铸造成型是常用的制造方法，其优点是制造成本低、工艺灵活性强，可以制造形状复杂的铸件和大型铸件。由于铸件的形状、尺寸接近零件的最终要求，后续加工量小，因此铸造成型在产品制造中占有很高的比例，如在机床制造中占 60%~80%，在汽车制造中占25%，在拖拉机制造中占 50%~60%。不过，铸造成型存在工序较多、公差较大和铸件内部容易出现缩松、气孔、砂眼、夹杂等缺陷。

根据铸型所用的材料和浇铸方式，铸造成型可以分为砂型铸造、熔模铸造、金属型铸造、压力铸造、离心铸造。

1）砂型铸造

砂型铸造俗称翻砂，是指用砂粒制作铸型的铸造方法。砂型铸造的适应性很强，几乎不受铸件的形状、尺寸、重量和所用金属种类的限制，成本低，广泛应用于铸造业。不过，砂型铸造存在表面质量差的缺点。

砂型铸造的工艺流程如图6-9所示，主要工序有制作型砂模型、制作铸型、浇注、翻砂、清理等。

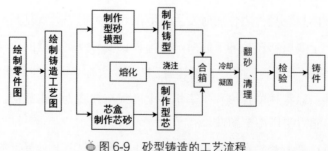

●图6-9　砂型铸造的工艺流程

2）熔模铸造

熔模铸造又被称为失蜡铸造，是指先用易熔材料制成模型，再在模型表面包覆若干层耐火材料制成型壳，最后将模型熔化排出型壳，从而获得没有分型面的铸型，经高温焙烧后填砂浇注的铸造方法。熔模铸造是常用的精密铸造方法。

熔模铸造的工艺流程如图 6-10 所示，主要工序有制作母模、注蜡、制作蜡模、脱蜡、焙烧模壳、浇注、脱壳等。

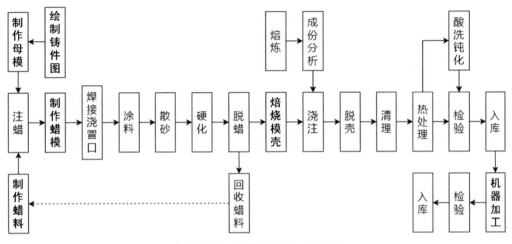

◉ 图 6-10　熔模铸造的工艺流程

3）金属型铸造

金属型铸造又被称为永久型铸造或硬模铸造，是指用金属材料制作铸型的铸造方法。铸型常用铸铁、铸钢等材料制成，可反复使用。金属型铸件（见图 6-11）的表面光洁度和尺寸精度均高于砂型铸件，而且铸件的组织结构致密、力学性能较好，适用于中小型有色金属（如铝、铜、镁及其合金等）铸件和铸铁铸件的生产。

◉ 图 6-11　金属型铸件

4）压力铸造

压力铸造简称压铸，是指在压铸机上用压射活塞以较大的压力和较快的速度将压室内的金属液压射到模腔中，并在压力作用下使金属液迅速凝固成铸件的铸造方法。压力铸造属于精密铸造方法，铸件尺寸精确、表面光洁、组织结构致密、生产效率高。压力铸造适合生产小型、薄壁的复杂铸件，能够在铸件表面形成清晰的花纹、图案、文字等，主要用于锌、铝、镁、铜及其合金等铸件的生产。压力铸造的工艺流程如图 6-12 所示。

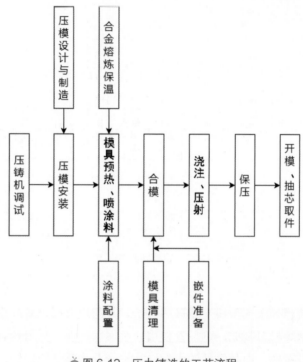

图 6-12　压力铸造的工艺流程

5）离心铸造

如图 6-13 所示，离心铸造是指将金属液浇入沿垂直轴或水平轴旋转的铸型中，在离心力的作用下，金属液附着于铸型内壁，经冷却凝固成为铸件的铸造方法。离心铸造的铸件组织结构致密、力学性能好，气孔、夹渣等缺陷较少。离心铸造常用于各种金属的管形铸件或空心圆筒形铸件的生产，也可生产其他形状的铸件。

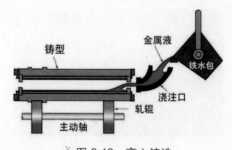

图 6-13　离心铸造

2. 塑性成型

塑性成型又被称为压力加工，是指在常温或加热的情况下，利用外力的作用，使金属材料发生预期的塑性变形，从而将其加工成所需形状、尺寸和具有相应力学性能的工件的工艺。塑性成型工艺不仅能使金属材料变成特定的形态，还能改善金属材料内部的晶体结构，使金属材料的性能发生相应的变化。

塑性成型工艺分为锻造、冲压、挤压、轧制、拉拔。

1）锻造

锻造是指对棒状或块状金属材料施加压力，使其发生塑性变形，以加工成所需形状的塑性成型工艺。锻造是一种很常用的塑性成型工艺，打铁是典型的锻造过程。锻造需要将金属材料加热到较高的温度，属于热加工。自由锻造、模型锻造、胎模锻造如图6-14所示。

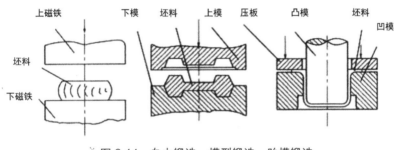

🔘 图 6-14 自由锻造、模型锻造、胎模锻造

2）冲压

冲压是指利用外力的作用，通过模具使板材塑性成型，以制成成品的塑性成型工艺。在所有钢材中，60%~70%是板材，其中大部分是通过冲压制成成品的。汽车的车身、底盘、油箱、散热器片，锅炉的汽包，容器的壳体，电机、电器的铁芯硅钢片等是冲压制成的，仪器仪表、家用电器、自行车、办公机械、生活器皿等产品中也有大量冲压件。冲压和锻造同属塑性成型工艺，合称锻压。冲压主要在常温下进行，属于冷加工。冲压具有材料利用率高、可加工形状复杂的薄壁零件、加工精度高、生产效率高等优点。不过，冲压模具造价高，不适合小批量生产。冲压的坯料主要是热轧和冷轧的钢板、钢带。

根据不同的工艺，冲压可以分为分离工艺和成型工艺。分离工艺又被称为冲裁（见图6-15），其目的是使冲压件沿一定轮廓线从板料上分离，同时保证分离断面的质量。成型工艺的目的是使板料在不破坏的前提下发生塑性变形，制成所需形状和尺寸的工件。日常生活中常见的不锈钢水槽就是利用冲压工艺制成的。

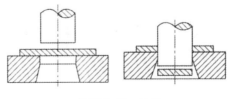

🔘 图 6-15 冲裁

与铸件、锻件相比，冲压件具有薄、匀、轻、强的特点。冲压可制成其他工艺难以制成的带有加强筋、肋、起伏或翻边的工件，以提高其刚度。冲压采用精密模具，工件的精度可达微米级，而且重复精度高、规格一致，可以制成孔窝、凸台等。

3）挤压

如图 6-16 所示，挤压是指将金属材料放入挤压筒内，用强大的压力使坯料从模孔中挤出，从而获得和模孔截面一致的坯料或零件的塑性成型工艺。常用的挤压方法有正挤压、反挤压、复合挤压、径向挤压。适合挤压的金属材料主要有低碳钢、有色金属及其合金。通过挤压，设计师可以获得多种截面形状的型材或零件。

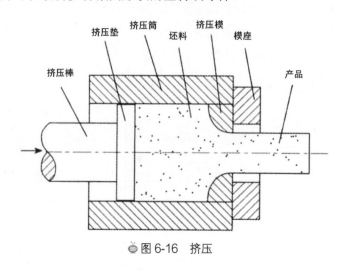

图 6-16　挤压

4）轧制

如图 6-17 所示，轧制是指用轧辊对轧件进行连续变形的塑性成型工艺，包括热轧和冷轧。此外，轧制过程还能改善金属材料的晶粒组织。在生产过程中，轧制常常是制造各种金属型材的初级加工手段，金属液先被铸成锭块，或者采用连续铸造法铸成厚板、圆坯、方坯，然后被轧制成型材、板材、管材，继续进行进一步加工或直接成为产品。

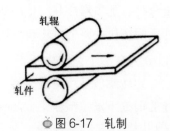

图 6-17　轧制

5）拉拔

如图 6-18 所示，拉拔是指使坯料在外加拉力的作用下通过一定形状的模孔，从而获得所需断面形状和尺寸的小截面毛坯或制品的塑性成型工艺。拉拔主要用于生产各类金属细线材、薄壁管和各种特殊几何形状的型材。拉拔产品的优点是尺寸精确、表面光洁，而且具有一定的力学性能。

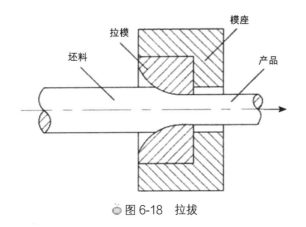

图 6-18　拉拔

3. 固态成型

对设计师而言，板材、棒材、线材、管材的成型十分重要。运输工具、医疗设备和科研设备的外壳，以及家用器具、办公用品、商用陈列橱、展柜中往往大量使用金属制件，尤其是需要耐高温的产品，如炊具、照明器材等。

固态成型是指所使用的原料是在常温条件下可以做出造型的金属条、金属片和其他固体形态的塑性成型工艺。固态成型通常用于板材、棒材、管材的成型，可以在室温下进行。固态成型的成本相对较低，其常见分类如图 6-19 所示。

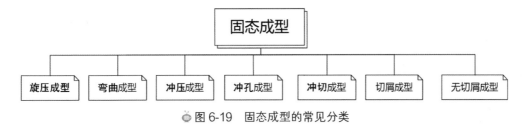

图 6-19　固态成型的常见分类

1）旋压成型

旋压成型是一种常见的用于生产圆形对称部件的固态成型工艺，在加工时，将高速旋转的金属板推向在车床上高速旋转的模型，以获得预先设定的造型。旋压成型适合各种批量形式的生产。

2）弯曲成型

弯曲成型是一种用于加工片状、杆状、管状材料的经济型固态成型工艺。

3）冲压成型

冲压成型是指将金属片置于阳模与阴模之间压制成型，可用于加工中空造型，其深度可深可浅。

4）冲孔成型

冲孔成型是指利用特殊工具在金属片上冲剪出一定造型的固态成型工艺，适合小批量生产。

5）冲切成型

冲切成型与冲孔成型类似，不同之处在于前者使用冲下的部分，后者使用冲剪后金属片上剩余的部分。

6）切屑成型

在切割金属的时候产生切屑的工艺统称为切屑成型，包括钻孔、车床加工，以及磨、锯等工艺。

7）无切屑成型

无切屑成型利用现有的金属条或金属片等做出造型，不产生切屑，包括化学加工、腐蚀、放电加工、喷砂加工、激光切割、喷水切割、热切割等。

 ### 6.3.4　金属制件的连接方式

在许多情况下，通过不同的成型加工工艺制成的金属制件需要连接在一起，才能成为成品或进行进一步的加工。金属制件的连接方式有很多种，通常分为焊接、机械连接、胶接。不同的连接方式在连接强度、外观、质量、可靠性和经济性等方面有所不同，各有各的特点。

1.　焊接

焊接是指通过加热、加压等手段，使金属制件之间产生原子间结合力的连接方式，主要分为熔化焊、压力焊、钎焊。

2.　机械连接

机械连接是指利用紧固件将金属制件连接起来的方式，一般分为铆接和螺纹连接。常用的紧固件有螺栓、螺钉、垫圈、铆钉等。机械连接的优点在于它比焊接和胶接等连接方式的技术可靠，而且便于更换金属制件。

3.　胶接

胶接是指利用胶黏剂在连接面上产生的机械结合力、物理吸附力和化学键合力，将胶接件连接起来的方式。胶接不仅适用于金属材料的连接，还适用于金属材料与非金属材料的连接。胶接工艺简单，不需要复杂的工艺设备。

 ### 6.3.5　金属的热处理

金属的热处理是指金属材料在固态下经过加热、保温和冷却，以改善其性能的工艺。金属的热处理是机械制造中的重要工艺，与其他工艺相比，热处理一般不改变工件的形状和整体的化学成分，而是改变工件内部的显微组织或工件表面的化学成分，从而赋予或改善工件的使用性能。其特点是改善工件的内在质量，这种改善肉眼一般看不到。热处理不仅可以改善毛坯的切削加工性、钣金件的成型性和材料的物理性能、化学性能，使制件具备设计要求的性能，还可以消除制件和焊接件中的有害残余应力，稳定制件的尺寸。

金属的热处理一般包括加热、保温、冷却工序，有时只有加热和冷却工序。这些工序互相衔接，不可间断，其中加热是热处理的重要工序之一。加热温度、保温时间、冷却速度是热处理的 3 个要素。金属的热处理大体可分为普通热处理、表面热处理、特殊热处理。

1. 普通热处理

普通热处理包括退火、正火、淬火、回火。

1）退火

退火是指将工件加热到适宜的温度，根据材料和工件的尺寸，选择不同的保温时间，并缓慢冷却。其目的是使金属内部组织达到或接近平衡状态，从而具有良好的工艺性能和使用性能，或者为淬火做准备。

2）正火

正火是指将工件加热到适宜的温度后在空气中冷却。正火的效果和退火相似，只是得到的组织更细，常用于改善材料的切削性能，有时也用于对一些加工要求不高的零件进行最终的热处理。

3）淬火

淬火是指将工件加热、保温后，在水、油或其他无机盐溶液、有机水溶液等淬冷介质中快速冷却。淬火后的工件会变硬、变脆。

4）回火

回火是指先将淬火后的工件重新加热，再进行保温、冷却。其目的是消除淬火时产生的应力，使工件具有设计要求的组织和性能。

退火、正火、淬火、回火是普通热处理的"四把火"。其中，淬火与回火关系密切，二者常常配合使用，缺一不可。

2. 表面热处理

表面热处理是指加热工件表面，以改变其力学性能的金属热处理工艺。表面热处理包括表面淬火和化学热处理。

（1）表面淬火是指先将金属表面快速加热至所要求的温度，然后进行淬火，以提高金属表面的硬度，增强其耐磨性。

（2）化学热处理是指将金属工件置于一定的活性介质中加热、保温，使介质元素渗入工件表面，改变工件表面的化学成分和组织结构，进而使工件表面具有预期的性能。常用的化学热处理工艺包括渗碳、渗氮、氰化。

3. 特殊热处理

特殊热处理是指利用特殊工艺进行热处理，通常包括形变热处理、磁场热处理等。

金属的热处理是机械零件和工具、模具制造过程中的重要工序。总的来看，热处理不仅可以改善工件的多种性能（如耐磨性、耐腐蚀性等），还可以改善毛坯的组织和应力状态，有利于后续的各种冷加工和热加工。例如，白口铸铁经过长时间的退火处理可以变成可锻铸铁，增强塑性；采用正确的热处理工艺的齿轮，其使用寿命比不经过热处理的齿轮长几倍甚至几十倍；价格低廉的碳钢渗入某些合金元素后可以具有某些价格昂贵的合金钢的性能，从而代替一些耐热钢、不锈钢；几乎所有工具、模具都要经过热处理才能使用。

6.3.6　金属材料的表面处理技术

金属是设计和生产中十分重要的材料。不过，金属具有表面易生锈、易腐蚀的缺点。在各种外界环境因素的影响下，金属材料的表面容易受侵蚀或发生反应，从而失去光泽、变色，出现开裂、粉化等损坏现象。与此同时，除了表现金属本身的材质美，设计师往往还会采用某些加工工艺来丰富其美感，使其具有更高的审美价值。因此，金属材料的表面处理技术应运而生，它既可以对金属制品起到保护作用，使其更好地保持质感、延长使用寿命，也可以起到美化和装饰的作用。

1. 金属表面前处理

在对金属制品进行表面处理之前，往往会进行前处理或预处理，目的是使金属表面达到可以处理的状态。金属材料种类繁多，它们的原始表面状态各不相同，而且不同的表面处理技术对金属表面前处理的要求不同，因而金属表面前处理的工艺和方法很多，主要包括机械处理、化学处理、电化学处理。

（1）机械处理是指通过切削、研磨、喷砂等加工方法清理金属表面的锈蚀和氧化皮等，处理后的金属表面会变得比较平滑或形成凹凸等纹理。

（2）化学处理的主要作用是清理金属表面的油污、锈蚀和氧化皮等。

（3）电化学处理主要通过化学除油来防止金属表面被腐蚀，有时也可用于活化金属表面的状态。

2. 金属表面装饰

金属表面装饰主要分为金属表面着色工艺和金属表面肌理工艺，是保护和美化金属制品外观的重要方法。

1）金属表面着色工艺

金属表面着色工艺是指采用化学处理、物理处理、机械处理、电解处理、热处理等方法，使金属表面形成各种颜色的涂层、镀层或膜层的金属表面装饰工艺。主要的着色方法有涂覆着色、化学着色、电解着色、阳极氧化着色、珐琅着色、热处理着色，以及一些传统的着色方法，如做假锈、汞齐镀、热浸镀锡、鎏金、鎏银、亮斑等。

2）金属表面肌理工艺

金属表面肌理工艺是指通过锻打、打磨、镶嵌、刻画、腐蚀等方法，在金属表面形成肌理效果。常用的金属表面肌理工艺有表面锻打、表面抛光、表面镶嵌、表面蚀刻等。

6.3.7 常用的金属材料及其在工业设计中的应用

1. 常用的金属材料

金属的材质美既来自它的本质，也来自设计师对它的加工和装饰。无论是沉甸甸的黄金还是轻盈的铝合金，不同的金属材料都是从不同的色彩、纹理、质地、光泽中显示其审美个性和特征的。金属材料具有质地坚硬、光泽感强、强度高、导电、导热等特点，凭借优良的性能成为工业设计中的主要材料之一，广泛应用于许多领域。常用的金属材料有钢铁材料、铝和铝合金、铜和铜合金、钛和钛合金。

如今，金属材料已经从纯金属、纯合金中摆脱出来。随着材料设计、工艺技术和使用性能试验的进步，传统的金属材料得到了迅速发展，新的高性能金属材料被不断地开发出来。例如，快速冷凝非晶材料和微晶材料、高比强和高比模的铝锂合金、有序金属间化合物、机械合金化合金、氧化物弥散强化合金、定向凝固柱晶合金和单晶合金等高温结构材料、金属基复合材料，以及形状记忆合金、钕铁硼永磁合金、贮氢合金等新型功能金属材料，已经在航空航天、能源、机电等领域得到了应用，并创造了巨大的经济效益。

2. 常用的金属材料在工业设计中的应用

在工业设计中，金属材料是一种非常常见的材料，它不是坚硬的代名词，经过现代工艺加工、铸造后的金属材料可以像陶泥一样变成各种形态，呈现出丰富多彩的产品造型。图 6-20 所示用为金属材料制成的楼梯。

◎ 图 6-20　用金属材料制成的楼梯

凭借华美的外观、硬朗的线条、迷离的光泽，金属材料在设计界受到了很高的赞誉。金属材料的反光感极强，能够反射耀眼的光芒，在工业设计中的应用范围非常广泛，尤其是在装饰用料、手机、家电、名片海报设计、数码产品等领域。设计师应以"艺术源于生活"的基本理念为基础，充分挖掘金属质感的内涵，将设计界兴起的金属质感概念与社会发展、科技发展充分融合，使其更好地为商品经济服务，在为人类创造财富的同时，也为人类创造更舒适的高品质生活。

工业设计是使光线色彩、线条质感、商业推广相互协调和彼此融合的行业。凭借特有的炫目光感，金属色越来越受到设计师的重视，从光谱中脱颖而出。金属色不属于任何色系，带有一丝冰冷和些许厚重感，以宁静的姿态折射世间的万紫千红，以冷艳、凝重的纹理刻入人们的记忆，是一种需要用心体会的色彩。

在进行工业设计时，设计师需要发掘金属材料的优势，并用实践开拓金属材料的潜在市场，用金属材料衬托产品造型，同时不能因为过于繁杂、喧宾夺主而使设计产生误差。在设计过程中，设计师应当着重把握线条、反光、角度的关系，这样才能精确地表现产品的设计定位。

6.4 塑料

6.4.1 塑料的基本概念

1. 塑料的简介

早在 20 世纪初，塑料进入商业应用领域后不久，设计界就开始关注这种材料。随着塑料品种的不断开发、加工工艺的不断完善、制件品质的不断提升，塑料产品具有了质轻、耐腐蚀、可选择性强的特点，以及亮丽的色彩和很高的设计自由度。这些可贵的特点被越来越多的设计师了解和青睐，塑料因而成为工业设计中的主要材料之一。塑料不但从传统的设计材料中脱颖而出，而且对设计方法、设计风格产生了较大的影响。塑料工业的高速发展和塑料在各个领域的广泛应用，令设计师无法不关注塑料的影响力和商业价值。可以说，在当今时代，如果设计师对塑料知之甚少，那么无疑是其知识结构的欠缺。总之，塑料在工业设计中的应用数不胜数，在其他领域中的应用也不胜枚举，如汽车领域、家用电器领域、日用品领域等。

广义上，塑料（见图 6-21）指的是树脂和聚合物高分子材料，是以树脂（或在加工过程中直接聚合单体）为主要成分，以增塑剂、填充剂、润滑剂、着色剂等添加剂为辅助成分，在加工过程中能够流动成型的，由许多较小且结构简单的小分子通过借共价键组合而成的材料。树脂是指受热时有一定的转化范围或熔融范围，转化时受外力作用具有流动性，在常温下呈固态、半固态或液态的有机聚合物，是塑料最基本、最重要的成分。

图 6-21　塑料

2．塑料的一般特性

塑料的通用性很强，在很多使用场景中，它可以与木材、金属、陶瓷、玻璃材料媲美。与其他材料相比，塑料在性能、价格等方面具有特殊的优势，具体说明如下：

（1）耐化学腐蚀；

（2）有光泽，呈部分透明或半透明状态；

（3）大部分塑料是良好的绝缘体；

（4）重量轻且坚固；

（5）易于成型加工，可大量生产，价格低廉；

（6）用途广泛、着色性强，部分塑料的耐高温性较强。

与其他材料相比，塑料存在以下不足之处。

（1）易老化：塑料制品在阳光、空气、热和环境介质（如酸、碱、盐等）的作用下，分子结构产生递变，增塑剂等组分挥发，化合键断裂，从而发生力学性能变差，甚至硬脆、破坏等现象。改进配方和加工技术等可以大大延长塑料制品的使用寿命。

（2）易燃：塑料不但可燃，而且燃烧时发烟量大，甚至会产生有毒气体。通过改进配方（如加入阻燃剂、无机填料等），设计师可以制成自熄、难燃甚至不燃的塑料制品，不过其防火性能仍然比采用无机材料的制品差，使用时要注意防火。对于建筑物中容易蔓延火势的部位，不建议使用塑料制品。

（3）耐热性差：塑料通常有受热变形甚至分解的问题，使用时要注意温度不能过高。

（4）刚度低：塑料是一种黏弹性材料，弹性模量低，只有钢材的 1/20~1/10，而且在载荷的长期作用下容易产生蠕变，即随着时间的推移，变形增大，而且温度越高，变形增大的速度越快。因此，承重结构应慎用塑料制品。但纤维增强塑料等复合材料和某些高性能工程塑料的强度较高，甚至可以超过钢材的强度。

3. 塑料的分类

塑料的种类繁多，组成结构不同，性能和用途也各不相同。根据不同的维度，可以对塑料进行不同的分类。

（1）根据受热后的性能特点，可以把塑料分为热塑性塑料和热固性塑料。

热塑性塑料：加热后会熔化，可流动到模具中，冷却后可成型，再次加热后又会熔化的塑料，即可以通过加热和冷却产生可逆变化（液态和固态之间的物理变化）的塑料。热塑性塑料的连续使用温度通常在100℃以下。

热固性塑料：在受热或其他条件下固化后不溶于任何溶剂，不能用加热的方法再次软化的塑料。如果加热温度过高，热固性塑料就会分解。常见的热固性塑料有酚醛塑料（俗称电木）、环氧塑料等。

（2）根据不同的使用特性，可以把塑料分为通用塑料、工程塑料、特种塑料。

通用塑料：产量大、用途广、成型性强、价格低廉的塑料。四大通用塑料包括聚乙烯（Polyethylene，PE）、聚丙烯（Polypropylene，PP）、聚氯乙烯、聚苯乙烯（Polystyrene，PS）。

工程塑料：能承受一定的外力，具有良好的力学性能和耐高温性能、耐低温性能，尺寸稳定性较强，可以用作工程结构的塑料，如 ABS、聚酰胺（Polyamide，PA）、聚砜（Polysulfone，PSU）等。

特种塑料：具有特殊性能，可用于航空航天等特殊领域的塑料，如氟塑料和有机硅等，它们具有突出的耐高温、自润滑等性能。增强塑料和泡沫塑料属于特种塑料，它们具有强度高、缓冲性强等性能。

4. 塑料的加工流程

1）配料

这是塑料加工流程的第一步，需要用到的原料除了有聚合物，还有稳定剂、增塑剂、着色剂等塑料添加剂，这样加工出来的塑料制品的使用性能会得到很大的改善，而且可以降低生产成本。在配料时，设计师既可以把聚合物与塑料添加剂混合在一起，分散为干混料，也可以把它们加工成粒料。

2）成型

这是塑料加工流程中最关键的一步，需要把各种形态的塑料制成所需形状的坯件。成型的方法有很多种，设计师应根据塑料的类型、起始形态，以及制品的尺寸、形状来选择。如果是热塑性塑料，那么一般采用挤出成型、注射成型、压延成型、吹塑成型、热成型等方法；如果是热固性塑料，那么既可以采用模压成型、树脂传递模塑成型方法，也可以采用注射成型方法。除此以外，还有以液态单体或聚合物为原料的浇铸成型等方法。

3）机械加工

这一步可以被看作成型的辅助工序，借用金属或木材的加工方法，制造尺寸精确或数量不多的塑料制品。不过，塑料的性能和金属、木材的性能不同，在进行机械加工的时候，使用的工具和切削速度等要符合塑料的特点。

4）接合

这一步是把塑料制件接合在一起，主要有焊接和黏接两种方法。焊接主要包括热风焊接、热熔焊接、高频焊接、摩擦焊接、超声波焊接等。黏接是用胶黏剂完成的，主要包括熔剂黏接、树脂溶液黏接、热熔胶黏接等。

5）修饰

这一步的目的是美化塑料制品的表面，设计师既可以采用机械修饰的方法，如磨、锉、抛光等；也可以采用涂饰的方法，如把涂料涂在塑料制品的表面，用带花纹的薄膜覆盖塑料制品的表面等；还可以采用施彩的方法，如彩绘、印刷等，以及镀金属的方法，如真空镀膜、电镀、化学镀银等。

6）装配

这是塑料加工流程的最后一步，即把加工好的、单独的塑料制件组合在一起，使其成为完整的塑料制品。

图 6-22 所示为塑料的加工流程。

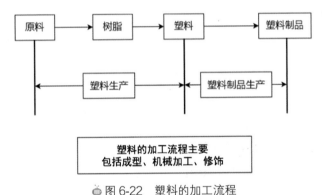

◎ 图 6-22　塑料的加工流程

6.4.2　塑料的成型加工工艺

塑料的成型加工工艺是指在一定的工艺条件下，使用相关的成型加工设备，将各种形态的塑料原料和添加剂制成所需形状的制品或坯件的过程。塑料的成型加工工艺方法很多，常用的方法有注射成型、挤出成型、滚塑成型、吹塑成型、吸塑成型、模压成型、压延成型、发泡成型、缠绕成型、层压成型、涂覆成型、浇铸成型、滴塑成型、压缩模塑成型、冷压模塑成型、树脂传递模塑成型、挤压成型、热成型、3D 打印等。在生产过程中，对塑料成型加工工艺方法的选择主要取决于塑料的类型（是热塑性塑料还是热固性塑料）、起始形态和制品的外观、形状、尺寸精度、加工成本等。例如，加工热塑性塑料的常用方法有注射成型、挤出成型、吹塑成型、压延成型、热成型等，加工热固性塑料一般采用注射成型、模压成型、树脂传递模塑成型等方法。

1. 注射成型

注射成型又被称为注塑成型，是指用注塑机（见图6-23）将热塑性塑料熔体在高压下注入模具中，经冷却、固化后形成产品的方法。

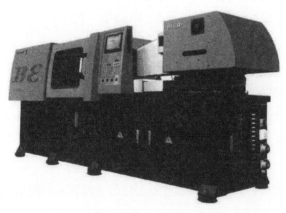

◎图6-23　注塑机

此外，注射成型也可用于热固性塑料和泡沫塑料的成型。注射成型的优点是生产速度快、效率高、操作自动化，可生产形状复杂的零件，特别适合大批量生产；其缺点是设备和模具成本高，清理注塑机比较困难。注射成型的原理如图6-24所示。

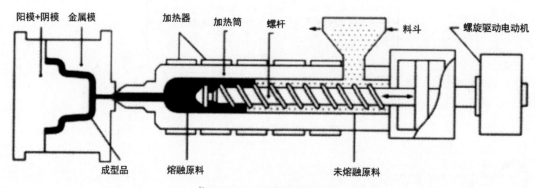

◎图6-24　注射成型的原理

2. 挤出成型

挤出成型又被称为挤塑成型，是指用挤塑机使经过加热的树脂连续通过模具，挤出所需形状的制品的方法，其原理如图6-25所示。挤出成型可用于个别热固性塑料和泡沫塑料的成型。挤出成型的优点是可挤出各种形状的制品，生产效率高，可自动化、连续化生产；其缺点是不能用于所有热固性塑料的成型，制品的尺寸容易产生误差。

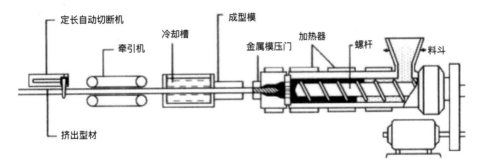

图 6-25　挤出成型的原理

3. 滚塑成型

滚塑成型又被称为旋转成型、旋塑成型、旋转模塑成型、旋转铸塑成型、回转成型等。该方法需要将计量好的塑料原料（液态或粉料）倒入模具中，在模具闭合后，使模具沿两个垂直旋转轴旋转，同时加热模具，模具中的塑料原料在重力和热能的作用下，均匀地涂布、熔融、黏附于模腔的整个表面，成为与模腔相同的形状，经冷却定型、脱模后制成所需形状的制品。

4. 吹塑成型

吹塑成型又被称为中空吹塑成型或中空成型，是指借助压缩空气的压力，将闭合在模具中的热的树脂型坯吹胀为空心制品的方法，其原理如图 6-26 所示。吹塑成型包括吹塑薄膜和吹塑中空制品两种方法，可生产各种瓶、桶、壶等容器和儿童玩具、薄膜制品。

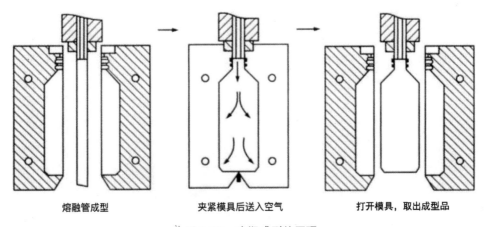

| 熔融管成型 | 夹紧模具后送入空气 | 打开模具，取出成型品 |

图 6-26　吹塑成型的原理

5. 吸塑成型

吸塑成型是指用吸塑机将塑料片材加热到一定温度后，通过真空泵产生负压，将塑料片材吸附到模型表面，经冷却定型后制成不同形状的泡罩或泡壳的方法。吸塑成型的原理如图 6-27 所示，吸塑成型制品如图 6-28 所示。

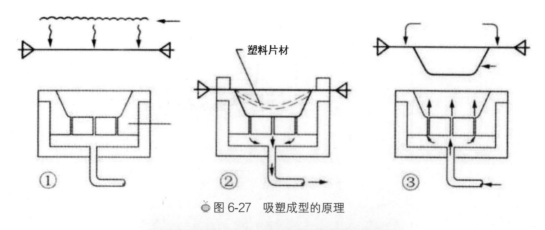

◎图 6-27 吸塑成型的原理

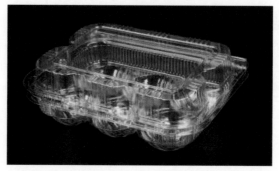

◎图 6-28 吸塑成型制品

6. 模压成型

模压成型又被称为压塑成型或压制成型，是指先将粉状、粒状或纤维状的原料放入成型温度下的模具型腔中，然后闭模加压，使其成型并固化的方法。模压成型可用于热固性塑料、热塑性塑料和橡胶材料的成型，主要用于酚醛塑料、环氧塑料等热固性塑料的成型。模压成型的原理如图 6-29 所示。

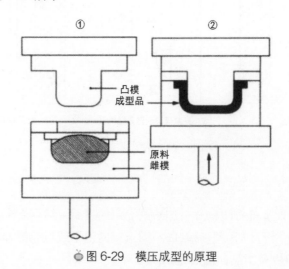

◎图 6-29 模压成型的原理

7. 压延成型

压延成型是指对树脂和各种添加剂进行预处理（如捏合、过滤等）后，通过压延机的两个或多个转向相反的压延辊的间隙，将它们加工成薄膜或片材，从压延机辊筒上剥离下来，并进行冷却定型的方法。压延成型主要用于聚氯乙烯树脂的成型，能够制成薄膜、片材、板材、人造革、地板砖等制品，其原理如图 6-30 所示。

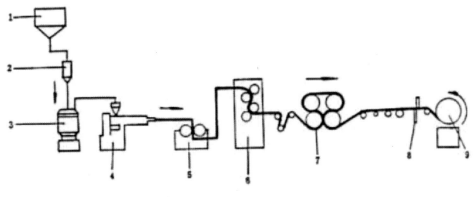

图 6-30　压延成型的原理

8. 发泡成型

发泡成型是指在发泡材料（如 PVC、PE、PS 等）中加入适量的发泡剂，使塑料产生微孔结构的方法。几乎所有的热固性塑料和热塑性塑料都能通过发泡成型制成泡沫塑料。根据不同的泡孔结构，可以将泡沫塑料分为开孔泡沫塑料（绝大多数气孔是互相连通的）和闭孔泡沫塑料（绝大多数气孔是互相分隔的），这种区别主要是由制造方法（如化学发泡、物理发泡、机械发泡等）决定的。

9. 缠绕成型

缠绕成型是指将浸过树脂胶液的连续纤维（或布带、预浸纱）按照一定规律缠绕到芯模上，经固化、脱模后制成制品的方法。

10. 层压成型

层压成型是指在加热、加压下使多层相同的或不同的材料结合成整体的方法，常用于加工塑料，也用于加工橡胶。

11. 涂覆成型

涂覆成型是指将塑性溶胶或有机溶胶涂覆在布或纸等基材的表面，或者将粉状塑料涂覆在金属表面的方法。常见的涂覆制品有人造革、漆布、塑料壁纸和各种金属涂覆制品。

12. 浇铸成型

早期的浇铸成型是指在常压下将液态单体或预聚物、聚合物注入模具，经聚合而固化成型，使其变成与模具内腔形状相同的制品。20 世纪 60 年代出现的碱催化聚合法，使己内酰胺或其他内酰胺单体直接在模具中聚合并凝固成单体浇铸尼龙。随着成型技术的发展，传统的浇铸成型概念有所改变，聚合物溶液、聚氯乙烯糊和熔体也可用于浇铸成型。

13. 滴塑成型

滴塑成型是指利用热塑性高分子塑料所具有的状态可变的特性（在一定条件下具有黏流性，在常温下可恢复为固态），使用适当的方法和专门的工具进行喷墨，在黏流状态下将塑料塑造成设计要求的形态，并在常温下固化成型的方法。

14. 压缩模塑成型

压缩模塑成型主要用于热固性塑料的成型，通过加热使其熔化，经过加压冲模、再次加热交联固化、脱模后制成制品。

15. 冷压模塑成型

冷压模塑成型是压缩模塑成型的一种。和其他压缩模塑成型不同，冷压模塑成型在常温下对塑料进行加压模塑。脱模后的模塑品可再次加热，或者借助化学作用使其熟化。

16. 树脂传递模塑成型

树脂传递模塑成型是指将树脂注入闭合模具中浸润增强材料并固化的方法。该方法可不使用预浸料、热压罐，能够有效降低设备成本和成型成本。近年来，该方法发展得很快，在飞机工业、汽车工业、舰船工业等领域广泛应用，并发展出三维树脂薄膜灌注、真空辅助树脂传递模塑、树脂浸渍模塑工艺、树脂浸渍技术等多个分支，以满足不同领域的应用需求。

17. 挤压成型

挤压成型是指用冲头或凸模对放置在凹模中的坯料加压，使其产生塑性流动，从而获得与凹模、凸模的形状相对应的制件的方法。在挤压时，坯料产生三向压应力，即使是塑性较弱的坯料，也可以被挤压成型。

18. 热成型

热成型是指将热塑性塑料片材加工成各种制品的比较特殊的方法，热塑性塑料片材被夹在模具上加热至软化状态，在外力作用下紧贴模具的型面，变成与模具的型面相仿的形状，在冷却定型后稍加修整即可制成制品。

19. 3D打印

3D打印是快速成型制造技术的一种，它以数字模型文件为基础，使用粉状金属或塑料等可黏合材料，通过逐层打印的方式制造物体。3D打印通常是靠数字技术材料打印机实现的，早期常用于在模具制造、工业设计等领域制造模型，后来逐渐用于直接制造某些产品，目前已经有用这种方法制成的零部件。

6.4.3　塑料的二次加工

塑料的二次加工是指在原有已成型塑料的基础上，采用机械加工、热成型、连接、表面处理等工艺，对一次成型的塑料制件进行二次成型，制成所需的制品，故又被称为塑料的二次成型。塑料的二次加工对产品外观的影响非常明显，产品最终的外观主要是由二次加工决定的。

1. 塑料的机械加工

利用切削金属、木材等材料的机械加工方法对塑料进行加工被称为塑料的机械加工。当制品的尺寸精度高、数量少时，机械加工是比较合适的选择。机械加工也可作为塑料成型的辅助工序。塑料的机械加工与金属材料的切削加工大致相同，可借用切削金属材料的工具和设备。需要注意的是，塑料的导热性差、热膨胀系数大，当夹具或刀具加压太大时，塑料容易发生变形，而且容易被切削时产生的热量熔化，熔化后容易黏附在工具上；塑料制件回弹性大、容易变形，加工表面较粗糙，尺寸误差较大；加工有方向性的层状塑料制件容易开裂、分层、起毛或崩落。因此，在对塑料进行机械加工时，设计师需要充分考虑其特性，选择合适的加工方法、工具和切削速度。常用的机械加工方法有锯、切、铣、磨、钻、刨、车削、喷砂、抛光、螺纹加工、激光加工等。

2. 塑料的热成型

塑料的热成型有一个特点，那就是不对粉状或粒状的原料进行加工，而是以半成品的塑料片材为原料，先通过加热来软化片材；然后借助真空或低压，将软化的片材压向整个模具表面，使其变成与模具表面相仿的形状；最后经冷却定型和修饰后制成塑料制件。常用的热成型方法有真空热成型、对模热成型、双片材热成型、气压热成型、柱塞助压热成型等。

3. 塑料的连接

在产品设计中，设计师经常采用将不同的塑料制件或将塑料制件与其他材料制件连接起来的方法。塑料的连接方法大体上可以分为机械连接、化学黏合、焊接。

（1）借助机械力在塑料制件之间或塑料制件与其他材料制件之间形成连接的方法被称为机械连接。

（2）化学黏合是指在溶剂或黏合剂的作用下，使塑料与塑料或塑料与其他材料彼此连接的方法。常用的化学黏合方法有溶剂黏合、黏合剂黏合、热熔胶黏合等。

（3）焊接是指利用热作用，使塑料连接处发生熔融，并在一定压力下将塑料黏接在一起的方法。焊接是连接热塑性塑料的基本方法，通常是不可逆的，少数工艺（如感应焊接）可生产可逆组装件。常用的焊接方法有激光焊接、热风焊接、热板焊接、高频焊接、超声波焊接、感应焊接、摩擦焊接等。

4. 塑料的表面处理

在一般情况下，塑料的着色和表面纹理装饰可以在成型时完成。不过，为了延长产品的使用寿命，提高其美观度，设计师通常会对塑料表面进行二次加工，即进行各种处理和装饰，这就是塑料的表面处理，它可以分为塑料表面的机械加工、塑料表面镀覆、塑料表面装饰3种类型。

（1）塑料表面的机械加工是指通过磨砂、抛光等机械手段，使塑料表面的质感产生变化，使产品更加美观。

（2）塑料表面镀覆是指在塑料表面镀覆金属，是塑料二次加工的重要工艺。常用的塑料表面镀覆方法有电镀和真空镀。

（3）塑料表面装饰主要包括涂饰、贴膜、印刷等。

常用的塑料表面处理方法有涂饰、镀饰、烫印。

（1）涂饰：目的主要是防止塑料制品老化，提高塑料制品的耐化学药品能力和耐溶剂能力，以及便于装饰、着色，形成不同的表面纹理。

（2）镀饰：在塑料表面镀饰金属是塑料二次加工的重要工艺。它能够改善塑料表面的性能，达到防护、装饰、美化的目的，使塑料具有导电性，提高塑料制品表面的硬度和耐磨性，改善其防老化、防潮、防溶剂侵蚀的性能，并使其具有金属光泽。目前，塑料金属化或在塑料表面镀饰金属是扩大塑料制品应用范围的重要加工方法。

（3）烫印：利用刻有图案或文字的热模，在一定的压力下，把烫印材料上的彩色锡箔转移到塑料制品的表面，使其带有精美的图案或文字。

6.4.4 常用的塑料及其在工业设计中的应用

随着塑料工业的发展，塑料的品种越来越多，其性能千差万别。了解各种塑料的性能，选择合适的塑料品种和工艺，是工业设计取得成功的重要保证。本节对常用塑料的主要性能特点、典型用途及其在工业设计中的应用等方面进行介绍。常用塑料的英文简称和中文名称如表 6-1 所示。

表 6-1　常用塑料的英文简称和中文名称

英文简称	中文名称	英文简称	中文名称
ABS	丙烯腈－丁二烯－苯乙烯	POM	聚甲醛
AS	丙烯腈－苯乙烯	PP	聚丙烯
ER	环氧树脂	PPO	聚苯醚
HDPE	高密度聚乙烯	PP-R	无规共聚聚丙烯
LDPE	低密度聚乙烯	PS	聚苯乙烯
MDPE	中密度聚乙烯	PSU	聚砜
PA	聚酰胺	PTFE	聚四氟乙烯
PBTP	聚对苯二甲酸丁二（醇）酯	PU	聚氨酯
PC	聚碳酸酯	PVC	聚氯乙烯
PE	聚乙烯	RP	增强塑料
PETP	聚对苯二甲酸乙二（醇）酯	TPU	热塑性聚氨酯
PF	酚醛塑料	UF	脲－甲醛
PMMA	聚甲基丙烯酸甲酯	UP	不饱和聚酯

1. 聚乙烯

聚乙烯是塑料工业中产量最大的塑料品种，根据聚合时使用的不同压力，可以将其分为高压聚乙烯、中压聚乙烯、低压聚乙烯。由于低压聚乙烯的高分子链上支链较少，相对分子质量较大，结晶度和密度较高，因此它又被称为高密度聚乙烯（High Density Polyethylene，HDPE），它的质地比较硬，耐磨性、耐腐蚀性、耐热性、电绝缘性较强。由于高压聚乙烯的高分子链上有许多支链，相对分子质量较小，结晶度和密度较低，因此它又被称为低密度聚乙烯（Low Density Polyethylene，LDPE），它具有较强的柔软性、耐冲击性、透明性。

低压聚乙烯常用于制造塑料管、塑料板、塑料绳，以及承载量不大的零件，如齿轮、轴承等。高压聚乙烯常用于制造塑料袋（见图6-31）、塑料软管、塑料瓶，以及电气工业中的绝缘零件和包覆电缆等。

2. 聚丙烯

聚丙烯无色、无味、无毒，其外观和聚乙烯相似，但比聚乙烯更透明、更轻。它不吸水、光泽好、易着色，屈服强度、抗拉强度、抗压强度和硬度比聚乙烯

● 图 6-31　用高压聚乙烯制造的塑料袋

高，弹性比聚乙烯大。定向拉伸后的聚丙烯可制作铰链，其抗弯曲疲劳强度特别高。例如，用聚丙烯注射成型的一体铰链（或盖和本体合一的各种容器）在经过 $7×10^7$ 次开闭弯折后，未发生损坏和断裂现象。聚丙烯的熔点是 164~170℃，其耐热性强，能够在 100℃ 以上的温度下进行消毒灭菌。其低温使用温度达 -15℃，低于 -35℃ 时会脆裂。聚丙烯的高频绝缘性能良好，而且不吸水，故其绝缘性能不受湿度的影响。不过，在氧、热、光的作用下，聚丙烯极易解聚、老化，必须加入防老化剂。

聚丙烯常用于制造各种机械零件（如法兰、接头、泵叶轮、汽车零件和自行车零件），水、蒸汽和各种酸碱的输送管道，化工容器（见图 6-32）和其他设备的衬里、表面涂层，盖和本体合一的箱壳，各种绝缘零件，还可用于医药工业。

🍊 图 6-32　用聚丙烯制造的化工容器

3. 聚氯乙烯

聚氯乙烯是产量较大的塑料品种之一。聚氯乙烯树脂为白色或浅黄色粉末，可以根据不同的用途加入不同的添加剂，从而具有不同的物理性能和化学性能。在聚氯乙烯树脂中加入适量的增塑剂可以制成多种硬质、软质、透明制品。纯聚氯乙烯的密度为 $1.4g/cm^3$，加入增塑剂和填料的聚氯乙烯塑件的密度一般为 $1.15~2.00g/cm^3$。硬聚氯乙烯不含或含有少量的增塑剂，具有较好的抗拉性能、抗弯性能、抗压性能和抗冲击性能，可单独用作结构材料。软聚氯乙烯含有较多的增塑剂，柔软性、耐寒性较强，断裂伸长率较高，但硬度、抗拉强度较低，脆性较弱。聚氯乙烯具有优良的电气绝缘性能，可作为低频绝缘材料。聚氯乙烯的化学稳定性较强，但热稳定性较弱，长时间加热后会分解、释放氯化氢气体并变色。聚氯乙烯的使用温度范围较小，一般为 -15~5℃。

聚氯乙烯的化学稳定性较强，常用于制造防腐管道、管件和输油管、离心泵、鼓风机等。用聚氯乙烯制成的硬板广泛应用于化学工业中各种贮槽的衬里，以及建筑物的门窗结构、墙壁装饰等建筑用材。聚氯乙烯的电气绝缘性能优良，在电气工业、电子工业中常用于制造插座、插头、开关、电缆等。在日常生活中，聚氯乙烯常用于制造凉鞋、雨衣（见图 6-33）、玩具、人造革等。

● 图 6-33　用聚氯乙烯制造的雨衣

4. 聚苯乙烯

聚苯乙烯是仅次于聚乙烯和聚氯乙烯的第三大塑料品种，通常以单组分塑料的状态进行加工和应用，主要特点是质轻、透明、易染色、成型加工性能良好，广泛应用于通用塑料、电器零件、光学仪器、文教用品（见图 6-34）。聚苯乙烯的耐热性较弱，其热变形温度一般为 70～98℃，只能在不高于这个范围的温度下使用。聚苯乙烯的质地硬而脆，热膨胀系数较大，这限制了它在工程领域的应用。20世纪 60 年代初期，人们发明了改性聚苯乙烯和以苯乙烯为基体的共聚物，在一定程度上克服了聚苯乙烯的缺点，同时保留了它的优点，从而扩大了它的使用范围。

● 图 6-34　用聚苯乙烯制造的文教用品

5. 丙烯腈 - 丁二烯 - 苯乙烯

ABS 是由丙烯腈、丁二烯、苯乙烯共聚而成的，这 3 种组分各自的特性使 ABS 具有良好的综合力学性能。丙烯腈使 ABS 具有较强的耐化学腐蚀性和较高的表面硬度，丁二烯使 ABS 更加坚韧，苯乙烯使 ABS 具有良好的加工性能和染色性能。

ABS 的抗冲击强度极高，而且在低温下不会迅速下降。ABS 具有较高的机械强度、硬度和一定的耐磨性、耐寒性、耐油性、耐水性、化学稳定性、电气性能。水、无机盐、酸、碱对 ABS 几乎没有影响。在酮、醛、酯、氯代烃中，ABS 会溶解或形成乳浊液，它不溶于大部分醇类溶剂和烃类溶剂，但与烃长期接触会软化、溶胀。ABS塑料表面受冰醋酸、植物油等物质中的化学成分的侵蚀会发生应力开裂。ABS具有一定的硬度和尺寸稳定性，易于加工成型，经过调色后可配成任意颜色。ABS的缺点是耐热性不强，其连续工作温度为70℃左右，热变形温度为93℃左右；其耐候性较弱，在紫外线作用下容易变硬、发脆。ABS中3种组分的比例不同，其性质略有差异，能够满足不同的应用需求。根据不同的应用需求，可以将其分为超高冲击型、高冲击型、中冲击型、低冲击型、耐热型等。

在机械工业中，ABS常用于制造齿轮、泵叶轮、轴承、把手（见图6-35）、管道、电机外壳、仪表壳、仪表盘、水箱外壳、蓄电池槽、冷藏库、冰箱衬里等。

图6-35　用ABS制造的把手

6. 聚酰胺

聚酰胺通称尼龙，是指含有酰胺基的线型热塑性树脂，尼龙是这类塑料的总称。根据不同的原料，常见的尼龙品种有尼龙1010、尼龙610、尼龙66、尼龙11、尼龙9、尼龙6等。

尼龙具有优良的力学性能，抗拉、抗压、耐磨。其抗冲击强度比一般塑料高，尤其是尼龙6。作为制造机械零件的材料，尼龙具有良好的消音效果和自润滑性能。尼龙耐碱、耐弱酸，强酸和氧化剂能侵蚀尼龙。尼龙本身无毒、无味、不霉烂。其吸水性强、收缩率高，常常因吸水产生尺寸变化。尼龙的热稳定性较弱，一般只能在80~100℃的温度范围内使用。为了进一步改善尼龙的性能，人们常在尼龙中加入减摩剂、稳定剂、润滑剂、玻璃纤维填料等，以克服尼龙的一些缺点，提高其强度。

尼龙具有较好的力学性能，常用于制造各种机械、化学零件和电器零件，如轴承、齿轮、辊子、辊轴、滑轮、泵叶轮、风扇叶片（见图6-36）、蜗轮、高压密封扣圈、垫片、阀座、输油管、储油容器、绳索、传动带、电池箱、电器线圈等。

图6-36　用尼龙制造的风扇叶片

7. 聚甲醛

聚甲醛（Polyoxymethylene，POM）是继尼龙后出现的一种性能优良的热塑性工程塑料，其性能不亚于尼龙，而且价格比尼龙低廉。

聚甲醛表面硬而滑，为淡黄色或白色，薄壁部分呈半透明，具有较高的机械强度、耐疲劳强度和突出的抗拉性能、抗压性能，特别适合用作长时间反复承受外力的齿轮的材料。聚甲醛的尺寸稳定性强、吸水率低，具有优良的减摩性能、耐磨性能；耐扭变，回弹能力突出，可用于制造塑料弹簧制品；在常温下一般不溶于有机溶剂，耐醛、酯、醚、烃、弱酸、弱碱，不耐强酸，耐汽油性能和耐润滑油性能很好；具有较好的电气绝缘性能。聚甲醛的缺点是成型收缩率高，在成型温度下的热稳定性较弱。

聚甲醛特别适合制造轴承、凸轮、滚轮、辊子、齿轮等耐磨传动零件，还可用于制造汽车仪表板、汽化器、仪器外壳、罩盖、箱体、化工容器、泵叶轮、鼓风机叶片、配电盘、线圈座、输油管、塑料弹簧等。

8. 聚碳酸酯

聚碳酸酯（Polycarbonate，PC）是一种性能优良的热塑性工程塑料，其抗冲击性能在热塑性塑料中名列前茅。成型的聚碳酸酯制件可达到很高的尺寸精度，并在很大的温度范围内保持尺寸稳定性，成型收缩率恒定为0.5%～0.8%。聚碳酸酯抗蠕变、耐磨、耐热、耐寒，其脆化温度在-100℃以下，长期工作温度达120℃。聚碳酸酯的吸水率较低，能够在较大的温度范围内保持较好的介电性能。聚碳酸酯耐室温下的水、稀酸、氧化剂、还原剂、盐、油、脂肪烃，不耐碱、胺、酮、芳香烃；具有较强的耐候性。聚碳酸酯最大的缺点是易开裂、耐疲劳强度较低。用玻璃纤维增强聚碳酸可以使聚碳酸酯具有更好的力学性能、更强的尺寸稳定性、更低的成型收缩率，并增强其耐热性和耐药性，降低其生产成本。

在机械方面，聚碳酸酯常用于制造各种齿轮、蜗轮、蜗杆、齿条、凸轮、芯轴、轴承、滑轮、铰链、螺母、垫圈、泵叶轮、灯罩、节流阀、润滑油输油管、外壳、盖板、容器、冷冻和冷却装置的零件等。在电气方面，聚碳酸酯常用于制造电机零件、电话交换机零件、信号继电器、风扇部件、拨号盘（见图6-37）、仪表壳、接线板等。此外，聚碳酸酯还可用于制造照明灯、耐高温透镜、视孔镜、防护玻璃等光学零件。

◎ 图6-37　用聚碳酸酯制造的拨号盘

9. 聚甲基丙烯酸甲酯

聚甲基丙烯酸甲酯（Polymethyl Methacrylate，PMMA）俗称有机玻璃，其产品分为模塑成型料和型材。模塑成型料中性能较好的是 372 有机玻璃和 373 塑料。372 有机玻璃是甲基丙烯酸甲酯和少量苯乙烯的共聚体，其模塑成型性能较好。373 塑料是 100 份 372 有机玻璃粉料和 5 份丁腈橡胶的共混料，具有较强的耐冲击性。有机玻璃的密度为 $1.18g/cm^3$，比普通硅玻璃的密度小一半，其机械强度是普通硅玻璃的 10 倍以上。有机玻璃轻而坚韧、易着色，具有较好的电气绝缘性能；化学性能稳定，耐一般的化学腐蚀，能溶于芳烃、氯代烃等有机溶剂；在一般条件下，尺寸稳定性较强。有机玻璃最大的缺点是表面硬度低，容易被硬物擦伤拉毛。

有机玻璃常用于制造有一定透明度和强度要求的防震、防爆、观察零件，如飞机和汽车的窗玻璃、飞机罩盖、油杯、光学镜片、透明模型、透明管道、车灯灯罩（见图 6-38）、油标、各种仪器零件，也可用作绝缘材料、广告牌等。

◉ 图 6-38　用有机玻璃制造的车灯灯罩

10. 聚四氟乙烯

聚四氟乙烯（Polytetrafluoroethylene，PTFE）树脂为白色粉末，外观呈蜡状，光滑、不黏，是一种非常重要的塑料。聚四氟乙烯具有卓越的性能，非一般热塑性塑料所能比拟，因而有"塑料王"之称。聚四氟乙烯的化学稳定性是目前已知的塑料中最强的，它在强酸、强碱和各种氧化剂等腐蚀性很强的介质（包括沸腾的"王水"）中完全稳定，即使是原子能工业中的强腐蚀剂五氟化铀，对它也不起作用，其化学稳定性超过金、铂、玻璃、陶瓷、特种钢等，在常温下还没有发现一种溶剂能溶解它。聚四氟乙烯具有优良的耐热性能、耐寒性能，可在 -195~ 250℃的温度范围内长期使用而不发生性能变化。聚四氟乙烯的电气绝缘性能良好，而且不受环境湿度、温度和电频率的影响。其摩擦系数是目前已知的塑料中最小的。聚四氟乙烯的缺点是热膨胀系数大、耐磨性弱、机械强度低、刚性不足、成型困难，一般需要先将粉料冷压成坯料，再烧结成型。

在防腐化工机械方面，聚四氟乙烯常用于制造管道、阀门、泵、涂层衬里等。在电绝缘方面，聚四氟乙烯广泛应用于需要具有良好的高频绝缘性能和高度耐热、耐寒、耐腐蚀的产品，如喷气式飞机、雷达等。此外，聚四氟乙烯还可用于制造自润滑减摩轴承、活塞环等零件。聚四氟乙烯具有不黏性，在塑料加工和食品工业中广泛用作脱模剂。在医学方面，聚四氟乙烯可用作人工血管、人工心肺装置等。

11. 酚醛塑料

酚醛塑料是以酚醛树脂为基础制成的。酚醛树脂通常由酚类化合物和醛类化合物缩聚而成。酚醛树脂很脆，呈琥珀玻璃态，必须加入各种纤维或粉状填料，才能制成达到一定性能要求的酚醛塑料。酚醛塑料大致可以分为4类，分别为层压塑料、压塑料、纤维状压塑料、碎屑状压塑料。

与一般的热塑性塑料相比，酚醛塑料刚性强、变形小、耐热、耐磨，能够在150~200℃的温度范围内长期使用。在水润滑条件下，它的摩擦系数极小，电绝缘性能优良。酚醛塑料的缺点是质脆、抗冲击强度低。

层压塑料由浸渍过酚醛树脂溶液的片状填料制成，可制造各种型材和板材。根据所用填料的不同，可以将其分为纸质、布质、木质、石棉布、玻璃布等层压塑料。布质层压塑料与玻璃布层压塑料具有优良的力学性能、耐油性能和一定的介电性能，可用于制造齿轮、轴瓦、导向轮、无声齿轮、轴承、电工结构材料、电气绝缘材料。木质层压塑料适合制造水润滑冷却条件下的轴承和齿轮。石棉布层压塑料主要用于制造在高温下工作的零件。

纤维状压塑料具有优良的电气绝缘性能，耐热、耐水、耐磨，可以被加热模压成各种复杂的机械零件和电器零件，常用于制造各种线圈架、接线板、电动工具外壳（见图6-39）、风扇叶片、耐酸泵叶轮、齿轮、凸轮等。

◉ 图6-39 用纤维状压塑料制造的电动工具外壳

12. 氨基塑料

氨基塑料是由氨基化合物与醛类（主要是甲醛）发生缩聚反应制成的塑料，主要包括脲–甲醛塑料和三聚氰胺–甲醛塑料。

脲-甲醛塑料是由脲-甲醛树脂和漂白纸浆等制成的压塑粉，可染成各种鲜艳的色彩，外观光亮（部分塑料呈透明状态），表面硬度较高，耐电弧性强，具有耐矿物油性能和耐霉菌性能。脲-甲醛塑料的缺点是耐水性较弱，在水中长期浸泡后，其电气绝缘性能会下降。脲-甲醛塑料常用于制造电气照明设备的零件、电话机、收音机、钟表外壳、开关、插座、绝缘零件。

三聚氰胺-甲醛塑料由三聚氰胺-甲醛树脂与石棉、滑石粉等制成，又被称为密胺塑料。三聚氰胺-甲醛塑料可制成各种色彩的耐光、耐电弧、无毒塑件，在－20~100℃的温度范围内，其性能变化小，耐沸水和茶、咖啡等染色性强的物质，能够像陶瓷一样轻松擦掉茶渍等污渍，而且具有重量轻、不易碎的特点。三聚氰胺-甲醛塑料常用于制造餐具（见图6-40）、航空茶杯、电器开关、灭弧罩和防爆电器的配件等。

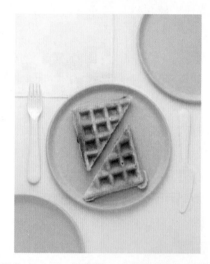

● 图 6-40　用三聚氰胺－甲醛塑料制造的餐具

13. 环氧树脂

环氧树脂是含有环氧基的高分子化合物，在固化前是线型热塑性树脂，只有在加入固化剂（如胺类和酸酐等化合物）后，才能交联成不熔的体型结构的高聚物，具有作为塑料的实用价值。环氧树脂种类繁多、应用广泛，具有许多优良的性能。环氧树脂最突出的特点是黏结能力很强，它是"万能胶"的主要成分。此外，环氧树脂还耐化学药品、耐热、收缩率低、电气绝缘性能良好。与酚醛树脂相比，环氧树脂的力学性能更好。环氧树脂的缺点是耐候性和耐冲击性弱、质地脆。

环氧树脂可用作金属材料和非金属材料的黏合剂，用于封装各种电子元件，搭配硅砂粉等浇铸各种模具，以及制造多种产品的防腐涂料（见图6-41）。

设计师需要利用塑料学科的相关知识来构建、丰富、完善自己的知识结构，这样才能提高设计素质，设计出被大众喜爱的、实用又美观的产品。

● 图 6-41　用环氧树脂制造的防腐涂料

6.5　木材

6.5.1　木材的基本概念

1. 木材的简介

木材的使用几乎贯穿整部人类文明史，从人类学会钻木取火，正式把自己和茹毛饮血的原始环境分离开，筑巢为穴，建造隔绝外部侵害的室内环境至今，木材一直扮演着重要角色。这种刻在历史长河中的关联属性使我们对木材、木制品有一种天然的亲近感，而且这种亲近感会随着木材在室内环境中的使用而越来越强烈。无论是制作家具、营造空间氛围，还是铺装地面、储藏物品，都离不开木材。

木材是能够次级生长的植物（如乔木和灌木）所形成的木质化的植物组织。在初生生长结束后，这些植物根茎中的维管形成层开始活动，向外长出韧皮，向内长出木材。

木材对人类的生活具有很大的作用，根据木材的不同性质特征，人们可以把木材用于不同的途径。

木材是一种独特的材料，具有很好的触感和独特的标志性气味，更重要的是，它的外观令人赏心悦目。同时，木材是一种非常坚固、用途广泛的材料，可以制成各种产品，如室内的装饰、木质家具（见图6-42）等。从用于制作家具的实木到具有多种用途的薄板，木材时常出现在我们的生活中。

◉ 图 6-42　木质家具

2. 木材的基本特性

与其他材料相比，木材具有多孔性、各向异性、湿胀干缩性、易燃性和生物降解性等特性。木材的基本特性如下。

1）天然性

木材是一种天然材料，在人类常用的钢材、木材、水泥、塑料四大主材中，只有木材直接取自自然，这使木材具有生产成本低、耗能低、无毒害、无污染等特性。

2）质感好

木材具有易被人接受的、良好的触觉特性，其质感优于金属、玻璃等材料。

3）强重比高

某些木材的强重比（强度与重量的比值）比一般金属的强重比更高，它们是强度高而重量轻的材料。

4）保温性

与其他材料相比，木材的导热系数很小（铝的导热系数是木材的 2000 倍，塑料的导热系数是木材的 30 倍），具有很强的保温性。

5）电绝缘性

木材的导电性弱，是较好的绝缘材料。

6）可加工性

木材的软硬程度适中，容易加工。

7）装饰性

木材有天然的美丽花纹，具有很强的装饰性，可以用来制作家具和装饰材料。

木材的力学性能主要是指木材抵抗外力的能力，一般包括木材的强度、硬度、弹性、塑性等。木材的力学性能中最显著的特点是各向异性，即当采取不同的受力取向时，所测得的强度不同，并且相差很大。组成木材的细胞是定向排列的，存在顺纹和横纹的差别。顺纹的抗压强度和抗拉强度比横纹高3~10倍。另外，木材还具有较高的顺纹抗弯强度，这种抗弯强度通常是横纹抗弯强度的1.5~2倍。影响木材的力学性能的主要因素有密度、含水率、载荷时间、温度、树木疵病等。

设计师应根据产品造型的需要，合理利用木材的切面。横切面：硬度高、耐磨损，但易折断、难刨削。径切面：通过髓心，与年轮垂直。径切面板材收缩小、不易翘曲、形状挺直、牢度较高。弦切面：有山峰状或V形的美丽纹理，但易翘曲变形。

3. 木材的分类

常用的木材主要包括原木和人造板材。

原木是伐倒的树干经过去枝、去皮后按照规格锯成的一定长度的木材，分为直接使用的原木和加工使用的原木。

直接使用的原木一般用作木桩（见图6-43）、坑木和建筑工程使用的原木，通常具有一定的长度和较高的强度。

图6-43 原木木桩

加工使用的原木是作为原材料加工用的，是将原木按照一定的规格尺寸锯切后的木材，又被称为锯材。根据宽度和厚度的比例关系，可以将加工使用的原木分为板材（见图6-44）、方材、薄木等。

◎图6-44　板材

板材：横断面的宽度为厚度的 3 倍及 3 倍以上的木材。

方材：横断面的宽度小于厚度的 3 倍的木材。

薄木：厚度小于 1 毫米的薄木片。厚度为 0.05~0.2 毫米的薄木被称为微薄木。

人造板材是以原木、刨花、木屑、废材和其他植物纤维为原料，加入胶黏剂和其他添加剂制成的板材。人造板材幅面宽、质地均匀，表面平整、光滑，变形小，美观、耐用、易加工。人造板材的种类很多，常见的有胶合板、刨花板、纤维板、细木工板、空心板等，广泛应用于家具、建筑、车船中。

胶合板：将 3 层或奇数多层刨制或旋切的单板涂胶后经热压而成的人造板材，各单板之间的纤维方向相互垂直（或形成一定的角度）、对称，克服了木材的各向异性缺点。

刨花板：利用木材加工废料制成一定规格的碎木、刨花后，使用胶合剂经热压而成的人造板材。

纤维板：以木材加工废料或植物纤维为原料，经过破碎、浸泡、制浆、成型、干燥、热压等工序制成的人造板材。

细木工板：用短小木条拼接，两面胶合两层表板的人造板材。

空心板：由空心的木框或带有少量填充物的木框构成，两面胶压胶合板或纤维板的人造板材。

近年来，国内外研制了许多新型木材，具体介绍如下。

（1）有色木材。

日本研制了一种有色木材，将红色和青色的盐基染料装进软管，直接注入杉木树干靠近根部的地方，4个月后即可采伐。这种木材不但从上到下浑然一色，而且不易褪色，在被加工成家具后，其表面不需要涂饰美化。

（2）特硬木材。

加拿大研制了比钢铁还硬的特硬木材。这种木材是先对木材纤维进行特殊处理，使木材纤维交结在一起，再把合成树脂覆盖在木材表面，经微波处理制成的。这种木材不弯曲、不开裂、不缩胀，可用作栋梁、门、窗、车厢板等。

（3）陶瓷木材。

日本研制了一种陶瓷木材。这种木材是以经高温高压加工而成的高纯度二氧化硅和石灰石为主要原料，加入塑料和玻璃纤维等制成的。这种木材具有不易燃烧、不易变形、不易腐烂、重量轻、易加工等优点，是一种优质的建筑材料。

（4）铁化木材。

苏联利用铁化工艺法，先在真空中用油处理质地松软的木材，再像烧砖一样焙烧，这样木材就会变得像金属一样硬，同时具有防火、抗腐蚀的性能。该技术为充分利用松软木材创造了条件。

（5）防火木材。

保加利亚研制成了一种奇特的溶液，木材被这种溶液浸过后就不会燃烧了。这种木材主要用来制造船舶上许多不能用钢铁制造的零部件，为安全航行提供了可靠的保障。

（6）染色木材。

美国研发了一种有趣的浸染技术，在几分钟的时间里，让木材通过装有锡水的水槽。该技术既能使木材呈现出金黄色、咖啡色、乌黑等颜色，又能烫出美丽的花纹，不但色彩自然，而且防腐耐用。

（7）模压木材。

我国采用模压技术制作木制品，其最大的特点是不需要使用上等木材，可使用农场中新采伐的橡胶木、防护林中的小径木和枝杈材等下等木材，加入胶合剂和化学添加剂，利用专门的模具，在高温高压下加热成型。采用该技术生产的家具不怕风吹、日晒、雨淋、不开裂、不变形。

（8）浇铸木材。

日本研制了一种液体化学木材。这种木材由木屑、环氧树脂、聚氨酯浇铸成型，可根据实际需要固定成型，不需要进行精细的加工，具有和天然木材一样的木纹、光泽，而且比天然木材的成本低。

6.5.2 木材的加工工艺

1. 木材的加工工艺流程

在加工构件之前，设计师需要根据构件的形状、尺寸、材料、加工精度、表面粗糙度等方面的技术要求和加工批量，合理地选择对应的加工方法和加工工具，设计加工构件的每道工序和整个工艺流程。木材的形状、规格多种多样，其加工工艺流程一般包括以下工序。

1）配料

配料是木材加工的第一道工序。一件木制品往往是由若干构件组成的，这些构件在规格尺寸和用料等方面的要求有所不同。配料是指按照规定的要求，将木材锯削成各种规格的毛料或净料的加工过程。在配料时，设计师应根据木制品的质量要求和构件在木制品中所处位置的不同，综合考虑树种、纹理、规格、含水率等方面，选择合适的木材。

2）构件加工

在配好料后，设计师需要对毛料进行平面加工、开榫、打孔等操作，以加工出具有所要求的形状、尺寸、结构、表面粗糙度的木制品构件。构件加工一般包括基准面的加工、相对面的加工、画线、榫头和榫孔的加工等步骤。

（1）基准面的加工：为了加工出准确的形状、尺寸和符合设计要求的表面，以及确保后续工序的准确性，设计师必须对毛料进行基准面的加工。基准面的加工是后续工序的尺寸基准，基准面包括平面（大面）、侧面（小面）和端面等。设计师可以通过手工平刨或平刨床、铣床等工具、设备进行基准面的加工。

（2）相对面的加工：为了获得平整、光洁，以及形状和规格尺寸符合设计要求的木制品构件，在完成基准面的加工后，设计师需要以基准面为基准加工其他几个表面，即相对面。

（3）画线：在木材坯料上用笔或墨线等工具画出木制品的外形，标出相应的位置和尺寸。画线是保证产品质量的关键步骤，它决定了构件上的榫头、榫孔的位置和尺寸，直接影响构件的配合精度和结合强度。

（4）榫头和榫孔的加工：对于采用榫结合方式的部位，设计师应在相应的构件上分别加工榫头和榫孔。开榫和打孔是构件加工的重要步骤，其加工质量直接影响产品的结合强度和使用质量。

3）木材的切削

木材加工过程经常涉及木材的切削。木材的切削是指使刀具作用于木材产生相对运动，以获得具有一定的形状、尺寸、表面状态的构件的加工过程。木材的切削是木材加工过程中很常用的一项基本工艺，其加工质量对胶合工艺和表面装饰工艺具有重要影响。常用的切削方式有锯削、刨削、凿削、铣削、钻削、磨削等。

4）木材的弯曲

在加工许多产品或部件时，设计师会对平直的木材进行弯曲加工。从力学角度来看，木材是一种弹性材料，其结构呈多孔状。设计师可以利用木材的这种特性，使其弯曲。要想获得较小的弯曲曲率半径，设计师应该在弯曲木材之前软化木材，以增强木材的塑性。

2. 木材加工的基本方法

1）锯削

锯削是木材加工中用得比较多的一种方法。在按照设计要求对尺寸较大的原木、板材、方材等沿纵向、横向或任一曲线进行开板、分解、开榫、锯肩、截断、下料等操作时，设计师需要采用锯削的方法。

2）刨削

刨削是木材加工的主要方法之一。锯削后的木材表面一般比较粗糙、不平整，设计师必须对其进行刨削。刨削后的木材可以变成尺寸和形状准确、表面平整且光洁的构件。

3）凿削

木制品构件结合的基本结构是框架榫孔结构，榫孔的凿削是木材加工的基本方法之一。

4）铣削

木制品中各种曲线零件的加工工艺比较复杂。铣削机床是一种用途广泛的设备，既可用于截口、起线、开榫、开槽等直线表面加工和平面加工，又可用于曲线外形加工，是木材加工中不可缺少的设备之一。

3. 木材的连接与装配

木制品往往是由若干构件相互组合、连接成型的，这个组合构件的过程被称为装配。对于结构和生产工艺比较简单的木制品，设计师可以直接把构件装配成成品；对于结构和生产工艺比较复杂的木制品，设计师需要先把构件装配成部件，再进行一定的加工，最后装配成成品。常用的木材连接方式如下。

1）榫卯连接

榫卯连接是一种广泛应用的木材连接方式，在家具中尤为常见。它是一种传统的木材连接方式，先把榫头压入榫眼或榫槽内，再把两个构件连接起来，一般还会在连接处使用胶黏剂，以提高其强度。

2）胶连接

胶连接是指在构件之间借助胶层对构件的相互作用而产生的胶着力，把两个或两个以上的构件连接在一起的连接方式。胶连接是一种常用的木材连接方式，主要用于实木板的拼接和榫头、榫孔的胶合，其特点是结构牢固、外形美观、操作简便。

3）钉连接

钉连接是一种借助钉与木材之间的摩擦力，把两个或两个以上的构件连接在一起的连接方式。钉连接有时会与胶黏剂配合使用，多用于木制品的内部和要求不高的外部接合点。常用的钉有竹钉、木钉、金属钉等。

4）螺钉连接

螺钉连接是一种借助钉体表面的螺纹与木材之间的摩擦力，把两个或两个以上的构件连接在一起的连接方式。螺钉连接在木质家具中应用广泛，其操作简单、方便，常用来连接不宜多次拆装的构件。

5）连接件连接

连接件连接是一种把两个或两个以上的构件通过连接件连接在一起的连接方式。连接件的发展和应用使现代木制品的结构发生了根本的变化，连接件在各类拆装式木制品中得到了广泛的应用。采用拆装式连接件的木制品不但拆装方便，而且结构简单，既有利于实现生产的连续化、自动化和零部件的标准化、系列化、通用化，也给产品的包装、运输、储存带来了很大的便利。

连接件类型繁多、规格各异，常用的连接件有倒刺式连接件、螺旋式连接件、偏心式连接件、拉挂式连接件等。

4. 木材的表面处理与装饰

木材是传统的设计材料，自古以来就被用于制作家具、工具、生活器具乃至建筑、船舶等。木材是一种天然材料，其天然的纹理和色泽具有很高的美学价值。不过，木材有一些不可避免的缺点。为了使木材具有更高的美学价值和使用价值，设计师需要对木材进行表面处理与装饰，主要包括木材的基础处理和木材的表面装饰。

1）木材的表面处理与装饰的目的

木材的表面处理与装饰的目的有两个：一个是起到美化、装饰作用，另一个是起到改善、保护作用。

2）木材的基础处理

木材表面不可避免地存在各种缺陷（如过于干燥、纹孔、毛刺、虫眼、节疤、色斑、松蜡及其分泌物等），如果不预先进行基础处理，就会严重影响涂饰质量和效果。针对不同的缺陷，设计师需要采用不同的方法，进行涂饰前的基础处理。

（1）干燥：木材具有多孔性，易吸水和排水，而且有湿胀干缩的特点，容易产生涂层起泡、开裂、回黏等问题。新木材需要干燥一段时间，待含水率下降到 8% ~ 12% 时进行涂饰。木材的干燥方法有自然晾干和低温烘干。

（2）去掉毛刺：木材表面虽然经过刨削或磨削，但是还残留着一些木质纤维，影响表面着色的均匀性，因而在涂饰前一定要去掉毛刺。去掉毛刺的方法有水胀法、虫胶法、火燎法等。

（3）脱色：不少木材含有天然色素，有时候需要保留，以起到特定的装饰作用。有时候，木材色调不均匀、带有色斑，木制品要被涂成较浅的颜色或与原来的颜色无关的颜色，此时需要对木制品表面进行脱色处理。

（4）清除木材内的杂物：大多数针叶树木材中含有松脂及其分泌物，它们会影响涂层的附着力和颜色的均匀性。在气温较高的情况下，松脂会从木材中溢出，造成涂层发黏。此外，木材内的单宁与着色的染料发生反应也会使涂层的颜色深浅不一。因此，在涂饰前，设计师应清除木材内的杂物。

3）木材的表面装饰

木材的表面装饰方法有涂饰、覆贴、机械加工等，下面重点介绍涂饰中的底层涂饰和面层涂饰。

底层涂饰的目的是提高木材表面的平整度和透明涂饰、模拟木纹、色彩的显示度，形成纹理优美、颜色均匀的木材表面。

在完成底层涂饰后，设计师需要进行面层涂饰。面层涂饰一般分为透明涂饰和不透明涂饰，其中透明涂饰主要用于木纹漂亮、底材平整的木制品。

6.5.3　木材在工业设计中的应用

由于具有优良的性能，木材在工业设计中得到了广泛的应用，尤其是在家具设计中，木材作为一种经典的传统材料沿用至今，并且还在不断发展。除此之外，木材在日用品、体育用品、乐器、电器、文具等许多领域也得到了广泛应用。

在工业设计中，为了达到产品造型的设计要求，保证产品的质量，科学、合理地选用木材是至关重要的。在选用木材时，根据产品造型的设计要求和不同部件的特点，设计师应基于木材的特性，考虑以下因素：①有一定的强度、硬度、刚度和韧性，重量适中，结构细致；②有美丽的自然纹理，令人赏心悦目；③湿胀干缩性和翘曲变形性弱；④易加工，切削性能良好；⑤胶合性能、着色性能、涂饰性能良好；⑥弯曲性能良好；⑦有一定的耐候性和抗虫害性。

图 6-45 所示为法国里摩设计工作室设计的木摇椅。该作品使用的木材是水曲柳，水曲柳是一种很坚韧的木材，坚固耐磨。设计师先把水曲柳切割成木片，再运用曲木技术把木片弯曲组合成摇椅。

图 6-46 所示为费德勒尔设计的小木马。该作品由大枫木制成，大枫木硬度适中、木质致密、花纹美丽、光泽感强。同时，为了让孩子在坐上去时更加舒适，设计师添加了一块毛绒坐垫，不仅增添了现代气息，还充满了温暖的感觉。

☻图 6-45　木摇椅

☻图 6-46　小木马

图 6-47 所示为木质手包。在该作品中，除了扣子，其余的材料都是质地优良的枫木。有人可能认为这款手包很重，其实它非常轻巧，而且外壳具有防水功能。

☻图 6-47　木质手包

6.6 陶瓷

6.6.1 陶瓷的基本概念

1. 陶瓷的简介

在现代产品设计中，可应用的材料种类繁多、数量庞大，其中陶瓷是人类应用得最早的材料之一。传统的陶瓷是以硅和铝的氧化物为主的硅酸盐材料，新技术的发展带动了陶瓷的更新，如特种陶瓷的主要成分扩展至纯的氧化物、碳化物、氮化物、硅化物等。陶瓷在我国发展历史悠久，为我国工艺美术的发展做出了重大的贡献。即使在工业化时代，陶瓷仍然以其特有的色泽、质感和内在品质，在现代产品设计中扮演着重要的角色。现代产品设计使用的材料种类繁多，凭借特有的质感和魅力，陶瓷赋予了现代产品丰富的内涵。以陶瓷为材料设计、制作的现代产品不仅能满足生活中的基本功能需求和实用价值需求，还能创造新的生活方式和新的美学体验。

陶瓷是以黏土为主要原料，加入各种天然矿物，经过粉碎、混炼、成型、烧结制成的材料和各种制品。一提到陶瓷材料，难免要把陶与瓷分开来谈。人们常说的陶瓷是陶器和瓷器这两个种类的合称，在创作领域中，陶与瓷都是陶瓷艺术中不可或缺的重要组成部分。但是，陶与瓷有本质的不同。陶是以黏性、可塑性较强的黏土为主要原料制成的，不透明，有细微的气孔和较弱的吸水性，击之声浊。瓷是以黏土、长石、石英为主要原料制成的，半透明、不吸水、抗腐蚀，胎质坚硬、紧密，叩之声脆。陶与瓷的区别如表 6-2 所示。

表 6-2　陶与瓷的区别

维度	陶	瓷
定义	以陶土、河沙等为主要原料，低温烧制而成的制品	以磨细的岩石粉（如黏土粉、长石粉、石英粉等）为主要原料，高温烧制而成的制品
特点	气孔率较高，强度较低，断面粗糙，吸水率较高	结构致密，气孔率较低，强度较高，断面细致，吸水率低，比陶器坚硬，但质地较脆
分类	分为粗陶和精陶。缸罐、红砖等属于粗陶；陶板、面砖等属于精陶，精陶也可用黏土制成	分为粗瓷、细瓷或硬瓷、软瓷。粗瓷接近精陶。硬瓷的烧结温度较高，玻璃含量和莫来石含量较低。莫来石含量越高，瓷器质量越好。建筑陶瓷、园林陶瓷、卫生陶瓷等属于瓷器

由于原料的广泛性和制品的不吸水、易于清洗等优点，陶瓷在生活中可应用于多个方面。如果现代陶瓷艺术的重要创作动机之一是展现陶瓷特殊的美，陶瓷设计类制品的创作动机就是利用陶瓷的各种特点和优点来满足生活中不同的功用要求。显然，二者是有显著区别的，现代陶瓷艺术属于艺术创作的范畴，陶瓷设计类制品属于工业设计的范畴，不同的创作理念使二者的制作过程和形态有所不同。陶瓷设计类制品可以细分为日用陶瓷、陈

设陶瓷、包装陶瓷、建筑陶瓷、卫生陶瓷等。在现代社会中，陶瓷设计类制品已经全面进入了人们的生活，它们的构思、制作、生产、销售、应用是以社会化的形式进行的，是为人们的生活服务的。

2. 陶瓷的分类

根据陶瓷材料的性能，可以将陶瓷分为普通陶瓷和特种陶瓷。

普通陶瓷（传统陶瓷）是以天然硅酸盐矿物为原料（如黏土、长石、石英等），经过粉碎、成型、烧结制成的，又被称为硅酸盐陶瓷，日用陶瓷、建筑陶瓷、艺术陶瓷等属于普通陶瓷。

特种陶瓷又被称为精细陶瓷、先进陶瓷。由于天然硅酸盐矿物中的杂质含量较高，无法满足特种陶瓷的性能要求，因此常用其他非硅酸盐类化工原料或人工合成原料（如氧化铝、氧化锆、氧化钛等氧化物，以及氮化硅、碳化硼等非氧化物）制作特种陶瓷。特种陶瓷具有高强度、高硬度、高韧性、润滑性、磁性、透光、耐腐蚀、导热、隔热、集热、导电、绝缘、半导体等性能，在现代工业技术领域（特别是高新技术领域）中的作用日趋重要。

陶瓷制品还可以分为陶器和瓷器。

陶器是以黏土为胎，通过手捏、轮制、模塑等方法加工成型，在低温下焙烧而成的陶瓷制品，有灰陶、白陶、红陶、黑陶和彩陶等品种。陶器分为粗陶和精陶。

瓷器代表着陶瓷发展的更高阶段，它是以瓷石、高岭土等为主要原料，外表施有釉或彩绘的陶瓷制品。瓷器的特征是坯体完全烧结、玻化，结构致密，无法渗透液体和气体，胎薄处可呈半透明状，断面呈贝壳状。

6.6.2 陶瓷的基本性能

1. 陶瓷的力学性能

结合键与晶体构造决定了陶瓷具有很高的抗压强度、硬度和很低的抗拉强度、抗剪强度。此外，脆性也是陶瓷的一大缺陷。陶瓷几乎没有塑性，在静态负荷下，其抗压强度虽然很高，但是稍微受到一点外力冲击就会脆裂。陶瓷基本没有抗断裂性能，其抗冲击强度远低于抗压强度，致使其应用范围（尤其是作为结构材料的应用范围）有一定的局限性。为了改善陶瓷的脆性性能，设计师可以从以下 3 个方面入手：首先，预防陶瓷（特别是陶瓷表面）产生缺陷；其次，在陶瓷表面形成压应力；最后，消除陶瓷表面的微裂纹。

2. 陶瓷的光学性能

陶瓷的光学性能是指陶瓷在红外线、可见光、紫外线和各种射线作用下的性能，包括白度、透光度、光泽度。白度是指陶瓷表面对白光的反射能力。透光度是指瓷器允许可见透光的程度，常用透过瓷片的光强度与照射在瓷片上的光强度的比来表示。光泽度是指陶瓷表面对可见光的反射能力，取决于陶瓷表面的平坦程度和光滑程度。

3. 陶瓷的电性能和热性能

陶瓷的电性能在工作电路中具有重要的作用。在一般情况下，大多数陶瓷是电的绝缘体，少数特种陶瓷可以是半导体。温度对陶瓷的电导率具有明显的影响，当温度升高时，陶瓷的电导率也会升高。另外，当作用于陶瓷的电场强度超过某个临界值时，陶瓷也会丧失绝缘性能，由介电状态变为导电状态，这种现象被称为介电强度的破坏或介质的击穿。

陶瓷的热性能主要包括热容、热膨胀系数、热导率、热稳定性、抗热震性、抗热冲击性等。陶瓷的热膨胀系数较小，热导率也较低。热稳定性是陶瓷的重要质量指标。陶瓷的熔点很高，大多在2000℃以上，它具有很强的抗氧化性，高温强度高，抗蠕变能力强，适合作为高温材料。抗热震性是指陶瓷承受外界温度急剧变化而不破损的能力，又被称为耐温度急变性。陶瓷的抗热震性较弱，也就是说，陶瓷抵抗外界温度急剧变化造成的破坏的能力较弱，容易产生裂纹或开裂。

4. 陶瓷的表面性能和化学性质

陶瓷的表面性能、表面粗糙度、曲度不仅与原料的细度有关，还与工艺方法有重要关系。陶瓷原料的颗粒度越小，陶瓷表面通常越光滑。

陶瓷的化学性质主要取决于坯料的化学组成和结构特征。陶瓷的组织结构非常稳定，不但在室温下不会氧化，而且在1000℃以上的高温下也不会氧化。在一般情况下，陶瓷是良好的耐酸材料，耐无机酸、有机酸和盐的腐蚀，其耐碱腐蚀的能力较弱。需要注意的是，在弱酸碱腐蚀的作用下，陶瓷餐具的瓷釉可能在使用过程中发生铅溶出现象，铅溶出量超过一定的限度会损害人体健康。

5. 陶瓷的气孔率和吸水率

气孔率是指陶瓷制品所含气孔的体积与制品总体积的百分比，它的高低和气孔密度的大小是鉴别、区分各类陶瓷的重要指标。

吸水率是指陶瓷制品烧结后的致密程度。陶瓷质地致密，其吸水率在3%以上。

6.6.3 陶瓷的加工工艺

陶瓷的加工是指以黏土为主要原料，经过成型、烧结，制成陶器、瓷器等陶瓷制品的过程。普通陶瓷与特种陶瓷的加工工艺基本相同（后者的加工流程比较复杂），包括原料配制、坯料成型、烧结等主要工序。图6-48所示为陶瓷的加工工艺流程。

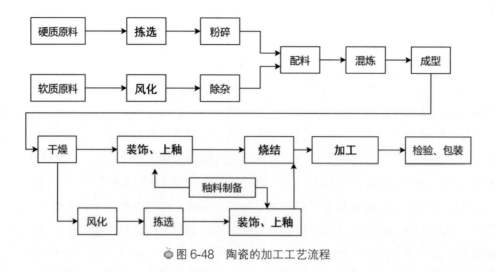

● 图6-48　陶瓷的加工工艺流程

1. 原料配制

原料配制对制备陶瓷材料至关重要，原料在一定程度上决定了陶瓷制品的质量和加工工艺流程、工艺条件的选择。加工陶瓷的基本原料是黏土、长石、石英和其他化工原料。从加工工艺的角度来看，陶瓷原料的分类如下。

1）可塑性原料

可塑性原料主要是黏土类天然矿物（如高岭土、多水高岭土、膨润土等），它们在坯料中起到塑化和黏结的作用。

2）不可塑性原料

长石属于熔剂原料，可以对高黏度陶瓷起到高温胶结作用，增强陶瓷制品的密实性，提高其强度。

石英属于瘠性原料，可以防止陶瓷发生高温变形，冷却后在瓷坯中起到骨架的作用，防止坯体收缩时开裂、变形。

2. 坯料成型

陶瓷原料经过配制和加工后得到的具有成型性能的多组分混合料被称为坯料，将坯料制成具有一定形状、大小的坯体的过程被称为成型。成型后的坯体仅为半成品，后续还要进行干燥、上釉、烧结等多道工序。由于陶瓷的种类繁多，坯料的性能各异，陶瓷制品的形状、大小、烧结温度不一，对各类陶瓷制品的性质和质量的要求也不相同，因此成型方法多种多样，这造成了成型工艺的复杂性。常用的坯料成型方法有可塑成型、注浆成型、干压成型、等静压成型、热压铸成型等，下面重点介绍可塑成型、注浆成型、干压成型。

1）可塑成型

可塑成型是基于陶瓷坯料的可塑性，利用模具或刀具运动所产生的压力、剪力、挤压等外力，对坯料进行加工，使其在外力作用下发生可塑变形，从而制成坯体的成型方法。

陶瓷坯料的含水率一般为18%~26%，应具有较高的屈服值，以保证成型时坯体足够稳定，同时应具有较大的延伸变形量，以保证成型时坯体不开裂。根据不同的操作方法，可塑成型可以分为旋压成型、滚压成型、拉坯成型、印坯、雕塑等，目前应用得比较广泛的是旋压成型和滚压成型。

（1）旋压成型是日用陶瓷的主要成型方法之一，利用旋转的石膏模子和样板刀来成型。在操作时，设计师要先把经过真空练泥的泥团放在石膏模子中（模子的含水率为4%~14%）；再把模子放在辘轳机上，使其转动；最后慢慢地放下样板刀，由于样板刀的压力，泥料会均匀地分布在模子内壁，多余的泥料会贴在样板刀上，用手清除后，模子内壁和样板刀之间的空隙会被泥料填满，从而制成坯件。

（2）滚压成型与旋压成型的不同之处是把扁平的样板刀改成了回转型的滚压头。在成型时，盛放泥料的模型和滚压头分别绕各自的轴线以一定的速度同方向旋转。滚压头一边旋转，一边逐渐靠近盛放泥料的模型，对泥料进行滚和压等操作，从而制成坯件。从滚压成型的方法来看，首先，由于泥料是均匀展开的，受力由小到大，比较缓和、均匀，对泥坯的形状造成破坏的可能性较小，因此坯体的组织结构比较均匀；其次，由于滚压头与泥料的接触面积较大，压力较大，受压时间较长，因此坯体致密、强度高。

（3）拉坯成型又被称为手工拉坯，在转动的转台上完成，要求泥坯既不易变形，又能自由延展。

（4）印坯和雕塑基本上是靠手工完成的，生产效率较低。

2）注浆成型

注浆成型是陶瓷加工工艺中的基本成型方法，即将坯料泥浆注入多孔性模型内。多孔性模型的吸水性较强，贴近模壁的一层泥浆会被模壁吸水，形成一层均匀的泥层。随着时间的推移，当泥层的厚度达到要求时，可将多余的泥浆倒出，留在模型内的泥层继续脱水、收缩，并与模型分离，出模后即可得到坯体。

注浆成型得到的坯体结构比较均匀，但其含水量大，干燥收缩和烧结收缩也比较大。注浆成型的适应性很强，被广泛应用于生产中。注浆成型适用于各种陶瓷制品，凡是形状复杂的、不规则的、薄的、体积较大的（如卫生洁具）且尺寸要求不严格的陶瓷制品，都可以采用注浆成型的方法，如日用陶瓷中的花瓶（特别是各种镂空花瓶）、汤碗、茶壶、椭圆形盘子、手柄等。

3）干压成型

干压成型是利用压力，将干粉坯料在模型中压成致密坯体的成型方法。干压成型过程简单、产量大、缺陷少、便于机械化，对制成形状简单的小型坯体具有广泛的应用价值。干压成型的坯料水分少、压力大、结构致密，能够制成收缩小、形状准确、易干燥的坯体。

3. 坯体干燥

排出坯体中的水分的工序被称为坯体干燥。坯体干燥的目的是使坯体具有一定的强度，以达到运输、修坯、黏结、施釉等工序的加工要求，避免坯体在运输过程中发生变形和损坏，或者在烧结时因水分汽化而造成坯体开裂。成型后的坯体必须进行干燥处理，这能提高坯体吸附釉彩的能力。

坯体干燥是陶瓷加工工艺中一道非常重要的工序。在陶瓷制品的质量缺陷中，很大一部分缺陷是坯体干燥不当造成的。根据是否可控，可以将坯体干燥分为自然干燥和人工干燥。人工干燥需要人为控制干燥过程，又被称为强制干燥。

常用的坯体干燥方法有对流干燥、电热干燥、高频干燥、微波干燥、红外干燥、真空干燥、综合干燥等。

4. 陶瓷的装饰

1）陶瓷坯体装饰

陶瓷坯体装饰是指在陶瓷坯体上通过一定的工艺方式进行加工所形成的有凹凸、虚实、色彩变化的装饰。我国传统陶瓷上的坯体装饰可以分为4类，分别为堆贴加饰、削刻剔减、模具印纹和其他工艺类型。堆贴加饰是指在坯体表面增加泥量，并通过堆、贴、塑等工艺方式达到装饰的目的，包括雕塑、黏结、堆贴、堆塑、立粉等装饰方法。削刻剔减是指通过对坯体表面进行切削、刻画、镂空等操作，减少坯体泥量，形成装饰纹样的工艺方式。模具印纹是指利用坯体柔软时的可塑性，用带花纹的印章、模子印出有凹凸质感的装饰纹样。

2）陶瓷釉彩装饰

（1）上釉。

釉与玻璃的差别在于釉在熔化时很黏稠、不流动，这样才能在烧结时保持原有的表面，不致出现釉层流走的情况，而且能保证釉层在直立的表面上不下坠。

（2）彩绘。

釉下彩绘：先在生坯（或素烧釉坯）上进行彩绘，然后施一层透明釉，最后进行釉烧。釉下彩绘的彩料由陶瓷颜料、胶结剂、描绘剂等组成。胶结剂能使陶瓷颜料在高温烧结后黏附在坯体上。描绘剂是指在彩绘时使陶瓷颜料能够展开的材料。根据使用温度的不同，釉下彩绘可以分为1250℃以下的彩绘（精陶制品）和1250℃以上的彩绘。我国的釉下彩绘多数用于在1300℃左右的还原焰中烧制的瓷器。常用的釉下彩绘彩料的颜色有红色的锰红和金红、黄色的钒锡黄和锌钛黄、绿色的青松绿和草绿、蓝色的海碧等。

釉上彩绘：先在釉烧过的陶瓷釉上用低温颜料进行彩绘，然后在660~900℃的温度范围内彩烧的装饰方法。釉上彩绘的彩料通常由陶瓷颜料和助熔剂组成。釉上彩绘几乎可以使用目前已知的所有陶瓷颜料（少数陶瓷颜料除外）。

5. 烧结

烧结又被称为烧成，是指对成型后经过干燥的坯体进行高温处理的工序。完成成型、干燥、施釉工序的半成品必须经过高温焙烧，坯体在高温下发生一系列物理变化和化学变化，使原来由矿物原料组成的生坯达到完全致密的瓷化状态，成为具有一定性能的陶瓷制品。根据烧结时是否有外界加压，可以将烧结分为常压烧结和压力烧结；根据烧结时是否加入某种防止氧化的气体，可以将烧结分为普通烧结和气氛烧结；根据烧结时坯体内部的状态，可以将烧结分为气相烧结、固相烧结、液相烧结、活化烧结、反应烧结。另外，一些特殊方法（如电火花法、溅射法、化学气相沉积法等）也能实现陶瓷的致密化。陶瓷制品在烧结后硬化定型，具有很高的硬度，一般不易加工。对于某些尺寸精度要求较高的陶瓷制品，设计师可以在烧结后对其进行研磨、电加工或激光加工。陶瓷制品存在各种缺陷（如斑点、变形、开裂、起泡、波纹、色泽不良等），这些缺陷与从原料配制到烧结的一系列工序中的各个环节有关。在陶瓷制品的生产过程中，废品和次品是避免不了的问题。设计师可以通过研究和分析陶瓷制品的缺陷，对原料和工艺进行改良，提高成品率和精品率。

6.6.4　陶瓷在工业设计中的应用

陶瓷（尤其是日用陶瓷）不但是日常生活的必备品，而且是使用频率很高的日用品，功能性是其本质意义，不过，陶瓷在满足特定功能需求的同时，也形成了相应的审美形式。陶瓷的品种很多，可以细分为餐具、茶具、咖啡具、酒具、冷水具、冰箱用具、烤箱用具、微波炉用具，以及与上述用具搭配使用的烟具、烛台、花器、筷子架等。

在当今的材料领域内，陶瓷、金属、有机材料是三大重要支柱。研究如何更好地将陶瓷应用于现代产品中，不仅能拓宽陶瓷在现代社会中的应用范围，还能在能源紧缺的背景下对追求可持续发展的绿色设计起到积极的作用。设计师应弘扬开拓进取的精神，发挥自己的想象力，迸发创作灵感，对关于陶瓷的原有认知进行解构和转化，创造出更多、更优秀的陶瓷产品。

1. 现代陶瓷器皿设计

较强的热稳定性和化学稳定性使陶瓷成为制作器皿的理想材料。在选购器皿的时候，无论是一套餐具、一把茶壶，还是一个水培植物的花器，人们往往将是否符合自己的饮食习惯、文化品位或家居陈设作为选购标准。现代社会的审美观念发生改变，要想满足时代要求，陶瓷器皿设计必须适当放弃传统、固有的造型规律和设计原则，符合现代设计美学特征。

随着现代生活简约化、直观化、快节奏化的发展趋势日渐明显，陶瓷器皿设计形成了简练、大方、个性、多元化的艺术风格。传统陶瓷器皿往往只扮演日用品的角色，现代陶瓷器皿则提升了自身的艺术价值，成为独立的艺术创作，更具艺术活力和广阔的前景。陶瓷杯具如图6-49所示。

🍎 图 6-49　陶瓷杯具

2.　现代家具设计

20 世纪初，伟大的设计师先驱开始将新的形态和理念运用于现代家具设计中，简洁实用、价格合理成为现代家具设计的新主张。现代家具设计呈现多元化的发展趋势，新材料的不断开发和应用让设计师创造出更加丰富多彩的现代家具。陶瓷以其天然、淳朴的特性和深厚的文化内涵，在现代家具设计领域内占据着独特的地位。陶瓷家具是陶瓷艺术在现代家具设计中的具体表现形式，它在满足现代人生活需要的同时，契合了现代人的审美观念。陶瓷不仅能拓展现代家具的功能，其打破常规的形态设计还能给人强烈的视觉冲击力。在现代社会中，人们对精神的追求逐渐演变成某种文化或情感的象征，这使陶瓷家具的审美层次由最初单一的形式美向多层次化发展，使陶瓷可以和玻璃、木材、石材、金属等不同材料搭配使用，开创了陶瓷家具的未来。陶瓷花瓶如图 6-50 所示。

🍎 图 6-50　陶瓷花瓶

3. 现代陶瓷卫浴产品

在现代生活中，舒适、优美的卫生间是现代家居必不可少的组成部分，已然成为重要的生活空间。陶瓷卫浴产品的功能、形态、风格悄然折射出现代人的生活态度。陶瓷与卫浴产品的结合非常成功，陶瓷洁净、白亮的釉面效果极大地满足了卫浴用品的功能需求，这是陶瓷的先天优势。在设计师不断创新的实践中，复古、个性或具有民族特点的多种风格的陶瓷卫浴产品层出不穷。例如，抗菌陶瓷等新型陶瓷在卫浴产品中得到了应用，这种材料能够有效杀死致病细菌，起到绿色环保、净化空气的作用。陶瓷小便池如图 6-51 所示。

◉ 图 6-51　陶瓷小便池

6.7　玻璃

6.7.1　玻璃的基本概念

1. 玻璃的简介

玻璃轻盈而易碎、透明而纯净，给人一种需要精心呵护之感。由于具有这些特性，玻璃在工业设计中的应用往往能给人带来不一样的感触和新意。

玻璃不仅适合用来制造日用品，还适合用来创造艺术。在工业化时代，产品设计中融入了现代玻璃工艺美学，从艺术的视角激发产品设计的灵感，从而让人们越来越愿意通过玻璃了解世界。

玻璃具有极强的造型表现能力。玻璃是无规则结构的非晶态固体，支持自动加工、半自动加工和手工加工，允许在里外两面设计细节，允许进行表面加工，比较容易形成多样的设计造型。

玻璃具有较强的色彩表现能力。玻璃具有良好的透视性能和透光性能，可以混入某些金属的氧化物或盐类，变成能够显现出颜色的有色玻璃。在产品设计中，设计师可以利用色彩的色相、明度、纯度、面积等要素来调整色调，使配色带给人新奇的感受。此外，玻璃还具有耐腐蚀、抗冲刷、易清洗等特点。玻璃杯如图 6-52 所示。

玻璃在常温下是一种透明的固体，在熔融时会形成连续网络结构，主要成分是二氧化硅。玻璃属于混合物，

◉ 图 6-52　玻璃杯

广泛应用于建筑物，用来挡风透光，此外还有混入某些金属的氧化物或盐类而显现出颜色的有色玻璃，以及通过特殊方法制成的钢化玻璃等。人们有时也把一些透明的塑料（如聚甲基丙烯酸甲酯）称为有机玻璃。玻璃包括石英玻璃、硅酸盐玻璃、钠钙玻璃、氟化物玻璃、耐高温玻璃、耐高压玻璃、防紫外线玻璃、防爆玻璃等，通常指硅酸盐玻璃。玻璃以石英砂、纯碱、长石、石灰石等为原料，先经混合、高温熔融、匀化后加工成型，再经退火制成，广泛应用于建筑、日用、医疗、化学、电子、仪表、核工程等领域。

2. 玻璃的分类

1）根据玻璃的用途和使用环境来分类

日用玻璃：器皿玻璃、装饰玻璃等。

技术玻璃：光学玻璃、仪器玻璃、管道玻璃、电器用玻璃、医药用玻璃、特种玻璃等。

建筑玻璃：固用平板玻璃、镜用平板玻璃、装饰用平板玻璃、安全玻璃等。

玻璃纤维：无碱纤维、低碱纤维、中碱纤维、高碱纤维等。

2）根据玻璃的特性来分类

根据玻璃的气密性、光学特性、化学耐久性、电特性、热特性、强度、硬度、加工性、装饰性等特性，可以将玻璃分为平板玻璃、容器玻璃、光学玻璃、电真空玻璃等。

3. 常用的玻璃品种

1）平板玻璃

平板玻璃是板状玻璃的统称。平板玻璃的上下表面平行，其成分多属于含有钠元素、钙元素的硅酸盐，主要采用浮法、垂直引上法、平拉法、压延法来生产。平板玻璃具有透光、透视、隔热、隔声、耐磨、耐候性等特性，可以通过着色、表面处理、强化、复合等方法制成有色玻璃、镀膜玻璃、钢化玻璃、夹层玻璃等特殊的玻璃制品。

2）器皿玻璃

器皿玻璃是一种用于制造器皿、艺术品、装饰品的玻璃。用这种玻璃制成的器皿具有很高的透明度和白度（在日光下呈无色或很浅的蓝色），或者具有鲜艳的颜色和清晰、美观的图案，表面洁净，有一定的光泽，具有较强的抗热震性、化学稳定性和较高的机械强度。器皿玻璃分为一般器皿玻璃和晶质玻璃，主要用于制造茶具、餐具、炊具、艺术品等。

3）泡沫玻璃

泡沫玻璃又被称为多孔玻璃，是一种气孔率在80%以上、由均匀的气孔组成的玻璃。将玻璃粉和发泡剂混合并置于模具中加热，发泡剂受热产生大量气体，使软化的玻璃膨胀成型，冷却后经过脱模和退火，可制成泡沫玻璃。根据配料和生产工艺的不同，泡沫玻璃的气孔可以分为封闭的非连通孔、连通孔、部分连通孔。气孔封闭的泡沫玻璃机械强度高、不透气、不燃、导热系数小、不易变形、经久耐用，可进行锯、钻、钉等加工，是一种良好的保温绝热材料。气孔连通或部分连通的泡沫玻璃吸声系数较大，多作为吸声材料。此外，泡沫玻璃还可以被制成不同的颜色，而且不易褪色，是一种良好的装饰材料。

4）微晶玻璃

微晶玻璃又被称为玻璃陶瓷。在一定条件下，对含有晶核剂的玻璃进行晶化热处理，从玻璃相中析出大量微晶体相，可以形成由微晶体相和玻璃相构成的多相复合体。微晶玻璃的结构、性能、生产方法与普通玻璃、陶瓷有所不同，它兼具普通玻璃和陶瓷的性能，具有很高的机械强度和很强的化学稳定性、热稳定性、机械加工性。选择合适的晶核剂和晶化条件可以制成性能极不相同的微晶玻璃，如耐热微晶玻璃、可切削微晶玻璃、耐腐蚀微晶玻璃、光敏微晶玻璃、热敏微晶玻璃等。

6.7.2 玻璃的基本性能

玻璃具有一系列优良的性能（如坚硬、透明、气密性、不透水性、装饰性、化学耐蚀性、耐热性和光学性能、电学性能等），而且能通过吹、拉、压、铸、槽沉等多种加工方法制成各种形状、大小的玻璃制品。玻璃的基本性能如下。

1. 强度

玻璃的强度取决于其化学组成、杂质含量和分布，以及制品的形状、表面状态和性质、加工方法等。玻璃是一种脆性材料，其强度一般用抗拉强度、抗压强度等来表示。玻璃的抗拉强度较低，这是由玻璃的脆性和玻璃表面的微裂纹造成的。玻璃的抗压强度是其抗拉强度的14~15倍。

2. 硬度

玻璃的硬度较高，仅次于金刚石、碳化硅等材料，它比一般金属硬，不能用普通的刀锯进行切割。玻璃的硬度值在莫氏硬度5~7之间，设计师应根据玻璃的硬度选择磨料、磨具和加工方法（如雕刻、抛光、研磨、切割等）。

3. 光学性能

玻璃是一种高度透明的物质，具有一定的光学常数、光谱特性，以及吸收或透过紫外线和红外线、感光、光变色、光储存、光显示等重要的光学性能。在通常情况下，透过的光线越多，玻璃的质量越好。玻璃的品种较多，各种玻璃的性能有很大的差别（如有的铅玻璃具有防辐射的性能），改变玻璃的成分和工艺条件可以使玻璃的性能发生很大的变化。

4. 电学性能

常温下的玻璃是电的不良导体。当温度升高时，玻璃的导电性能迅速提高。熔融状态的玻璃会变为电的良导体。

5. 热性能

玻璃的导热性很弱，一般承受不了温度的急剧变化。玻璃越厚，温度急剧变化时越容易炸裂。

6. 化学稳定性

玻璃的化学稳定性较强，大多数工业用玻璃能够抵抗除氢氟酸以外的酸的腐蚀。玻璃的耐碱腐蚀性较弱，在大气和雨水的长期腐蚀下，玻璃表面会失去光泽，变得暗淡。尤其是一些光学玻璃仪器容易受周围介质（如潮湿空气等）的影响，在表面形成白色斑点或雾膜，减弱玻璃的透光性，在使用和保存时应加以注意。

6.7.3 玻璃的加工工艺

1. 玻璃的加工工艺流程

玻璃的加工工艺视制品的种类而定，其流程基本上分为配料、熔化、成型、热处理4道工序，有些制品还需要二次加工。除了极少数成型后的玻璃制品符合要求（如玻璃瓶、玻璃罐等），大多数玻璃制品需要二次加工才能成为理想的制品。玻璃的加工工艺流程如图 6-53 所示。

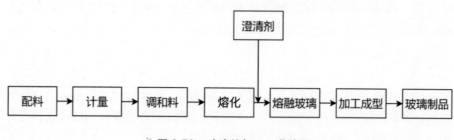

◎ 图 6-53　玻璃的加工工艺流程

1）配料

配料是指利用自动配料系统，把玻璃的各种原料混合均匀，并输送到储料区待用。原料如果混合得不均匀，就不易熔化，还会产生固体块等杂物。

2）熔化

熔化是指利用熔窑的高温，熔化、澄清混合均匀的调和料。熔化不完全容易产生固体块等杂物，澄清不完全容易产生气泡。

3）压延

压延是指利用压延机把熔窑中溢出的玻璃液压成固定的厚度和形状。压延机控制不好容易造成厚度不均匀、花纹不均匀等物理缺陷。

4）裁切

裁切是指在压延完毕后，待玻璃冷却至室温，通过横切或纵切把玻璃切割成需要的尺寸。如果裁切刀不合适，就会出现尺寸过大或尺寸过小的情况，给后续的磨边带来麻烦。

5）收片

收片是指通过人工或机器的操作把裁切好的玻璃搬运到专用的铁架上，以方便取用。

6）磨边

磨边是指对玻璃的四边、四角进行打磨，使玻璃的四边、四角变得更加光滑、安全、不割手。如果磨边速度过快，就会出现爆边、爆角现象；如果磨边时的水量不足，就会出现焦边现象。玻璃尺寸过小，磨轮不易磨到，容易漏底；玻璃尺寸过大，磨轮磨不动，玻璃容易破碎。

7）镀膜

镀膜玻璃需要镀膜，非镀膜玻璃不需要这道工序。镀膜是指在玻璃表面镀上一层提高透光率的膜层，使更多的光线透过玻璃的工艺。如果镀膜出现问题，那么色斑、色差、条纹等缺陷会影响玻璃制品的外观，膜层不均匀会影响透光率。

8）钢化

利用钢化炉设备，先把玻璃加热到一定的温度，然后急速冷却，使玻璃的表面和内部形成应力，可以制成钢化玻璃。如果钢化出现问题，就会影响玻璃的弯曲度和颗粒度。

9）包装

包装是指把检验合格的玻璃制品装箱打包，贴上合格证。包装过程中可能出现的问题主要有打包方式错误、贴错合格证等。

2. 玻璃的成型

玻璃的成型是指将熔融玻璃加工成具有一定形状和尺寸的玻璃制品的过程。常用的玻璃成型方法有模压成型、铸造成型、拉制成型、压延成型、吹制成型。

1）模压成型

模压成型是指将熔融玻璃注入已经刻好的图纹模具中，通过内外模具挤压成型。内外模具不仅能控制玻璃的厚度，还能表现里外两面的细节。模压成型的优点是能够在玻璃制品的里外两面表现精致的细节，而且工艺简便、生产能力强。不过，模压成型不能制造封闭的容器，它适合制造敞口、坚硬、壁厚的玻璃制品，常用于镜头、灯光外部装置、道路和展览照明、实验室玻璃器皿、耐热餐具、隔墙、压花玻璃制品等。

2）铸造成型

铸造成型是常用的玻璃成型方法，主要包括砂模铸造、脱蜡铸造、粉末铸造。砂模铸造是指采用型砂紧实成型的铸造方法，将熔融玻璃倒入砂模中，待稍冷后取出，完全冷却后进行研磨加工。脱蜡铸造需要用耐火石膏包住蜡模，将玻璃原料和空心蜡模同时放入炉内加热，在高温下，熔融玻璃慢慢流入模内成型，取出半成品，并将其放置在熔炉中脱蜡，冷却后拆除石膏，进行研磨、抛光加工，获得玻璃制品。脱蜡铸造是玻璃成型方法中比较困难的一种方法，但在玻璃艺术创作中，它是较能表现创作者的艺术理念的手段。粉末铸造是指先将玻璃块和玻璃粉填入预先设计好的模型中，再将模型放入熔炉中升温熔融，冷却后获得玻璃制品的成型方法。

3）拉制成型

拉制成型又被称为拉引成型，是指通过人工或机械拉力，将熔融玻璃制成玻璃制品。人工拉管需要用铁管反复挑料，将大量玻璃液滚匀后形成料泡，在料泡顶端用另一根铁管取料，铁管粘住料后吹气，以一定的速度慢慢拉开。拉制成型主要用于尺寸较长的玻璃制品，如玻璃管、玻璃棒、玻璃纤维、玻璃窗片、平板玻璃等。

4）压延成型

压延成型常用于制造厚玻璃板、压花平板玻璃、夹丝平板玻璃等，可以分为平面压延成型和辊间压延成型。平面压延成型是指将玻璃液倒在金属平台上，用压辊将玻璃液延展成平板。辊间压延成型是指将玻璃液连续倒入两个辊筒间隙中滚压成平板。若辊筒上刻有花纹，则制成压花平板玻璃；若在两个辊筒间隙中夹入金属丝，则制成夹丝平板玻璃。

5）吹制成型

吹制成型常用于制造空心玻璃制品，如玻璃水杯、玻璃瓶、玻璃罐、灯泡等。人工吹制需要使用中空金属吹管，一端蘸取玻璃液（挑料），一端为吹嘴。操作人员挑料并在滚料板上滚匀玻璃液，通过吹气形成玻璃料泡，在模具中吹成玻璃制品；也可以无模具自由吹制，从吹管上敲落玻璃制品。吹制大型玻璃制品需要反复挑料、滚匀，以获得足够的料量。在机械吹制时，玻璃液由玻璃熔窑出口流出，经过供料机形成重量和形状固定的料滴，放入初型模具中后被吹成或压成初型，转入成型模具中后被吹成制品。先吹成初型，再吹成制品的方法被称为"吹吹法"，适合制造小口器皿。

3. 玻璃的热处理

玻璃在加工过程中经过高温和冷却，其表面和内部在经受剧烈的、不均匀的温度变化后会产生内应力。这种内应力不仅会使玻璃的强度降低、热稳定性减弱，导致玻璃在后续的储存或机械加工过程中出现自行破裂的现象，还会使玻璃的内部结构不均匀，导致玻璃制品的光学性能不稳定。为了改变这种情况，操作人员需要对玻璃进行热处理。玻璃的热处理主要有退火和淬火。

退火是指消除或减小玻璃中的内应力的热处理过程。对于光学玻璃和某些特种玻璃，操作人员可以通过退火来使其内部结构更加均匀，以达到所要求的光学性能。淬火是指使玻璃表面形成一个有规律的、均匀分布的压力层，以提高玻璃的机械强度，增强其热稳定性。

4. 玻璃的二次加工

除了极少数成型后的玻璃制品符合要求，大多数玻璃制品需要进行二次加工，才能成为符合要求的制品。二次加工可以改善玻璃制品的表面性质、外观质量和外观效果。玻璃的二次加工分为冷加工、热加工、表面处理。

1）冷加工

冷加工是指在常温下通过机械方法来改变玻璃制品的外形和表面状态的加工过程。冷加工的方法包括研磨、抛光、切割、磨边、喷砂、钻孔、车刻等。

（1）研磨：磨除玻璃制品的表面缺陷或成型后残存的突出部分，使玻璃制品具有符合要求的形状、尺寸、平整度的加工方法。

（2）抛光：用抛光材料消除玻璃表面经过研磨后残存的凹凸层和裂纹，形成光滑、平整的玻璃表面的加工方法。

（3）切割：用金刚石或硬质合金刀具切割玻璃表面，并使其在切割处断开的加工方法。

（4）磨边：磨除玻璃边缘的棱角和粗糙截面的加工方法。

（5）喷砂：通过喷枪中的压缩空气将颜料喷射到玻璃表面上，形成花纹、图案、文字的加工方法。

（6）钻孔：利用硬质合金钻头、钻石钻头等工具或借助超声波在玻璃制品上打孔的加工方法。

（7）车刻：又被称为刻花，用砂轮在玻璃表面刻磨图案的加工方法。

2）热加工

有很多形状复杂或要求特殊的玻璃制品需要经过热加工才能进行最终成型。此外，热加工还可以用来改善玻璃制品的性能和外观质量。热加工的方法主要有火焰切割、火焰抛光等。

3）表面处理

表面处理包括光滑面和磨砂面的形成（如化学蚀刻、化学抛光、毛蚀等）、表面着色、表面涂层（如镜子镀银等）。

（1）玻璃彩饰：利用彩色釉料对玻璃制品进行装饰的加工方法。常见的彩饰方法有描绘、喷花、贴花、印花等，设计师既可以单独采用一种彩饰方法，也可以组合采用多种彩饰方法。

①描绘：按照图案设计要求，用笔将彩色釉料涂绘在玻璃制品表面的彩饰方法。

②喷花：先按照图案的花样制成镂空型版并紧贴在玻璃制品表面，再用喷枪将彩色釉

料喷到玻璃制品上的彩饰方法。

③贴花：先用彩色釉料将图案印刷在特殊的纸上制成花纸，再将花纸贴到玻璃制品表面上的彩饰方法。

④印花：采用丝网印刷方式，用彩色釉料将花纹、图案印在玻璃制品表面上的彩饰方法。

所有玻璃彩饰都需要进行彩烧，这样才能使彩色釉料牢固地贴合在玻璃表面，平滑、光亮、鲜艳、经久耐用。

（2）玻璃蚀刻：利用氢氟酸的腐蚀作用，使玻璃形成不透明毛面的加工方法。具体操作为先在玻璃表面涂抹石蜡、松节油等作为保护层，并在其上刻绘图案；再用氢氟酸溶液腐蚀刻绘图案露出的部分，蚀刻完毕后除去保护层。蚀刻程度可以通过调节氢氟酸溶液的浓度和腐蚀时间来控制。这种加工方法多用于玻璃仪器上的刻度和标志，以及玻璃器皿和平板玻璃上的装饰。

6.8 其他新材料

6.8.1 新材料的种类

新材料主要包括两类：一类是采用新工艺、新技术合成的具有各种特殊性能（如光、电、声、磁、力、超导、超塑等）的材料，另一类是与传统材料相比在性能上有重大突破（如超强、超硬、耐高温等）的材料。

6.8.2 新材料的研究与开发

新材料发展的标志如下。

（1）引起生产力的大发展，推动社会进步。从石器、陶瓷器、青铜、铸铁、钢、塑料到各种新材料的出现，往往标志着某个相应的经济、历史发展时期。例如，单晶硅的问世推动了以计算机为主体的微电子工业迅速发展，光导纤维的出现使整个通信业发生了质的变化。

（2）根据需要设计新材料，一改以往根据产品功能选择材料的观念，树立根据材料设计产品的新观念。这种材料设计观念是从组成、结构、工艺等维度实现产品设计的。更重要的一点是，新材料并非具有某种单一的功能，而是可以在一定条件下具有多种功能，从而为高新技术产品的智能化、微型化奠定基础。

新材料的研究与开发主要包括以下4个方面的内容。

（1）新材料的发现或研制；

（2）已知材料新功能、新性质的发现和应用；

（3）已知材料功能、性质的改善；

（4）新材料评价技术的开发。

从以上 4 个方面可以看出，新材料的研究与开发主要围绕材料的功能、性质来展开。不过，仅考虑某种新材料能否对人类文明产生深刻的影响，以及能否满足人类的生活需求是不够的，设计师还必须考虑新材料的产业化，这样才能让人们享受到实惠，让新材料对人类文明起到促进作用。

6.8.3　新材料的产业化

新材料的产业化必须重视以下问题：原料的自然分布、新材料的成型和加工性能、新材料的可回收率和环境保护特性。从可持续发展的角度来看，要想实现新材料的效益最大化，设计师应该综合考虑以上问题。

1. 基础材料的开发

基础材料是指金属、塑料、木材、陶瓷、玻璃等常见材料。由于基础材料受其性能的限制，无法应用于较多的领域，因此新材料的开发往往是对基础材料的性能进行改良开发，进一步探索材料的组成和结构，以提高基础材料的性能或替代原有材料为具体目标，扬长避短，从而扩大新材料的应用范围。以日常生活和设计实践中常见的塑料为例，某些性能的限制使塑料无法应用于更多的领域，这对高分子材料的性能提出了新的要求。通用塑料和新型特种塑料的性能对比、不同种类的新型特种塑料的性能分别如表 6-3、表 6-4 所示。

表 6-3　通用塑料和新型特种塑料的性能对比

通用塑料的性能	新型特种塑料的性能
轻而硬	重而软
易成型	不易成型
不耐热，高温下会变形	耐热，高温下不易变形
不导电、不传热	导电、传热
易燃	不易燃
不生锈、不腐烂	会腐烂

表 6-4　不同种类的新型特种塑料的性能

不同种类的新型特种塑料	性能
类金属性塑料	高强度、高导电性、高结晶化塑料
类陶瓷性塑料	难燃、耐磨、高弹性、高耐热性塑料

不同种类的新型特种塑料	性能
类玻璃性塑料	透明、耐磨光纤
类生物体塑料	变色树脂、吸水性树脂、飘香树脂、保湿树脂、形状记忆树脂、防虫纤维、离子交换纤维
特殊塑料纤维	磁性纤维、超导纤维

2. 复合材料的开发

复合材料是指两种或两种以上化学性质不同、组织结构不同的材料，通过不同的工艺方法组成的多相材料，其具有以下性能。

（1）各单一材料保持的性能。

（2）单一材料在复合和成型过程中形成的性能。

（3）复合结构特征产生的性能。

（4）复合效应产生的性能。

由于可用于复合的材料种类繁多，因此复合材料不计其数。

开发复合材料的目的如下：弥补某些原有材料的缺陷，以更好地发挥它们的作用；利用具有某些性能的材料，提供单一材料无法提供的性能；创造前所未有的新性能。

3. 纳米材料与纳米技术

纳米材料与纳米技术是基于全新概念形成的材料和材料加工技术，是国际前沿研究课题之一。

纳米材料是由纳米级原子团组成的。由于独有的体积效应和表面效应，纳米材料在宏观上显示出许多奇妙的特征。

（1）体积效应：当粒径缩小到一定值时，材料的许多物理性质会与晶粒的尺寸具有敏感的依赖关系，表现出奇异的小尺寸效应或量子尺寸效应。例如，当金属颗粒缩小到纳米量级时，其电导率会变得非常低，金属颗粒由原来的良导体变为绝缘体。

（2）表面效应：纳米材料的许多物理性质主要由材料表面决定，材料表面为大量原子的扩散提供了高密度的快速扩散路径。例如，普通陶瓷在室温下不具有可塑性，而纳米陶瓷可以在室温下发生塑性变形。纳米材料的塑性变形主要是通过晶粒之间的相对滑移实现的。这些快速扩散路径使纳米材料塑性变形过程中的一些初发微裂纹得以迅速弥合，从而在一定程度上避免脆性断裂。

纳米技术的核心是对原子或分子位置的控制，以及具有特殊功能的原子或分子集团的自复制和自组装。科技界认为，纳米材料与纳米技术可能引发下一场技术革命和产业革命，成为 21 世纪科学技术发展的前沿。它们不仅是信息产业的关键，还是先进制造业最主要的发展方向之一。正如美国 IBM 公司前首席科学家阿姆斯特朗所说的那样："就像 20 世纪 70 年代微电子技术引发了信息革命一样，纳米技术将成为信息时代的核心。"可见，纳米材料与纳米技术在 21 世纪的发展前景和影响是不言而喻的。

课后习题

一、判断题

（1）木材是天然材料。（　　　）

（2）在工业设计中，材料的选择不会影响产品的外观。（　　　）

（3）社会对可持续发展的关注促使工业设计选择更环保的材料。（　　　）

（4）金属是高电阻材料。（　　　）

（5）热浸镀锡是一种金属表面着色方法。（　　　）

（6）焊接是一种金属制件的连接方式，适用于需要频繁拆卸的结构。（　　　）

（7）聚丙烯是一种常用的塑料，广泛应用于医疗领域。（　　　）

（8）刨削是一种常见的木材加工方法，适合制作家具。（　　　）

（9）拉坯成型是一种陶瓷坯料成型方法，常通过手工的方式将泥坯塑造成所需的形状。
（　　　）

（10）玻璃的主要成分是二氧化硅。（　　　）

二、单选题

（1）（　　　）是天然材料。

A．金属　　　　　　B．木材　　　　　　C．纺织品　　　　　　D．玻璃

（2）新材料对工业设计的意义是（　　　）。

A．提高传统材料的价格

B．带来更多创新设计的可能性

C．降低生产效率

D．提高生产成本

（3）（　　　）因高强度和轻量化而备受青睐。

A．玻璃纤维增强塑料　　　　　　B．铝合金

C．橡胶　　　　　　　　　　　　D．玻璃

（4）（　　　）是材料的固有特性。

A．颜色、纹理、光泽

B．制造工艺、生产速度、来源

C．使用寿命、维护成本、设计灵活性

D．环境影响、储存成本、产地

（5）影响材料的工艺性能的因素是（　　　）。

A．材料的可塑性和成型难度

B．材料的成本和环保性

C．材料的颜色和纹理

D．材料的产地

（6）在金属材料的成型加工工艺中，冷加工和热加工具有不同的特点。以下属于热加工的是（　　　）。

A．钻孔　　　　　　B．铸造　　　　　　C．淬火　　　　　　D．冲压

（7）塑料是一种高分子化合物，其原料通常来自（　　　）。

A．金属　　　　　　B．纺织品　　　　　C．树脂　　　　　　D．木材

（8）（　　　）常用于手机外壳等中小型零件。

A．注射成型　　　　B．3D打印　　　　　C．发泡成型　　　　D．浇铸成型

（9）（　　　）常用于制作薄板家具。

A．刨削　　　　　　B．锯削　　　　　　C．凿削　　　　　　D．铣削

（10）较强的热稳定性使陶瓷在（　　　）领域得到广泛应用。

A．纺织　　　　　　B．建筑　　　　　　C．食品包装　　　　D．航空航天

三、简答题

（1）工业设计的常用材料有哪些？它们各自有哪些特性？

（2）简述选用材料的要点和注意事项。

（3）以纳米材料为例，简述开发新材料的意义。